城市照明工程系列丛书

张　华　　　丛书主编

城市照明运行维护管理
（第二版）

张　训　主编

中国建筑工业出版社

图书在版编目（CIP）数据

城市照明运行维护管理／张训主编. —2 版. —北
京：中国建筑工业出版社，2024.4
（城市照明工程系列丛书／张华主编）
ISBN 978-7-112-29683-5

Ⅰ.①城… Ⅱ.①张… Ⅲ.①城市公用设施-照明-
运行②城市公用设施-照明-维修 Ⅳ.①TU113.6

中国国家版本馆 CIP 数据核字（2024）第 057265 号

本系列丛书以城市照明专项规划设计、道路照明和夜景照明工程设计、城市照明工程施工及竣工验收等行业标准为准绳，收集国内设计、施工、日常运行、维护管理等实践经验和案例等内容。在本书修编时，组织了国内一些具有较高理论水平和设计、施工管理实践经验丰富的人员编写而成。

本系列丛书主要包括国内外道路照明标准介绍、道路照明设计原则和步骤、设计计算和设计实例分析、道路照明器材的选择、机动车道路的路面特征及照明评价指标、接地装置安装、现场照明测量和运行维护管理等内容。

本书修编的主要内容：针对近几年来多功能灯杆等新技术应用，增加了运行人员、维护要求等相关内容；随着景观照明设施量的增长，本书结合现场维护经验，总结归纳了景观照明灯具、控制设备等的运行维护要求；根据城市照明行业运行维护的新变化，更新了现场使用工具操作及安全要求。

本系列丛书叙述内容深入浅出、图文并茂，具有较强的知识性和实用性，不仅可供城市照明行业设计师、施工员、质量检验员、运行维护管理人员学习参考使用，也可作为城市照明工程安装和照明设备生产企业有关技术人员学习参考用书和岗位培训教材。

责任编辑：杨　杰　张伯熙
责任校对：姜小莲

城市照明工程系列丛书
张　华　　　丛书主编
城市照明运行维护管理
（第二版）
张　训　主编

*

中国建筑工业出版社出版、发行（北京海淀三里河路 9 号）
各地新华书店、建筑书店经销
北京科地亚盟排版公司制版
北京圣夫亚美印刷有限公司印刷

*

开本：787 毫米×1092 毫米　1/16　印张：14　字数：345 千字
2024 年 4 月第二版　　2024 年 4 月第一次印刷
定价：**48.00** 元
ISBN 978-7-112-29683-5
（41899）

《城市照明工程系列丛书》修编委员会

主　　编：张　华

副 主 编：赵建平　荣浩磊　刘锁龙

编　　委：李铁楠　麦伟民　凌　伟　张　训　吕　飞
　　　　　吕国峰　周文龙　王纪龙　沈宝新　孙卫平
　　　　　郗书堂　隋文波

本书修编委员会

主　　编：张　训

编写人员：（排名不分先后）
　　　　　阮轩棠　李瑞吉　秦　舟　吴　伟　陆　玲
　　　　　储建中　任　军　步文杰　孙　毅

丛书修编、编审单位

修编单位：《城市照明》编辑部　中国建筑科学研究院建筑环境与能源研究院　北京同衡和明光电研究院有限公司　常州市城市照明管理处　深圳市市容景观事务中心　上海市城市综合管理事务中心　常州市城市照明工程有限公司　江苏宏力照明集团有限公司　鸿联灯饰有限公司　丹阳华东照明灯具有限公司

编审单位：北京市城市照明协会　上海市区电力照明工程有限公司　成都市照明监管服务中心　南通市城市照明管理处

前　言

　　城市照明建设是一项系统工程，从城市照明专项规划设计、工程项目实施、方案遴选、器材招标、安装施工、竣工验收到运行维护管理等，每个环节都要精心策划、认真实施才能收到事半功倍的成效。当今中国的城市照明的发展十分迅速，并取得了巨大的成就，对城市照明的规划设计、工程项目的实施到运行维护管理都提出了更高的要求。

　　本系列丛书自 2018 年出版至今已 6 年，受到了相关专业设计和施工技术人员和高等院校师生的欢迎。近几年来，与城市照明相关的政策法规、标准规范的不断更新、完善，照明新技术、新产品、新材料也推陈出新。应广大读者要求，编辑委员会根据新的政策法规、标准规范，以及新的照明技术，对本系列丛书进行了全面修编。

　　住房和城乡建设部有关《城市照明建设规划标准》CJJ/T 307、《城市道路照明设计标准》CJJ 45 等一系列规范的颁布实施，大大促进了我国城市照明建设水平的提高。我们在总结城市照明行业多年来实践经验的基础上，收集了近年来我国部分城市照明管理部门的城市照明规划、设计、施工、验收、运行维护管理的典型方案，以及部分生产厂商近几年来开发的新技术、新产品、新材料，整理、修编成城市照明工程系列丛书。

　　本系列丛书书名和各书主要修编人员分工：

《城市照明专项规划设计（第二版）》　　荣浩磊
《城市道路照明工程设计（第二版）》　　李铁楠
《城市夜景照明工程设计（第二版）》　　荣浩磊
《城市照明工程施工及验收（第二版）》　　凌　伟
《城市照明运行维护管理（第二版）》　　张　训

　　本系列丛书在修编过程中参考了许多文献资料，在此谨向有关作者致以衷心的感谢。同时，由于编者水平有限，修编时间仓促，加之当今我国城市照明新技术、新产品的应用和施工水平的不断发展，系列丛书的内容疏漏或不尽之处在所难免，恳请广大读者不吝指教，多提宝贵意见。

目　　录

第1章 绪 论

1.1 引言

随着社会经济的快速发展和人们生活品质的不断提高，近年来，城市照明的发展尤为迅猛，城市照明从数量到品质也实现了长足的进步，尤其是跟随美化城市的步伐，景观照明蓬勃发展。与此同时，地方政府的关注也逐渐从城市照明建设转向城市照明运维管理；在解决了基本功能的情况下，人民群众也越来越关心城市照明的亮灯率、设施完好率、报修及时率等运行指标。在此背景下，明确城市照明运维管理到底要管什么、做什么、怎么管、怎么做就显得十分必要。

本书是《城市照明工程系列丛书》的组成部分，内容包含城市照明运行维护的全过程。本书分为9个章节，分别从城市照明运维管理发展、城市照明管理、城市照明设施管理、城市照明信息化管理、城市照明设施维护、城市照明设施维护技能、城市照明运行维护的安全管理、城市照明设施维护常用电器技术性能、城市照明运行维护检测和综合评价等方面进行阐述。本书可供城市照明管理机构、城市照明维护单位和从业人员参考和使用。

1.2 城市照明及城市照明系统

目前对城市照明较为明确的定义，则是在建设部建城〔2004〕204号《关于加强城市照明管理促进节约用电工作的意见》（以下简称《意见》）和住房和城乡建设部第4号令《城市照明管理规定》中提出的，将"景观照明"与"功能照明"统一称为"城市照明"。对城市照明的解释为：城市照明是城市功能照明和景观照明的总称，主要是指城市范围内的道路、街巷、住宅区、桥梁、隧道、广场、公园、公共绿地和建筑物等功能照明与夜间景观照明。城市照明对于完善城市功能、改善人居环境、促进经济发展、美化城市景观等具有重要作用，是重要的城市基础设施，是城市管理的重要内容。

城市照明是由政府提供的公共产品之一，它隶属于城市公用事业。城市公用事业是以公共利益为基本目标，为城市居民和企事业单位普遍提供生产生活必需的公用产品（包括服务）的行业集群。因此我们可以说城市照明是一项社会效益重于经济效益的公用事业，营造和谐统一的城市照明氛围，提供经济可靠的城市照明服务是城市照明发展的基础，也是政府责无旁贷的义务。

城市照明是一个综合性系统，是由配电设备、电缆管线、灯杆、灯具、控制系统等一系列照明产品、设施组合而成的有机整体，只考虑其中某一部分会对城市照明的整体效益产生影响。如果单单考虑其中的一个方面的最优，如灯具、控制系统、节电器等，都有可能影响到城市照明整体中的其他部分，从而导致城市照明的整体效益达不到最优。城市照明的运维管理必须以城市照明系统为单位作为考量的基础，才能兼顾城市照明的经济效益和社会效益。

城市照明系统继承了城市照明的公益属性和社会属性，是城市公用事业的有机组成部分，其中，运维管理的水平很大程度上可以反映出地方政府在民生工程、人居环境方面的治理水平，直接体现了这项公共产品的质量水平，特别是在功能性和安全性的保障上显得尤为重要。所以我们说，城市照明系统的运行维护必须从城市照明系统的整体性上制定标准、计划、实施方案以及投入产出比，才能达到城市照明系统整体效益乃至全生命周期效益的最大化。这就要求城市照明系统的运行管理在一个稳定、有效、经济、可持续的政府和社会生态环境下运行，实现有人管、有人修、有人查、优质高效的良性循环。

1.3　国内城市照明运行管理的发展情况

我国的城市照明起步于道路照明，各城市在新中国成立后，即设立相应的管理部门。早在 1980 年 3 月 22 日电力部、国家城建总局就颁布了我国第一个有关加强城市道路照明管理的文件《关于加强城市道路照明工作的意见》（〔1980〕电生字第 55 号、〔1980〕城发字第 79 号），并在 1987 年 7 月城乡建设环境保护部城建局发布了《城市道路照明指南》，对我国城市道路照明设计进行指引，从 1992 年 11 月正式颁发《城市道路照明设施管理规定》，到 2001 年 8 月修改颁布，使城市道路照明行业管理依法行政有了可靠依据。20 世纪 90 年代，在以道路照明为主的功能照明基础上，出现了融入城市景观要素的景观照明，功能照明与景观照明组成了城市的灯光夜景，2004 年建设部、发改委专门下发文件，将两者合并定义为城市照明，2010 年 5 月住房和城乡建设部正式颁发《城市照明管理规定》，明确了城市照明的范围和管理的要求，为城市照明高质量发展提供了政策依据。城市照明从起初的"路灯管理"向"城市照明管理"发展过程中，在照明管理、照明质量、照明节能、照明环保、照明设施以及照明文化等方面均取得了一定的成绩。随着我国城市基础设施建设的快速发展，国内城市照明设施总量也随之稳步增长，各地城市照明的运行维护管理也展现出不同的发展状态。

国内各城市的功能照明，通常都有一个固定的运维管理机构，有稳定的经费来源、技术熟练的专业队伍、专业的维修机械设备和一套完善的日常管理、维护、应急抢修制度，许多城市还有智能集中监控系统等，为城市照明的正常运行提供了保证。

而对于各城市景观照明的运行管理，许多城市存在"形象工程""政绩工程"，建设时大张旗鼓，建设后连基本运行电费都无法保证，更不用说日常维护经费。因为缺乏专业的、稳定的维护队伍，一两年以后设施情况便不尽如人意，尤其在景观照明与功能照明分开管理的城市问题尤为突出，由同一部门进行管理的城市，情况相对就好一些。

我国大部分城市景观照明与道路照明同属一个专业管理部门管理，这也是实现城市照明一体化管理的重要举措；一部分城市景观照明与道路照明由两个不同的部门管理，但这两个部门均归属住房和城乡建设系统，如：道路照明归属地方建设局或市政公用事业局，景观照明归属城市管理局；还有一部分城市景观照明与功能照明由供电系统管理，主要以道路照明为主，由于主管部门分散（经过调研统计，属于电力系统的占 7.42%，属于住建系统的占 30.97%，属于城管系统的占 47.42%，属于市政园林系统的占 9.68%，其他占 4.5%），为信息的有效上传下达增加了难度。城市照明在各自城市有不同的管理特征，无法直接归纳为一个有机的整体，复杂的管理机制很大程度上制约了"一个城市、一把闸刀、一个标准"的管控模式发展，多头管理、重复投资、效率不高、专业化程度低的现象仍频繁出现。而随着"政企分开、管办分离"改革的不断推进，许多城市已实现了建、管、养分离，采用政府购买服务的模式，将城市照明建设、养护推向市场。

目前，虽然很多省市建立了城市照明运行维护的标准，但存在"建、管、养"衔接不到位的情况，许多新建城市照明设施都是建设单位自行组织设计施工，很少会询问城市照明管理单位的意见，致使设施质量参差不齐；城市发展过程中，道路及绿化带开挖频繁，城市照明线路破坏严重，偏远路段的城市照明设施极易被盗。其主要原因是重建轻管，工程建设单位单项技术不专业、缺少道路照明专业技术人员，导致设计、建设方案不合理，加上不少城市未建立城市照明专项的施工图审查机制或审图流于形式，竣工验收制度不完善，从而导致城市照明工程质量无法得到有效保障，给后期运行维护带来了很大的困难。同时，随着绿色照明理念的发展，不少城市利用 LED 灯具对传统路灯进行了改造，目标仅仅是从节电方面入手，没有从保护环境的高度对待城市照明节能，节能是绿色照明主题，但不是唯一目标，实施绿色照明还必须重视城市照明设计和运行维护管理，做到无汞、节能、节材、环保的制造工艺、无有害的射线、长寿命、耐用性好、对环境无电磁干扰、对电网无伤害、可回收、无环境污染后患。

1.4 国外城市照明运行管理的发展情况

进入 20 世纪，国外城市照明的发展经历了一个外延不断扩展、内涵不断丰富、规模不断增加的过程。

20 世纪初，欧洲城市照明主要考虑功能性照明，目的是满足机动车驾驶的视觉辨识需要；美国则相对重视地标性建筑的景观照明，1886 年，自由女神雕像被运送到纽约时，设置了永久性的照明设施，但效果不佳，在 1917 年进行了调整，改善了雕像的照明效果，同年，华盛顿特区也进行了泛光照明的改造。

到了 20 世纪 50 年代，欧洲城市常设照明仍主要考虑道路功能照明，且只关注光源技术和可量化的指标，国际照明委员会时任主席 Boer 首先提出了在道路照明中应增加对视觉舒适性的考虑，但直到 20 世纪 70 年代，欧洲的城市照明仍然只是道路照明的衍生物。美国建筑照明则出现了新的发展趋势，开始更多关注光的色彩和动态运用。美国独立照明设计师 AbeFeder 提出"光是一种建筑材料，能直接表现空间"，重新引发了关于人工照明与建筑关系的激烈讨论。

二战之后的城市景观照明，在时间上回应反思前半个世纪的发展，在空间上更综合地融入建筑、景观、地域文化等众多因素，深入照明理念的实践，并结合其他丰富的艺术表现手法。近半个世纪以来，其发展可谓一波三折，经历繁盛与低迷，不断迎合时代机遇，也受到各种挑战和质疑。然而就是在这样的情况下，建筑照明才得以不断地发展与成熟。夜间照明越来越深地渗入城市景观和城市生活，带给人们非同寻常的城市体验。

因此欧美等发达国家城市照明管理的意识和水平很高，不论是功能照明的规划、标准和实施，还是景观照明设施、商业广告、灯光牌匾的规范和管理，以及节日气氛的烘托和特殊节日的艺术灯光表演等，都已经形成一整套被普遍认可的模式和方法。入夜，政府不强制要求开启灯光，市内的景观照明、户外广告、广场灯光都会按时启闭，具有自发性，加之办公场所、商店橱窗等室内照明也会按时启闭，进一步丰富了城市夜景。

以美国的城市照明运维管理系统为例，美国执行《美洲道路照明设计标准》，城市的道路照明水平一般在 20lx 以上，均匀度较好，其中路灯照明是一方面，更为重要的是建筑物照明和广告、橱窗照明，使空间亮度极大提高。美国的单灯维护费与我国大体相同，但在人员结构和维护手段上与我国有很大区别。在管理机构上，路灯管理人员很少，路灯的新建、改建、大修和维护工作完全由承包商进行，路灯管理部门每年核定出单灯维护费用，下拨承包商。承包商的维护工作包括：路灯的日常维护、事故处理及来电来信处理。路灯管理部门的职责就是负责路灯的规划、设计、检查验收，并合理使用路灯维护费。美国路灯全部为单灯控制（光控）。单灯控制的主要优点是：路灯不需要独立组成网络，投资可相应减少；路灯可随公共电网的发展而发展，灵活性很强。缺点是受环境影响大，开关灯一致性差，然而由此带来的是路灯设备长期带电，给安全工作带来一定影响。

法国城市照明设施建设时间较早，在 20 世纪 60 年代，各类照明设施基本快到使用寿命，建设和维护均由地方政府投资，中央政府已经不再拨款。目前，法国的电费越来越贵，政府已经负担不起。由于城市经费不足，很多城市关闭了景观照明。而对于城市照明的维护模式，主要由法国政府组织招标，企业进行维护。法国照明有相应的欧洲标准和法国标准。但是国家弱化城市照明标准的要求，主要采取因地制宜、强化建议的方式。地方政府根据自身财政及人力条件去选择照明方式。城市规划部门又普遍忽略了城市照明这一环节，也没有专项的照明规划，城市建设的设计师只考虑白天的设计要求，不考虑晚上的照明效果。但是，法国有专属机构对城市照明效果进行考核，有详细的评价系统和技术系统，定期会收集市民对城市照明的感受，进行汇总后提出相应的调整意见。法国城市照明和乡村照明采用的是同一标准，实施要求相同。但这也是法国目前困惑的问题之一，乡村照明和城市照明要求一致的话，极大地浪费了能源；但是如果降低功率，或者降低照明水平，乡村里的居民又会投诉，处于两难境界。

近年来，随着城市照明设施的不断增加，对城市照明运行维护人员的素质要求越来越高，国外很多城市积极探索利用智能化手段解决人员数量不足、维护技能不够的问题。

美国缅因州波特兰市覆盖了一个相当广泛的区域，包括一些岛屿。原先的城市照明设施硬件配置不当，导致网络不可靠，与路灯的连接性差，导致市民的投诉需要更长时间来调查和解决。波特兰市选择了一种能源网络，将其 6250 多盏现有路灯升级为高效 LED 灯具的同时，配备了 Dhyan StreetMan 控制系统。StreetMan 的先进功能使该市能够识别各种网络/硬件问题，并在网关之间重新分配控制器负载，从而稳定了网络；系统的直观设计使得从现有软件迁移到 StreetMan 的过程快速无忧，而且 StreetMan 的自动配置功能大大减少了路灯节点的配置时间。迁移过程中没有任何数据损失，也没有中断路灯的运行。由于 StreetMan 的准确根源故障通知，该市的技术人员做好充分准备，及时进入现场解决问题，从而避免多次维修同一根路灯。

1.5 未来运行管理发展趋势

"十三五"期间，我国功能照明的建设高峰已经过去，景观照明的建设随着各大国际性会议、活动的开展呈现出如火如荼之势，城市照明的运行维护和长效管理已在各城市不同程度地摆上日程。根据各地经济情况、所处地域以及原有基础的好坏，城市照明运维管理工作依然会呈现不同的发展态势。进入"十四五"，需要重新定义"城市照明"内涵，适应时代发展需要。在现代化社会，城市照明被赋予了新的含义，是城市景观设计和城市智慧化功能设施，能体现城市现代化水平。

在绝大部分地级及以上城市中，城市照明管理机构集中，基本实现同一城市由一个城市照明机构管理，具备专业化的管理队伍、专业性的技术人才和先进的运行维护设备，地方财政对城市照明的投入基本能保障城市照明设施运行维护的需求，并且出台了绿色照明（节能、环保）方面的激励措施。随着机构改革的步伐，城市照明管理单位大多面临着设施量增加、人员普遍减少的情况，如何通过进一步健全法规标准，提升依法治业的效能，做到依法建设、依法管理。依靠完善城市照明数据采集、存储、加工、计算，建立涵盖硬件、软件、机制和安全的生态集成，为政府、行业和公众提供数据服务，为城市照明业务系统运行的基础设施提供运营环境，为辅助数据应用的软件环境提供运行平台。实现城市照明可持续的高质量发展。城市照明管理机构与地方政府、财政的关系会逐渐演变成政府购买服务的形式，由于激励措施的存在，地方财政和城市照明管理机构有动力进一步推进城市照明节能技术、产品的试点、应用，易于达成多赢的局面，城市照明服务范围也会进一步从狭义的城市照明向广义的城市照明延伸，范围将扩大到城市中居住区、背街小巷、城中村、农村集镇甚至村庄，逐步建立起一体化、均衡化的城乡照明运维服务标准和规范。我们认为这类城市照明运行维护管理模式更有利于城市照明的长期发展和实现经济效益和社会效益的双赢。

还有一部分城市还存在着城市照明组织机构分散，甚至没有专门的城市照明管理机构的现象，由于缺乏专业化的管理队伍，缺少专业技术人员，此类城市的城市照明管理机构往往只负责设施的维护管理，基本不涉及规划设计和施工建设，往往是由政府代建方建成后移交给城市照明管理机构。一旦出现前期规划建设审核把控的缺位，通常会造成设计、施工不符合城市绿色照明的相关节能和质量标准的要求，后期节能改造的空间和压力比较大。因此，城市照明的运维管理往往更多地在照明设施的管理上推行一些运行管理措施，例如，加强对城市照明设施的巡查与保养，保证既有道路照明的亮灯率、照明设施的完好率，加强对路灯接地的检查保证用电安全，加强对灯具周围绿树的修剪和灯具的擦拭维持路面亮度等。如果地方财政投入无法保证，那这些城市寻求通过合同能源管理模式或PPP模式对城市照明进行改造的可能性加大，未来城市照明的运维管理可能向着管理机构负责管理考核，多个承包商、生产商协同进行城市照明日常维护的局面发展，如何建立和完善城市照明设施维护标准和城市照明运行服务标准将是这些城市照明管理机构需要着力去解决的问题。

由于城市照明属于纯公共产品，后期的使用成本占全寿命周期的比重很高。因此，我们认为在现有的城市照明运行管理机制中，运行管理部门全过程参与城市照明的设计、施工和验收，有助于后期城市照明运行管理成本的把控和全寿命周期效益的最大化。充足的资金保障是城市照明运行维护的生命线，也是城市照明运行维护质量和水平的基础。同时，建立健全一整套城市照明运维管理的考核评价体系和第三方评估制度是城市照明管理的重中之重。建立健全相应的质量评价体系和节能奖励制度是促进城市照明运行管理单位进一步提升城市照明运行管理质量和节能水平的有效推动力。

2020年9月我国在联合国大会首次提出"3060双碳"承诺，"十四五"阶段成为我国实现碳达峰的关键期和窗口期。2021年，《中共中央 国务院关于完整准确全面贯彻新发展理念做好碳达峰碳中和工作的意见》（中发〔2021〕36号）和《国务院关于印发2030年前碳达峰行动方案的通知》（国发〔2021〕23号）颁布。2022年，住房和城乡建设部、国家发展改革委印发《城乡建设领域碳达峰实施方案》，对城市照明达峰路径、目标及措施进行了系统的分析与部署，要求到2030年LED等高效节能灯具使用占比超过80%，30%以上城市建成照明数字化系统。城市照明行业长期以来也是将节能作为管理环节中一个重点，其更多体现在工程设计中，对后续运行维护中的节能考核更多是以城市绿色照明专项考核来实现的。具体来说，绿色照明需要满足以下两个主要任务：一是分析评估典型城市绿色照明发展特征及存在问题，明确城市绿色照明的内涵和目标。分析我国城市绿色照明发展的演变历程和不同地区、不同类型城市推进绿色照明的发展模式、特征、存在问题及原因；总结分析国外城市绿色照明发展的特点及对我国的借鉴。二是研究城市绿色照明在体制机制、法规标准、规划设计、建设、维护管理等方面措施。明确城市绿色照明的内涵和发展目标，研究确定城市绿色照明发展在法律法规、体制机制、标准规范、规划建设、运行维护、投融资、宣传教育等方面的重点工作。此外，绿色照明的主要工作目标：一是科学调研，提供城市绿色照明现状分析。从城市绿色照明发展模式研究的实际出发制定调研计划，经过前期对全国各主要城市和地区的调研，形成一份系统而详实的全国各地区城市照明现状分析报告。二是因地制宜，建立城市绿色照明路径方法。各个城市在自己特有的背景下，根据影响绿色照明发展各种因素在绿色照明发展过程中所起的作用，进一步建立起各个城市绿色照明不同的发展路径和方法。三是统筹规划，归纳城市绿色照明发展模式。城市绿色照明发展模式是为实现绿色照明发展目标而选择和实行的方式、方法与道路的统一体。通过采取去小异而存大同的方法，统筹归纳出不同的发展模式。

所谓城市绿色照明发展模式是指城市在自己特有的背景下，根据影响绿色照明发展的各种因素在绿色照明发展过程中所起的作用，为实现绿色照明发展目标而选择和实行的方式、方法与道路的统一体。综观我国城市绿色照明发展现状和特点，不同经济发展水平、不同地域和不同人口规模的城市在城市绿色照明发展上均形成了自身的特点。通过归纳总结，大致可以将各城市的发展模式归为三类：

第一类是保障城市照明基本需求的基础模式；

第二类在保障城市照明基本需求基础上，贯彻绿色照明理念和行动方案的发展模式；

第三类是城市照明中充分融入绿色照明理念和措施，强调以人为本、节能环保、生态和谐，积极探索先进管理、先进技术和先进方法的优化模式。

因此，更为科学的方法是结合城市经济发展水平、城市规模和城市地域三个方面来确定城市绿色照明的发展模式。

针对三种城市绿色照明发展模式，我们可以从照明管理、照明质量、照明节能、照明环保、照明设施和地方特色等方面，梳理制定不同的发展指标，针对这些指标，归纳出评估指数，即：城市绿色照明能耗指数、城市道路照明质量合格率、城市道路照明水平合格率、城市绿色照明运行管理指数和城市景观照明符合率。这些指数的提出为不同城市评价自身绿色照明发展水平提供了一个尺度。

为贯彻国家技术经济政策，节约资源，保护环境，推进绿色照明可持续发展，应根据现行国家标准《绿色照明检测及评价标准》GB/T 51268 的规定，来具体指导各城市、地区城市绿色照明的进一步发展。同时，可以依托正在建立的全国城市照明数据中心，统筹全国、片区城市绿色照明的总体布局，通过 NB-IoT 等通信技术手段，逐步实现单灯、能效监测与控制，是今后一段时期内城市照明运维管理的发展方向。

随着多功能灯杆在工程建设中的大量运用，涉及众多专业领域，管养单位面对突发故障也难以作出紧急处理。因此，提出如下建议：一是在维护管养方面。各地应明确多功能灯杆的产权分界原则，针对新的管养范围和内容制定对应定额、标准和考核要求，配备具有相应资质的管养队伍和人员，重新明确不同业务部门之间的职责范围。二是在标准体系方面。多功能灯杆相关技术和市场尚处在不断发展变化中，还涉及跨领域和跨部门制度支撑问题，目前框架体系尚未建立，应加强多学科多领域的交叉融合，加快多功能灯杆标准框架体系建设。三是在数据权限和应用方面。多功能灯杆产生的数据分为两大类，分别是可以共享的数据信息和不能共享的数据信息，应明确不同数据类型组网的要求和相互隔离的标准，从多功能灯杆设计开始，整体保证数据的安全。

在景观照明方面，应科学编制景观照明规划，重点区分平面景观照明和建筑景观照明的计划和控制要求。同时，探讨优化建管模式，理顺路灯及亮灯管理权责，避免与园林、市政等建设部门的矛盾。建立健全景观照明建设施工、集中控制、管理维护监管考核机制，实现景观照明专业化施工、专业化维护。强化公共景观照明集中控制，实施景观照明科学管理，保持景观照明项目的完整性和持续性，不断提高景观照明设施精细化运行管理水平。

第2章　城市照明管理

2.1　综述

城市照明管理主要涉及监管和运维两个方面。一般来说，监管是指政府部门或接受政府部门委托的单位对城市照明的运行、维护进行监督与考核，通常涉及亮灯率、设施完好率、照明质量、节能减排、数据统计及社会效益等几大方面，管理时更多体现的是按行业或政府相关规定文件进行相应指标的考核与评定。而运维一般是指一个按现代企业制度设立的具有相对完善企业管理架构和管理制度的企业或单位为确保城市照明设施的正常运行而进行的一些常规工作，通常体现在对管理部门具体指标的满足、企业内部良性循环的运作方式和对社会服务承诺的基本满足上。因此，维护单位的管理架构基本等同企业的运作模式。

早在1980年，国家城建总局就联合电力部制定发布了指导城市道路照明工作的文件《关于加强城市道路照明工作的意见》（〔1980〕城发字第79号、〔1980〕电生字第55号），文件对城市道路照明的业务范围、管理体制和队伍建设、规章制度、资金材料、节约用电和情报交流六个方面提出了具体的建议和要求，为城市照明工作的有序健康发展打下了基础。

自2010年7月1日起施行的《城市照明管理规定》第四条明确规定：国务院住房和城乡建设主管部门指导全国的城市照明工作；省、自治区人民政府住房和城乡建设主管部门对本行政区域内城市照明实施监督管理；城市人民政府确定的城市照明主管部门负责本行政区域内城市照明管理的具体工作。

城市照明管理在省及以上主管部门职责明确统一，但是具体到各个城市却有不同的主管部门与管理方式。城市照明主管部门归属分城乡建设主管部门、城市管理部门、电力公司等。而管理方式也有市级统一管理、辖市区县分级管理、道路照明与景观照明分类管理等。具体到城市照明管理维护上，也有市场化运作与非市场化运作的区别。总体来说，不同城市地区，在城市照明管理归属、模式与方法上千差万别，各有特色。

《城市照明管理规定》对城市照明管理范围、城市照明专项规划编制、城市照明节能减排要求以及城市照明的能耗考核制度、照明设施维护管理制度等都提出了相应的要求。同时，城市照明的节能管理是其中的重点。各地要深入贯彻《中共中央 国务院关于完整准确全面贯彻新发展理念做好碳达峰碳中和工作的意见》（中发〔2021〕36号）决策部署，要按照《城乡建设领域碳达峰实施方案》《"十四五"全国城市基础设施建设规划》的有关要求，开展城市照明盲点暗区整治、节能改造和数字化系统建设相关工作。

2.2　管理依据

在国家层面来看，《城市照明管理规定》（下文简称4号令）是目前城市照明管理可依据和参照的最高级别部门规章。与其相关可参考的其他规章还有《节能减排"十二五"规划》(国发〔2012〕40号)、《住房城乡建设部 发展改革委关于切实加强城市照明节能管理严格控制景观照明的通知》(建城〔2010〕92号)、《住房和城乡建设部 国家发展改革委关于印发城乡建设领域碳达峰实施方案的通知》(建标〔2022〕53号)、《住房和城乡建设部 国家发展改革委关于印发"十四五"全国城市基础设施建设规划的通知》(建城〔2022〕57号)等。

江苏、山东、河北、浙江、湖北、广东、广西等省级城市照明的行政主管部门依据4号令,出台了一些地方性规章制度来具体细化城市照明的管理工作。又如北京、上海、天津、重庆、南京、郑州等城市也根据本城市经济社会发展的实际情况出台了《城市照明设施管理规定》《城市夜景灯光管理办法》等规范性制度。

城市照明设施建设改造、日常运行维护管理的主要标准规范:

《安全标志及其使用导则》GB 2894

《道路与街路照明灯具性能要求》GB/T 24827

《道路照明用LED灯 性能要求》GB/T 24907

《低压配电设计规范》GB 50054

《电气装置安装工程 电气设备交接试验标准》GB 50150

《电气装置安装工程 接地装置施工及验收规范》GB 50169

《照明测量方法》GB/T 5700

《油浸式电力变压器技术参数和要求》GB/T 6451

《用电安全导则》GB/T 13869

《一般照明用设备电磁兼容抗扰度要求》GB/T 18595

《LED城市道路照明应用技术要求》GB/T 31832

《市政工程施工组织设计规范》GB/T 50903

《交流电气装置的过电压保护和绝缘配合设计规范》GB/T 50064

《城市道路照明设计标准》CJJ 45

《城市道路照明工程施工及验收规程》CJJ 89

《城市夜景照明设计规范》JGJ/T 163

《城市照明节能评价标准》JGJ/T 307

《高杆照明设施技术条件》CJ/T 457

《电业安全工作规程(电力线路部分)》DL 409

《市政工程设施养护维修估算指标》HGZ-120

《市政工程投资估算指标:第九册 路灯工程》HGZ47-109

《头部防护 安全帽》GB 2811

《建筑施工高处作业安全技术规范》JGJ 80

《高空作业车安全技术要求》CB 4286

《市政工程施工安全检查标准》CJJ/T 275

《电业安全工作规程(发电厂和变电所电气部分)》DL 408

《汽车起重机安全操作规程》DL/T 5250

《手持式、可移式电动工具和园林工具的安全 第1部分:通用要求》GB/T 3883.1

《特低电压（ELV）限值》GB/T 3805

《信息安全技术 信息系统安全运维管理指南》GB/T 36626

《坠落防护 安全带》GB 6095

《电工术语 接地与电击防护》GB/T 2900.73

《电气安全术语》GB/T 4776

《起重机械安全规程 第 1 部分：总则》GB/T 6067.1

《坠落防护 安全带系统性能测试方法》GB/T 6096

《个体防护装备 足部防护鞋（靴）的选择、使用和维护指南》GB/T 28409

《手部防护 防护手套的选择、使用和维护指南》GB/T 29512

《起重机械 检查与维护规程 第 1 部分：总则》GB/T 31052.1

《手持式电动工具的管理、使用、检查和维修安全技术规程》GB/T 3787

《变压器油维护管理导则》GB/T 14542

2.3　管理要求

对于国家或省政府来说，对城市照明的管理更多的是把控原则与指导方向，这就需要把《城市照明管理规定》的贯彻落实放在国家节能减排的大局中考虑，以科学发展观为指导，创新管理模式，完善工作机制，避免过度照明。要统筹城市道路照明和景观照明的管理，处理好功能照明和景观照明之间的关系，切实做好城市照明管理相关工作。

对地方政府部门及城市照明监管部门来说，城市照明的管理更多要做的是抓落实见成效，具体来说就是要以《城市照明管理规定》作为城市照明规划、建设、维护和监督管理的依据，遵循以人为本、经济适用、节能环保、美化环境的原则，严格控制公用设施和大型建筑物装饰性景观照明能耗。提高功能照明的服务水平，要在城市建成区范围内基本消灭无灯区。新建、改建城市道路项目的功能照明装灯率应当达到 100%，道路照明亮灯率要达到 98%。要建立健全各项规章制度，保证城市照明设施的完好和正常运行。要加强城市照明执法工作，按照《城市照明管理规定》的有关条款，对城市景观照明中有过度照明等超能耗标准的行为、损坏破坏城市照明设施的行为等依法予以处罚。

根据《中共中央 国务院关于完整准确全面贯彻新发展理念做好碳达峰碳中和工作的意见》决策部署，结合《城乡建设领域碳达峰实施方案》的具体要求，要进一步推进城市绿色照明发展，加强城市照明规划、设计、建设运营全过程管理，控制过度亮化和光污染，到 2030 年 LED 等高效节能灯具使用占比超过 80%，30% 以上城市建成照明数字化系统。

2.3.1　城市照明管理的基本原则

构建绿色生态与健康文明的城市照明光环境是城市照明管理的目标；保障和改善民生、加快转变城市照明发展方式是城市照明管理的基本出发点。为倡导绿色照明消费方式，在满足城市照明基本功能的前提下降低照明的单位能耗，提高城市照明的质量和节能水平，实现城市照明发展方式的转变，城市照明管理需遵循以下基本原则：

1. 科学规划，合理设计。发展城市照明要与城市经济社会发展水平相适应，注重高效、节能、环保，在城市总体规划的框架下科学编制城市照明专项规划。城市照明设计应符合城市照明专项规划的要求，充分体现城市人文和风貌特色，并严格执行相关法律法规及标准规范。

2. 完善法规，加强监管。完善城市照明法规体系，科学制定标准规范；强化城市照明设计、施工、验收与维护管理等重点环节的监管，全面提高城市照明管理水平。

3. 以人为本，功能优先。优先发展和保障城市功能照明，消灭无灯区，做到路通灯亮，适度发展景观照明。注重城市照明质量的提高，不断提高城市照明的安全性和舒适性。

4. 节能降耗，控制污染。积极应用高效照明节能产品及技术，加快城市绿色照明节能改造步伐。严格控制光污染，加强对照明产品的回收利用，降低有毒有害物质对环境的影响。

5. 政府主导，社会参与。完善政策，加大投入，确保城市照明的公共服务功能。创新工作机制，鼓励和引导社会资源参与城市绿色照明建设、改造和管理。

2.3.2 城市照明管理的目标

为全面贯彻中央城市工作会议及全国住房城乡建设工作会议精神，按照国家"创新驱动发展""网络强国""大数据""智慧城市"等战略布局，牢固树立"创新、协调、绿色、开放、共享"的发展理念，贯彻"节能、环保、安全、经济、可靠"的绿色照明方针，以节能减排为中心，以绿色照明系统升级改造为主线，大力开发、推广城市照明节能技术和产品，加快形成引领城市照明科学发展的体制机制，着力转变城市照明发展方式，着力提升城市照明质量，着力创新城市照明管理，着力塑造城市夜间风貌，实现有序建设、高效运行、宜居宜行、各具特色的现代化城市照明新目标，我们需要制定具体的目标，包括：

1. 坚持"规划先行"与"依法落实"相结合。强化城市照明规划工作，完成城市照明专项规划的编制。全国地级及以上城市和东中部地区县级城市，要按照国家有关规划编制要求，完成城市照明专项规划的编制或修编工作。树立城市照明规划权威，增强规划的前瞻性、严肃性、连续性和强制性，实现一张蓝图绘到底。创新规划理念和方法，依法编制、审批、管理并严格依法实施城市照明规划，违反规划的行为要依法严肃追责。统一协调规划、设计、建设和管理，加强城市照明总体规划和详细规划、设计的衔接，切实发挥好规划的引领作用。

2. 坚持"设计节能"与"运行节能"相结合。功能优先，智能优化，实现设计、运行、管理节能。道路照明以满足交通安全、视觉舒适的基本功能需求为前提，合理选择照明方式；合理选择照明标准值；严格执行国家标准强制性条文规定的照明功率密度限值；积极推广高效照明节能产品、技术及调控设备，实现设计节能。优化智能控制，以满足车速、流量、环境亮度等因素变化时的功能需求为前提，科学选择开关灯控制方式，实现运行节能。重视照明设施的养护维修，实现管理节能。

3. 完善城市绿色照明标准体系。完成相关标准规范，研究制订城市绿色照明评价方法和标准。

4. 提高城市照明设施建设和维护水平。完善城市功能照明，消灭无灯区；新建、改建和扩建的城市道路装灯率应达到100%；道路照明主干道的亮灯率应达到98%，次干道、支路的亮灯率应达到96%；道路照明设施的完好率应达到95%，景观照明设施的完好率应达到90%。

5. 提高城市道路照明质量和节能水平。城市道路路面亮度或照度、均匀度、眩光限制值、环境比及照明功率密度值（LPD）应符合《城市道路照明设计标准》CJJ 45 的规定。既有城市道路照明质量达标率不应小于 90%，新建道路照明质量达标率应达 100%；新建道路照明节能评价达标率应达到 100%，既有道路照明节能评价达标率不小于 80%。

6. 实行景观照明规范化管理。景观照明应严格按城市照明规划实施，控制范围和规模，加强设计方案的论证和审查，并应满足《城市夜景照明设计规范》JGJ/T 163 等相关标准规范的规定。逐步实行统一管理，建立和落实运行维护的长效管理机制。

7. 持续开展城市照明节能改造，针对能耗高、眩光严重、无控光措施的路灯，通过 LED 等绿色节能光源替换、加装单灯控制器，实现精细化按需照明。

8. 重点针对居住区、学校、医院和办公区开展光污染专项整治。风光资源丰富的城市，因地制宜采用太阳能路灯、风光互补路灯，推广清洁能源在城市照明中的应用。

9. 开展智慧多功能灯杆系统建设。依托城市道路照明系统，推进可综合承载多种设备和传感器的城市感知底座建设。促进杆塔资源的共建共享，采用"多杆合一、多牌合一、多管合一、多井合一、多箱合一"的技术手段，对城市道路空间内各类系统的场外设施进行系统性整合，并预留扩展空间和接口。同步加强智慧多功能灯杆信息管理。

2.3.3　贯彻落实《城市照明管理规定》

1. 建立和完善城市照明管理体系。各地要根据《城市照明管理规定》和相关法律法规的要求，由地方人民政府确定一个部门作为城市照明的主管部门负责功能照明和景观照明的管理，实现集中高效统一的管理体制。

2. 加强城市照明专项规划管理。切实抓好城市照明专项规划编制工作，按照城市总体规划确定的城市功能分区，对不同区域的照明效果提出要求。要按照当前节能减排的要求，进一步研究城市照明专项规划中有关照明节能的要求和措施，抓紧修改不符合节能要求的专项规划。加强规划管理，从源头上把好节能关。

3. 加强城市照明工程建设监管。要建立城市照明工程建设的立项、设计、施工、监理、验收等各环节监管机制，要认真落实《城市夜景照明设计规范》JGJ/T 163 和《城市道路照明设计标准》CJJ 45 的节能规定，保证现有节能标准的执行。要依据城市照明专项规划确定的各类区域照明亮度、能耗标准，新建、改建城市照明设施。

4. 认真做好城市照明设施节能的运行管理。各地要制定城市照明设施节能管理规定，建立节能计量考核制度，建立完善分区、分时、分级的照明节能控制措施，采用智能化的照明节能控制方式。

5. 科学推广合同能源管理方式。要选择专业性能源管理公司，提供合适的区域、路段进行合同能源管理试点。积极推广使用照明节能新产品、新技术，在条件适合的地区鼓励使用可再生能源技术，全面推动城市照明节能改造工作。

2.3.4　城市照明管理机构的建立

为高效有序地开展城市照明设施管理维护工作，使城市照明管理内部机构设置与人员配备更加科学化、规范化，以"权责分明、管理科学、激励与约束"为目标，遵循"职能优先、权责一致、有利管理、集中高效、依法设置"的原则来配备机构人员，城市照明设施建设、日常运行维护单位指明照明设施的管理维护工作由谁来做、做什么和怎么做。

通常，运行管理单位建议设立下述一个或几个部门来负责相应的工作：

（1）运维部门。主要负责照明设施的日常巡查、维护与维修工作，并依据设施现状提交大、中修或改扩建建议，确保现有设施的正常运行。

（2）调度控制中心。负责城市照明设施的启闭控制、节能运行、运维调度和管理。

（3）设施管理部门。负责评估、考核照明设施运行维护质量，做好绿色照明评价相关工作，按相关要求指导制定运维指标。

（4）技术部门。主要负责新建改扩建工程、大中修工程方案评审、图纸审核、技术参数复核、材料质量把关、绿色照明节能产品运用等相关技术工作。

（5）材料部门。依据单位情况制定原材料的采购方案，按要求及时实施采购，做好材料库存管理工作，建立完善供应商管理制度和供应市场定位分析、评估。积极介绍推广新技术、新材料，配合做好材料质量跟踪与管理工作。

（6）工程部门。主要负责依据设计图纸进行工程施工，按时按要求完成相关工作，确保设施的正常投运。

（7）信息化管理部门。负责整合单位信息化资源，搭建业务信息管理平台；建立规范化数据统计上报及发布制度；跟踪科技进步项目，积极推进城乡照明一体化工作。

（8）安全部门。负责照明设施日常运行的安全与日常施工及维护工作中的相关安全工作。

（9）财务部门。制定资金计划，负责单位财务和审计工作，制定单位财务预决算，成本核算、资产管理工作，监督管理单位资金使用。

（10）其他部门。如办公室、人力资源等部门。

2.3.5　城市照明运行维护企业人员设置

为更好地运用"人力"，达到更充分地利用人的体力、智力、知识力、创造力和技能，促使人力资源实现更完美的利用，以产生最大的社会效益和经济效益，单位需建立相关激励机制；优化调整单位内部关系形成对内对外的竞争力；建立健全人才引进、培养机制。

根据住房和城乡建设部《住房城乡建设部关于印发〈建筑业企业资质标准〉的通知》（建市〔2014〕159号）要求，城市照明工程施工及运行维护企业应具备下列条件：

（1）一级企业

1）企业资产：净资产1500万元以上。

2）企业主要人员：

① 市政公用工程、机电工程专业注册建造师合计不少于8人，其中一级注册建造师不少于2人；

② 技术负责人具有10年以上从事工程施工技术管理工作经历，且具有工程序列高级职称；市政公用工程、电气、机电、自动化、光源与照明、园林景观、结构等专业中级以上职称人员不少于20人，且专业齐全；

③ 持有岗位证书的施工现场管理人员不少于30人，且施工员、质量员、安全员、材料员、资料员等人员齐全；

④ 经考核或培训合格的高压电工、低压电工、维修电工、安装电工等齐全，且不少于30人；具有高空作业操作证书的技术工人不少于5人，起重作业操作证书的技术工人不少于2人。

3）企业工程业绩：

近5年独立承担过下列3类中的2类工程的施工，且必须有第1类所列工程，工程质量合格：

① 单项合同额1000万元以上的带250kVA以上的箱式变配电或带有远程集中监控管理系统的道路照明工程3项；

② 单项合同额1000万元以上的室外公共空间（广场、公园、绿地、机场、体育场、车站、港口、码头等）功能照明工程或景观照明工程3项；

③ 年养护的功能照明设施不少于5万盏或景观照明设施总功率不少于1万kW。

（2）二级企业

1）企业资产：净资产800万元以上。

2）企业主要人员：

① 市政公用工程、机电工程专业注册建造师合计不少于5人；

② 技术负责人具有8年以上从事工程施工技术管理工作经历，且具有工程序列中级以上职称或市政公用工程（或机电工程）专业注册建造师执业资格；市政公用工程、电气、机电、自动化、光源与照明、园林景观、结构等专业中级以上职称人员不少于10人，且专业齐全；

③ 持有岗位证书的施工现场管理人员不少于20人，且施工员、质量员、安全员、材料员、资料员等人员齐全；

④ 经考核或培训合格的高压电工、低压电工、维修电工、安装电工等齐全，且不少于15人；具有高空作业操作证书的技术工人不少于2人，起重作业操作证书的技术工人不少于1人。

3）企业工程业绩：

近5年独立承担过下列3类中的2类工程的施工，且必须有第1类所列工程，工程质量合格：

① 单项合同额500万元以上的带160kVA以上的箱式变配电或带有远程集中监控管理系统的道路照明工程3项；

② 单项合同额500万元以上的室外公共空间（广场、公园、绿地、机场、体育场、车站、港口、码头等）功能照明工程或景观照明工程3项；

③ 年养护的功能照明设施不少于3万盏或景观照明设施总功率不少于0.5万kW。

（3）三级企业

1）企业资产：净资产300万元以上。

2）企业主要人员：

① 市政公用工程、机电工程专业注册建造师合计不少于2人；

② 技术负责人具有5年以上从事工程施工技术管理工作经历，且具有工程序列中级以上职称或市政公用工程（或机电工程）专业注册建造师执业资格；工程序列中级以上职称人员不少于5人；

③ 持有岗位证书的施工现场管理人员不少于8人，且施工员、质量员、安全员、材料员、资料员等人员齐全；

④ 经考核或培训合格的高压电工、低压电工、维修电工、安装电工等齐全，且不少

于12人；

⑤ 技术负责人（或注册建造师）主持完成过本类别资质二级以上标准要求的工程业绩不少于2项。

（4）工程承包范围

1）一级企业：可承担各类城市与道路照明工程的施工。

2）二级企业：可承担单项合同额不超过1200万元的城市与道路照明工程的施工。

3）三级企业：可承担单项合同额不超过600万元的城市与道路照明工程的施工。

2.4　资金管理

为落实城市照明运行维护管理的效果，地方政府一般均会配套设立城市照明维护专项资金。城市照明维护专项资金一般包括电费、维护费及其他专项资金等。如何制定、申报年度城市照明长效综合管理资金计划，如何用好、管理好有限的城市照明维护专项资金，是每个城市照明管理机构需要面对的问题。构建起有效的长效资金管理机制，首先要遵循以下几个原则：

1. 建立健全各项制度。建立不同的维护专项资金管理实施办法，明确维护专项资金的管理原则、管理范围、资金的拨付与使用、资金管理责任和责任追究制度，确保维护专项资金专款专用。

2. 构建监督机制，建立有效监控机制，把握好事前审核、事中监控、事后监督检查三个关口。事先做好资金使用申报审核工作，事中要做好资金拨付、使用过程跟踪监控，坚持对维护专项资金的会审制度，事后做好监督检查。

3. 进行政策宣传与学习。加强对各项制度的宣传、学习、信息公开，吃透政策内涵促进规范管理，提高落实政策使用政策的意识。

总之，城市照明维护专项资金需遵循取之于民用之于民的原则，通过资金的申报、使用与考核，形成一套有效的长效资金管理体系服务于城市照明管理工作。

对于城市照明长效综合管理资金的申报，一般来说是根据地方政府财政专项资金绩效管理办法和相应的预算管理制度的要求进行，申报过程一般遵循分级申报管理统一组织计划、分类推进突出重点、立足实际注重实效的原则，由城市照明管理机构依据国家或省市政养护维护定额、运行维护资金估算指标结合设施量、维护运行工作量及设施大修更新计划，分类上报资金计划。资金计划一般包含：照明电费、日常设施维护费、大中修经费、科技进步经费、设施设备配置费及其他专项工作经费等。

对批复下拨的年度城市照明长效综合管理资金要通过建立绩效目标管理制度来规范、考核资金的使用。具体来说，一是要进行资金绩效跟踪管理，即根据年度工作计划，围绕绩效目标，组织项目实施，在规定时间内，一般在年度第二、三季度结束后，总结项目绩效目标跟踪情况及分析说明材料，对预算资金使用和项目执行过程中发现存在的问题，提出整改建议。二是要进行绩效评价管理，即在项目实施完毕后规定时间内根据要求，对照确定的绩效目标，组织开展服务对象满意度调查及绩效自评价工作。满意度调查可部门自己日常开展，也可委托第三方专业机构开展。三是要运用评价结果，绩效评价结果运用是绩效管理的根本点，具体运用体现在结果反馈、结果通报、结果公开、结果挂钩等几个具体方面。

第3章　城市照明设施管理

3.1　照明设施管理

随着城市的建设与发展，城市照明设施的覆盖面会不断扩大，由于分布广、区域大，且难以值守等客观条件，其受到损坏破坏的问题一直是困扰行业的难点问题，严重的设施损坏破坏不仅带来较大的经济损失，还可能给社会治安和百姓生活带来很大影响，为此，形成系统性、强有力的设施管理工作机制是城市照明设施运行维护方面的重中之重。

要强化城市照明设施的管理，必须要做到事前详细的技术交底，事中加强有针对性的巡查，强化行政执法相关的赔偿工作。为此，需要做好以下几个方面的工作：

3.1.1　明确职责

城市照明设施管理是一个系统工程，需要主管部门、管理机构及运维单位共同发力，同时还需要和公安、城管等部门协同作战，形成上下合力、左右协调的管理网络。其中，主管部门要持续强化管理制度和联动工作机制建设，明确设施管理责、权分解；管理机构要不断优化设施管理网络运作机制，加强管理工作成效监督考核；运维单位要根据设施管理各项要求，细化工作举措，在坚持将设施管理融入日常运维工作的基础上，建立健全专项工作方案计划。

3.1.2　制定设施管理工作制度

设施管理部门要掌握管辖区域内照明设施的基本情况，建立、健全有关的设施管理工作档案、资料、记录；制定"突发事件抢修、抢险"的工作预案；制定设施管理工作部门、人员的职责、办事程序；建立设施管理工作例会制度，定期或不定期召开专项设施管理工作会，总结工作，布置任务，表彰先进单位和个人。充分落实设施管理体系，健全设施管理工作责任制，建立健全照明管理内部的设施管理规章制度。

3.1.3　明确设施管理工作要求

应加强对照明设施的巡视工作，及时制止危害照明设施安全的行为，提高清障质量，并根据现场变化情况实现动态管理，逐步实现危险因素的可控、在控。设施管理工作制度要明确有关部门责任和工作要求，规范办事程序，发生问题能够及时解决和处理。发现照明设施与其他设施互相妨碍时，应当依照相关法律、法规协商处理，维护企业合法利益。发现危及照明设施安全的隐患，应向当事人提出整改通知书，当事人逾期未整改的及时报告政府照明设施管理部门，并配合处理。

3.1.4 加强照明设施管理宣传工作

适时采取多种形式开展照明设施管理工作的宣传教育，营造全民护"灯"氛围。对所管辖的照明设施采取必要的技术防范措施，安装技防监控设备。照明设施的技术防范应贯彻"预防为主，因地制宜，严格管理，确保安全"的方针，可统筹安排资金逐步安装防盗报警系统，逐级落实安全技术防范措施。根据照明设施所在地的具体情况，制定设施技防标准、技防措施、划分治安风险等级等技术防范规定。对新建、改建、扩建的照明设施，应将技防设施建设方案纳入工程建设的总体设计，技防建设所需费用应列入工程概算专项资金，与建设同施工、同验收。

3.1.5 加强照明设施安全检查

定期组织力量对所管辖的照明设施进行安全检查，做好检查记录，发现问题及时下发隐患通知书，限期整改，并写出隐患整改完成报告。在重大政治活动和节假日保"灯"期间，要根据具体情况因地制宜开展护"灯"工作，加大安全检查力度，增加巡查密度与频次。发现的危及照明设施安全隐患，自身又无法解决处理的，要及时报告当地政府有关部门做好相关工作。

3.1.6 及时做好照明设施破坏偷盗处理

接到盗窃、破坏照明设施重、特大案件后，单位有关部门要快速、及时到达案发现场，同时将情况报告上级有关部门。保护现场，配合公安机关及有关部门做好相关工作。同时做好现场照片、现场图和有关方面的资料的收集和存档工作。根据情况可及时启动"抢修、恢复"等工作。

3.1.7 做好奖励和处罚

发现盗窃、破坏照明设施和严重危及照明设施正常运行的行为与线索，能及时报告有关部门，经核查准确，应给予举报人奖励。对破坏照明设施的行为予以纠正并帮助单位挽回损失的个人和部门给予奖励。对照明设施管理工作做出突出贡献的单位、集体和个人，根据具体情况给予通报表扬或奖励。对在照明设施管理工作中迟报、漏报、隐瞒不报的和重、特大案（事）件的部门和个人要通报批评或相应处罚。

3.2 数据统计管理

数据统计是指对单位管养范围内的设施和所有活动进行搜集数据与整理数据的工作，能根据既有的数据，通过统计、测算与分析得到相应的结果，并将结果用于各项工作。

当前，常用的统计数据按表达形式可分为统计表格、统计地图；按表示方法可分为分区统计、分级统计、定位统计；按统计指标可分为单位宏观数据统计和专项数据统计；按计量尺度可分为定类数据、定序数据、定距数据、定比数据。而数据的来源通常有专项普查、抽样调查、统计报表、重点调查等类型，得到的数据也可以通过表格、图表等不同类型呈现。

为准确统计城市照明相关数据，充分服务城市照明管理、维护与考核等各项工作，数据统计管理工作需做到以下几点：

3.2.1　统一思想、明确目标

各级各部门要重视数据统计管理工作，根据实际形成并持续优化"一以贯之"的数据统计指标体系，规范统计资料报送程序，保证统计数据的准确性、及时性、全面性，积极提升单位从事数据统计工作人员的业务水平和管理水平。为充分发挥统计工作支持决策、指导实践作用，需注意运用信息化手段，不断提升数据统计、分析与运用能力水平，形成定时、定类的报表制度。数据统计工作的基本任务是对城市照明设施的情况进行统计调查、统计分析，提供统计资料，实行统计监督。要建立集中统一的统计管理系统，实行统一领导、分级负责的统计管理体制，形成自下而上的数据统计分析流程。单位各统计工作人员需及时、完整、真实地按要求提供相关数据，并了解数据保密的相关规定。

3.2.2　强化落实、明确职责

各单位应明确具体负责数据统计管理的部门，明确从事数据统计管理工作的人员职责，明确相关部门数据上报的人员与职责。

数据统计管理部门及人员为单位数据统计、汇总负责，其主要职责有：

1. 学习贯彻、宣传并执行统计相关的规章制度。
2. 总体负责单位数据统计工作，制定相应的工作计划和规章制度。
3. 负责组织、协调单位各部门的数据统计工作，监督检查统计工作实施情况。
4. 按照有关规定，向主管部门和相关单位提供统计数据资料。
5. 建立健全原始数据和统计台账，收集、整理单位统计资料，做到统计资料制度化、系统化、档案化和规范化。
6. 组织编制单位内部统计报表，为领导和有关部门提供统计信息资料。

单位其他各部门需设立专人负责本部门数据统计上报工作。

3.2.3　做好原始台账记录收集

统计台账是根据统计整理和统计分析的需要而设置的账册，统计台账的建立，要适应单位的具体需要，适应报表的要求。台账设计要科学、适用，注重数据的准确性、时间的连续性、指标的可比性、计算方法的科学性。单位各部门要完善各类原始记录，做到记录统一表式、统一编号、统一填报说明，确保原始记录数据准确。原始记录要真实、齐全、简明扼要、字迹清晰。

统计台账的登记必须数字真实，字迹清晰工整。统计台账要和原始记录做到账表对应。统计台账的种类繁多，内容广泛，根据具体情况一般可按以下分类：

1. 根据单位管理的不同层次，可分单位台账、部门台账、班组台账及个人台账等。
2. 根据内容涉及范围，可分为综合性台账和专用台账。
3. 根据积累资料的性质不同，可分为定期统计台账和历史资料台账。
4. 根据城市照明设施性质可分为道路照明设施台账和景观照明设施台账。

单位可建立相关台账资料的模板和样式，建立台账对应原始记录材料的定期检查和抽查制度。

3.2.4 建立完善的数据统计报表制度

统计报表是单位领导和上级部门获得相关信息的重要途径，是反映单位经营活动成果的重要手段。主要有年报、半年报、季报、月报、周报、日报等。年报、半年报、季报按规定时间上报，月报根据内容不同分别在月初或月底上报，其他可根据具体情况规定上报时间。

1. 编制统计报表的数据，必须实事求是，以原始记录为依据，以统计台账为基础，对各部门上报数据进行必要的审核，做到统计数据相互协调统一。对报表的下列内容需进行审核：

（1）指标是否真实完整；

（2）计算方法是否正确，计算单位和价格是否符合国家统一规定；

（3）计算结果是否准确；

（4）统计数字是否符合逻辑。

报送单位领导或上级部门的报表可采取纸质报表和电子邮件的形式同时报送，纸质报表报出前须经领导审核并按规定流程上报。统计报表报出后发现有误，应及时更正。如发现前期报表有误，应在报告期报表备注中注明原因。单位对外宣传、汇报等所使用的统计数据必须由制定部门统一负责。

2. 运行维护管理统计报表

运行维护管理统计报表体系应能够全面反映城市照明设施基础信息管理、日常及专项巡查和维护管理、照明质量长效跟踪管理等工作情况，主要包括：

（1）《设施基础信息管理台账》；

（2）日常运维管理类台账：《日常巡查台账》《日常维修台账》《日常维修材料使用台账》《日常值班登记台账》等；

（3）专项运维管理类台账：《城市照明设施提升改造台账》《配电设施电试专项台账》《高杆灯专项维护台账》《接地电阻测试台账》《冬、雨季专项值守保障台账》等；

（4）长效管理类台账：《城市照明设施电费支出及节电率统计台账》《亮灯率及设施完好率检查台账》《照明水平测试台账》等；

（5）社会服务承诺类台账：《热线接诉登记台账》《来信来访及各类提案接处登记台账》等。

3.2.5 进行必要的数据统计分析工作

统计分析工作要从单位实际出发，抓住本质，分清主流，对具体事物进行具体分析，做到内容真实、中心突出、层次分明、文字简明易懂。统计分析是统计报表的重要组成部分，编制统计报表可对月报加文字说明，对季报、年报有分析报告。单位各部门每月应对各类统计报表进行简要统计分析，分析报告应以报表为基础，以检查计划为重心，测定计划完成程度，分析计划完成与未完成的原因，并提出改进意见。

3.2.6 加强统计资料的积累与保管

统计资料的积累包括不同部门不同人员各个时期统计资料，做到事事有依据，完事有痕迹。统计资料必须妥善保管，除档案室按要求存档保管外，均由编制部门负责保管。保证统计资料不破损、不残缺、不丢失，对特别重要的统计资料和经常需要查阅的资料要备份。

3.2.7　制定相应的奖罚措施

单位要做到奖罚分明，对统计工作成绩显著、贡献突出的部门和人员予以表彰或奖励。具体表现为：

1. 在制定和完善统计制度、统计方法等方面做出重要贡献的。
2. 在保障统计资料的准确性、及时性方面做出显著成绩的。
3. 在进行统计分析、统计预测和统计监督方面有所创新，取得重要成绩的。
4. 在运用和推广现代信息技术方面取得显著效果的。
5. 在改进统计教育和统计专业培训，进行统计科学研究，提高统计科学水平方面做出重要贡献的。

此外，对违反单位相关统计制度，或因工作失职导致统计数据失实而导致严重后果者，单位需进行必要的惩罚，具体表现为：

1. 不按要求上报统计数据的。
2. 拒报、瞒报、虚报、伪造、篡改统计数据的。
3. 屡次迟报统计资料的。
4. 未经批准，自行制发统计调查表的。
5. 未经核定和批准，违反保密规定，自行对外提供或公布统计资料的。

3.3　能耗管理

城市照明能耗管理包括所有使用城市照明配电设施提供电源的设施、设备所产生的能耗，不包括单位生产经营所产生的办公用电、油、气、水等能源消耗。为做好能耗管理工作，需注意以下几点：

3.3.1　明确职责

1. 明确单位能耗管理部门，主要负责能耗管理所需数据的收集、汇总和比对；牵头组织能耗数据分析、问题处理及长效监管等工作。
2. 明确配合部门，负责参与能耗数据分析，配合做好现场核查工作，并按实际组织做好能耗整改工作。
3. 明确技术支持部门，负责提供现场核查配电涉及工程的技术资料（设计图、竣工图、设计变更等），并在现场核查时提供技术支持。
4. 组织制定年度能耗管理目标计划，并根据实际组织做好节能减排专项工作方案。
5. 其他，比如负责提供每月电费缴费清单数据和现场核查安全工作。

3.3.2　数据类型及来源

用于能耗管理的数据来源主要分理论数据与实际数据两类，该两类数据均以电表为统计口径。

1. 理论数据

（1）能耗理论数据指按某个电表所在配电设施承带的所有设施、设备的总功率及用电时长计算得出的电能消耗计算值。理论数据计算基础包括但不局限于：设施数据（全半夜灯盏数、光源功率、电器功耗、电缆型号及长度、开关灯及节能模式等）；其他用电设施数据（用电功率、性质、用电时长等）；其他设施用电情况等。

（2）能耗理论数据由单位负责数据统计的部门通过规范化数据统计口径获得设施基础数据计算得出。

2. 实际数据

（1）能耗实际数据指某个电表在计费周期内供电局缴费清单所示的实际发生用电量。

（2）实际数据由电表缴费清单整理得出。

3.3.3　数据比对

1. 可以每月计算电表理论电耗数据，并形成月度电表电耗清单。计算比例为单位所辖电表设施的 100%，原则上，年度内各月所计算电表不重复。

2. 能耗管理部门根据电表缴费清单，采集当月计算理论电耗电表的实际耗电信息。

3. 能耗管理部门对选取电表的理论电耗数据和实际耗电数据进行比对，形成比对结果并报分管领导。

4. 理论电耗数据与实际耗电数据差值以实际耗电数为基数，差值超过 10% 的电表作为现场查看电表；差值在 5%～10% 的电表作为关注电表，纳入下月数据比对范围；差值小于 5% 的电表作为容许偏差电表。

3.3.4　数据分析、核实及处理

1. 针对需现场查看电表及关注电表，由能耗管理部门组织能耗数据分析会，分析会由单位相关部门共同参加。主要针对数据偏差原因进行分析，偏差原因包括但不仅限于：设施量统计误差；设施变动未及时更新；其他用电设施（如公安交警、公交站台、环卫公厕）用电量异常；其他问题（如偷电、亮灯异常、线路故障、电表故障、抄表变化）等，并形成初步分析结果。

2. 若通过分析，仍存在不确定数据偏差原因的电表，由能耗管理部门组织相关人员现场核查。排查主要包括但不仅限于：设施数量、功率、亮灯情况；设施拆除或新增等变动情况及其他情况等。

3. 根据数据分析和现场核查情况，能耗管理部门出具数据偏差原因分析报告，制定处理方案，明确责任部门。

4. 各责任部门根据处理方案，在规定时间内执行纠偏处理。

5. 各责任部门完成处理后报能耗管理部门。能耗管理部门根据各责任部门处理情况记录备案，并根据实际进行基础数据调整。

6. 能耗管理部门应结合各级各部门关于节能减排相关要求，充分运用能耗统计和分析数据成果，及时制定开关灯优化调整方案及专项整改提升计划等，持续推动城市照明能耗管理质效提升。

3.3.5　考核

1. 能耗管理涉及的各类设施基础数据统计考核由单位数据统计部门在月度部门考核工作中按单位规范化数据统计相关制度提出考核。

2. 各责任部门未按要求完成纠偏工作的，由能耗管理部门在月度部门考核工作中提出考核。

3. 各责任部门在能耗管理工作中能及时、准确、高效完成各项任务的，由能耗管理部门在月度部门考核工作中提出加分奖励。

3.3.6　成果运用

能耗管理部门根据能耗数据，每年度 12 月底前形成能耗管理报告，通过形成能耗动态跟踪长效管理机制，及时预警、发现和处理设施问题。年度能耗管理报告主要包括：计算分析各类节能措施技术节能情况；形成各类节能措施效果分析对比数据，发现并找到最优节能手段与技术；与数据统计及时互动，形成数据动态纠错、更新机制。

3.4　监督与考核

城市照明监督考核可大体分为宏观与微观两方面。宏观方面的监督及考核，一般指地方政府城市照明主管部门对节能工作的专项监督考核，以及省、市组织开展城市绿色照明专项工作检查。微观方面的监督及考核，主要指各城市照明设施的建设及运行维护的监督考核工作，如亮灯率、设施完好率等运行情况，以及维护单位巡查计划的制定、落实及监督等。

3.4.1　监督考核的原则

1. 监督考核的层级：地方上对城市照明的管理监督与考核呈现树形分散，一对多的考核层级。从行政区域看，区（县）往往分开；从照明设施看，功能照明与景观亮化可能分开；从技术专业看，不同技术专业单位可能负责某一专项工作。

2. 监督考核的指标：指标分基本指标及优化提升指标，基本指标主要是指亮灯率、设施完好率和报修处理及时率；优化提升指标主要是指在保障设施正常运行之外为提升社会服务而做的要求，如社会满意度、道路照明质量维持情况等。

3. 监督考核的方式和力度：

（1）监督考核方式主要是自查、抽查与专项考核，其主要体现为台账表格，如与亮灯率相关的亮灯率检查表、年度亮灯率汇总表（附录 D 月、年度亮灯率检查表）；与设施完好率相关的配电设施维护评分表（附录 E 表 E.0.1）、线路、工井评分表（附录 E 表 E.0.2）、照明器具维护评分表（附录 E 表 E.0.3）、专用灯杆及金属构件评分表（附录 E 表 E.0.4）等评分表式，涉及社会满意及道路照明质量的道路照明现场测量报告、社会满意度调查表、道路照明中维修施工质量评价表等。

（2）监督考核的力度一般由抽检考核频次来确定。如亮灯率与设施完好率按月或按季度确定抽查频率，抽查对象覆盖率是每年全覆盖还是每年部分覆盖等。通常，设施完好率与亮灯率可以以月确定计划，基本保证每年对设施全覆盖一次；鼓励采取第三方专业机构开展年度社会满意度调查，一般按比例进行抽查，照明质量可以根据具体情况灵活确定。

3.4.2　监督考核内容

　　1. 城市照明专项规划的编制或修编内容全面，具有地方特色，并经上级人民政府批准；

　　2. 有统一的城市照明管理机构和专业的人员，经费纳入公共财政，有充足的经费保障；

　　3. 制定地方性的城市照明管理统一的标准、规范和考核指标，从规划、设计、施工、管养形成完善的城市照明标准体系；

　　4. 建立和落实城市照明运行维护的长效管理机制，形成城市照明社会保障体系；

　　5. 城市照明管理职责明确、管理到位、运作有效，能效监测系统和地理信息系统全覆盖；

　　6. 建立城市照明信息管理系统及相关配套制度，并动态掌握城市照明设施的基本信息和能耗情况；

　　7. 对城市照明工程项目进行方案论证和是否符合规划进行审查，并实施施工图审查制度，建立并实施照明工程竣工验收制度；

　　8. 开展半导体照明、单灯控制、可再生能源等新产品、新技术等高效照明产品推广方案和鼓励政策；

　　9. 有城市照明方面节能工作目标和奖惩制度，将城市绿色照明纳入节能减排考核体系；

　　10. 建立地方市政协会道路照明分会，统一当地城市照明行业管理；

　　11. 制定并出台社会服务承诺；有完善的应急预案并定期演练。

3.4.3　监督考核方式

1. 照明质量方面

（1）城市机动车交通道路照明亮度及照度、均匀度、环境比达标率不低于95%；

（2）城市机动车交通道路照明眩光限制、诱导性达标率不低于90%；

（3）城市道路照明交汇区照度达标率不低于95%；

（4）城市人行道路照明质量达标率不低于95%；

（5）城市照明设施未对交通、航运等标识信号造成干扰；

（6）根据城市规模，对城市功能照明和夜景照明分区域、亮度、功率密度值、光污染限值等指标进行限定，对于重要的区域在规范要求上取标准上限值，对于严禁建设区（如天然暗环境区，如国家公园、自然保护区和天文台所在地区等）严格限制设置夜景照明；

（7）城市照明设施安装注重照明和安全质量，根据环境条件采取相应的隐蔽安装措施，兼顾白天景观的视觉效果；对于建筑群或单体照明，应对亮度、亮度对比度、色彩、动态关系等指标进行限定，重点突出；照明设计注重光的品质、用光的精确性、光色、亮度的准确性，具体涉及灯具的合理选择和合理的安装方式。

2. 照明节能方面

在新建项目中未使用高耗、低效照明设施和产品；既有道路中已全部淘汰国家要求淘汰的照明设施和产品；新建道路照明功率密度值均低于设计标准规定值；既有道路节能评价均达到国家相关标准；已经使用如下节能技术措施：

（1）采用了"三遥"控制技术且覆盖率不低于95%；

（2）高压钠灯采用了电容补偿且覆盖率不低于95%；

（3）夜间交通流量不大的地段采用半夜灯控制或变功率镇流器且覆盖率不低于95%；

（4）结合新改扩建工程，积极推广采用LED产品，鼓励有条件地区可同步推广单灯控制技术的应用；

（5）变压器、灯具、光源电器、控制系统、节能设备等产品，必须符合国家有关标准，并通过省级以上产品质量检测机构检测鉴定，优先选用通过认证的高效节能产品。

3. 照明环保方面

景观照明满足相关规范要求，对周边居民区及交通道路未造成光干扰；景观照明未使用强力探照灯和大功率泛光灯等产品；在城市道路上未使用多光源装饰性灯具和无控光器灯具的功能照明设施；道路照明采用的装饰性功能灯具的上射光通比不超过25%；建立了城市照明废旧、污染产品的回收管理制度，并且对所有废旧、污染产品进行回收，进行无害化处理或转移给有资质单位进行处理；照明方式、灯具安装位置、照明布置等较为合理，并采取了防止产生光污染的针对性措施。

4. 照明设施方面

新、改、扩建道路工程装灯率不低于100%，主干道亮灯率不低于98%，次干道及支路亮灯率不低于96%，道路照明设施完好率不低于95%；景观照明设施的完好率不低于90%；智能化集中控制系统覆盖率不低于95%；配电系统接地形式采用合理的保护系统，并符合国家现行相关标准的要求；照明设施未出现重大责任事故；照明设施未对园林、珍稀树木、古建筑等自然和历史文化遗产保护产生不良影响；重要场所及城市快速路、主干道每年进行一次抽样照明质量测试；新建城市照明与主体项目同步设计、同步施工、同步投入使用；引入有相应资质的第三方检测机构进行监管。

5. 照明地方特色和照明文化方面

城市景观照明建设规模与水平符合城市定位，与城市经济发展水平匹配；城市景观照明载体形态特征明显，对地标性载体和展现地域风貌特色的载体进行重点照明；城市景观照明载体具有文化价值和美学价值。尊重当地文化（科技的、人文的、历史的、经济的），运用合理手法进行照明；城市景观照明体现城市人文特色，满足夜间人群集散和市民活动需求，配合灯光节、灯光表演进行特色夜间人文活动；体现成熟的照明科技技术，展示先进的照明规划和设计理念。

3.5　城市道路绿色照明检测与评价

为贯彻国家技术经济政策，节约资源、保护环境，规范绿色照明的检测与评价，推进绿色照明可持续发展，应根据现行国家标准《绿色照明检测及评价标准》GB/T 51268的相关规定，对城市道路绿色照明进行检测及评价。检测及评价时应以某条道路或区域性道路作为测评对象，并在该道路竣工并投入正常使用 3 个月后进行。在开展检测与评价时，凡涉及定量评价的指标应由第三方检测机构根据国家相关标准的规定进行检测，并提供相应的检测报告。

3.5.1 城市道路绿色照明控制项

1. 机动车道路面平均亮度或路面平均照度、路面亮度总均匀度和纵向均匀度或路面照度均匀度、眩光限制和环境比应符合现行行业标准《城市道路照明设计标准》CJJ 45 的规定。

2. 交会区照明路面平均照度、路面照度均匀度和眩光限制应符合现行行业标准《城市道路照明设计标准》CJJ 45 的规定。

3. 非机动车道与人行道路面平均照度、路面最小照度、最小垂直照度、最小半柱面照度和眩光限制应符合现行行业标准《城市道路照明设计标准》CJJ 45 的规定。

4. 光源相关色温不应高于 5000K。

5. LED 道路照明光源色容差不应大于 7SDCM。

6. 灯具的安全性能应符合现行国家标准《灯具 第 1 部分：一般要求与试验》GB 7000.1 及相关标准的规定。

7. 灯具的无线电骚扰特性、谐波电流限值及电磁兼容抗扰度应符合现行国家标准《电气照明和类似设备的无线电骚扰特性的限值和测量方法》GB/T 17743、《电磁兼容 限值 第 1 部分：谐波电流发射限值（设备每相输入电流≤16A）》GB 17625.1 和《一般照明用设备电磁兼容抗扰度要求》GB/T 18595 的规定。

8. 灯具的浪涌抑制性能（抗雷击）的电压保护水平不应低于±4kV（线-4 线）和±10kV（线-地）。

9. 照明系统的接地应符合现行行业标准《城市道路照明设计标准》CJJ 45 及《城市道路照明工程施工及验收规程》CJJ 89 的规定。

10. 对安装高度在 15m 以上或其他安装在高耸构筑物上的照明设施应按现行国家标准《建筑物防雷设计规范》GB 50057 的规定配置避雷装置。

11. 灯具防护等级应符合现行国家及行业标准的要求。

12. 照明产品应有防脱落措施，对于通行机动车的大型桥梁等易发生强烈振动的场所，灯具应有防振措施。

13. 道路照明功率密度值应符合现行行业标准《城市道路照明设计标准》CJJ 45 的有关规定。

14. 道路照明气体放电灯系统的功率因数不应小于 0.85；LED 道路照明灯具功率因数不应小于 0.9。

15. 照明光源、镇流器、LED 模块控制装置及照明用配电变压器的能效等级不应低于国家现行有关能效标准规定的 2 级。

16. 光源平均寿命和光通量维持率应符合国家现行相关产品标准的规定。

17. 灯具上射光通比不应大于 25%。

18. 主次干道的功能照明不应采用非截光型灯具。

19. 道路照明采用集中遥控系统时，远动终端应具有在通信中断的情况下自动开关路灯的控制功能和手动应急控制功能。

20. 应制定并实施节能管理制度。

21. 照明节能设施应工作正常，且应符合设计要求。

22. 主干道亮灯率不应低于98%，次干道亮灯率不应低于96%；功能照明设施完好率不应低于95%。

3.5.2 城市道路绿色照明检测评分项

1. 照明质量

（1）路面亮度合理，评价分值为20分，并按下列规则评分：

1）测量值与亮度标准值正偏差不超过30%，得10分；

2）测量值与亮度标准值正偏差不超过20%，得20分。

（2）道路照明路面亮度纵向均匀度符合现行行业标准《城市道路照明设计标准》CJJ 45的限值要求并提高10%，评价分值为30分。

（3）LED道路照明光源一般显色指数不低于60，评价分值为20分。

（4）道路照明眩光限制阈值增量优于现行行业标准《城市道路照明设计标准》CJJ 45标准值10%，评价分值为30分。

2. 照明节能

（1）选用高效照明产品，评价总分值为30分，并按下列规则评分：

1）传统照明产品按下列规则分别评分并累计：

① 照明光源的能效等级达到1级，得10分；

② 镇流器的能效等级达到1级，得5分；

③ 选用灯具的效率高于现行行业标准《城市道路照明设计标准》CJJ 45的规定值10%，得5分，高于规定值20%，得15分。

2）LED照明产品效能高于现行行业标准《城市道路照明设计标准》CJJ 45的规定值，并按下列规则评分：

① 提高10%，得10分；

② 提高20%，得20分；

③ 提高30%，得30分。

（2）照明用配电变压器的能效等级达到现行国家标准《电力变压器能效限定值及能效等级》GB 20052规定的1级，评价总分值为10分。

（3）照明节能效果明显，评价分值为40分，并按表3-1的规则评分。

道路照明节电率评分规则

表3-1

节电率	得分
10%≤节电率＜20%	5
20%≤节电率＜30%	10
30%≤节电率＜40%	15
40%≤节电率＜50%	25
节电率≥50%	40

（4）建立城市道路照明信息管理系统，具有统计设施的基本信息和照明耗电量的功能，评价分值为 20 分。

3. 照明控制

（1）灯具具有单独控制装置的接口，评价分值为 20 分。

（2）根据所在道路的等级、不同时间段的交通流量、车速、环境亮度的变化等因素，通过合理的控制方式调节路面照明水平，评价总分值为 20 分，并按下列规则评分：

1）调光后照度与设定值最大正偏差不超过 20%，得 10 分；

2）调光后照度与设定值最大正偏差不超过 10%，得 20 分。

（3）采用时控、光控的道路照明开关灯设置合理，评价总分值为 20 分，并按下列规则分别评分：

1）根据地理位置和季节变化确定开关灯时间，得 10 分；

2）根据道路环境条件设置不同的天然光开关灯照度水平，且偏差不超过 10%，得 20 分。

（4）采用恒照度控制装置，评价分值为 10 分。

（5）照明等设备的自动监控系统应工作正常，且运行记录应完整，评价分值为 10 分。

（6）监控系统电压、电流、功率及功率因数实时反馈数据与实际平均偏差不超过 10%，评价分值为 20 分。

4. 照明环保

（1）照明灯具在居住建筑窗户外表面产生的垂直照度符合现行行业标准《城市夜景照明设计规范》JGJ/T 163 的相关规定，评价分值为 25 分。

（2）照明设施产生的光线控制在被照区域内，溢散光不大于 15%，评价分值为 25 分。

（3）道路照明设施上安装的照明标识的亮度符合行业标准《城市夜景照明设计规范》JGJ/T 163 的相关规定，评价分值为 10 分。

（4）建立照明废旧污染产品的回收管理制度，并实现回收，评价总分值为 20 分，并按下列规则分别评分并累计：

1）有回收管理制度，得 5 分；

2）有回收利用台账，废旧污染产品回收率不低于 80%，得 15 分。

（5）照明产品汞含量符合相关标准要求，评价总分值为 20 分，并按下列规则评分：

1）荧光灯按照表 3-2 的规则评分。

2）高压钠灯、金属卤化物灯低于现行行业标准《环境标志产品技术要求 照明光源》HJ 2518 规定的限值，低于限值 30%，得 5 分；低于限值 50%，得 15 分。

荧光灯汞含量评分规则　　　　　　　　　　　　　　表 3-2

产品类型/得分	双端荧光灯	单端荧光灯和普通照明用自镇流荧光灯	得分
汞含量等级	微汞	低汞	5
	极微汞	微汞	15

3）采用无汞灯具，得 20 分。

5. 运维管理

（1）城市照明管理部门的技术、管理资料齐全，评价总分值为 30 分，并按下列规则分别评分并累计：

1）竣工验收资料齐全、可查，得15分；

2）编制完善的设施运行管理手册，得15分。

（2）定期检查和调试照明设施，评价总分值为30分，并按下列规则分别评分并累计：

1）具有照明设施的检查、调试等记录，得10分；

2）根据照度等运行检测数据对设施进行运行优化，得10分；

3）制定光源和灯具的维护、清洁计划，对照明系统进行定期检查和清洗，并具有维护记录，得10分。

（3）定期对运行管理人员进行专业技术培训和考核，评价总分值为20分，并按下列规则分别评分并累计：

1）制定专业技术培训计划，得10分；

2）具有培训工作记录和考核结果，得10分。

（4）建立照明耗电量定期统计制度，评价分值为20分。

3.5.3　城市道路绿色照明检测加分项

1. 照明项目充分考虑所在地域的环境、资源，结合场地特征和功能，合理采用新技术、新产品，并进行技术经济分析，显著提高能源资源利用效率和光环境质量，评价分值为1分。

2. 改造项目节能投资回收期不超过5年，评价分值为1分。

3. 根据当地气候和自然资源条件，合理利用可再生能源，评价分值为3分，并按表3-3的规则评分。

4. 采用集中智能照明控制系统，能监控到每套灯具且正常运行，评价分值为1分。

5. 根据现行国家标准《光环境评价方法》GB/T 12454对道路照明光环境进行现场主观评价，评价分值为2分，并按表3-4的规则评分。

利用可再生能源供电评分规则　　　　　　　　　　　　　　　　表3-3

由可再生能源提供的照明容量比例 R_e	得分
$1.0\% \leqslant R_e < 5.0\%$	1
$5.0\% \leqslant R_e < 10.0\%$	2
$R_e \geqslant 10.0\%$	3

注：R_e 为可再生能源用于照明的装机容量与照明设备安装容量之比。

光环境主观评价评分规则　　　　　　　　　　　　　　　　　　表3-4

主观评分	得分
$50 \leqslant S_{主观} \leqslant 70$	1
$70 < S_{主观} \leqslant 90$	1.5
$90 < S_{主观} \leqslant 100$	2

3.5.4　城市道路绿色照明评分与等级划分

1. 绿色照明申请评价单位应进行项目技术和经济分析，选用适当的照明技术和设备，对产品、设计、施工、验收、运行进行全过程控制，并提交相应设计文件、产品测试报告和竣工验收报告等。

2. 评价机构应按照现行国家标准《绿色照明检测及评价标准》GB/T 51268 的相关规定,对申请评价单位提交的检测报告、文件进行审查、现场考察、出具评价报告,确定评价等级。

3. 绿色照明评价指标体系由照明质量、照明节能、照明控制、照明环保、运维管理 5 类指标组成。

4. 绿色照明评价控制项的评定结果应为满足或不满足,应在控制项全部满足时对评分项和加分项进行评价;评分项和加分项的评定结果应为分值。绿色照明评价评分可参照表 3-5,并按评价总得分确定等级。

5. 评价指标体系中,5 类指标每个部分均为 100 分,加权平均后的得分即为绿色照明评价总得分。

6. 加分项的附加得分应为各加分项得分之和,加分项总分不得超过 10 分。

城市道路绿色照明评分表　　　　　　　　　　　　　　　表 3-5

指标类别		评分值	得分值	权重	实得分	备注
控制项		满足/不满足				
评分项	照明质量	100		35%		
	照明节能	100		25%		
	照明控制	100		15%		
	照明环保	100		10%		
	运维管理	100		15%		
加分项		8				

7. 绿色照明评价总得分应按下式计算:

$$Q = w_1 Q_1 + w_2 Q_2 + w_3 Q_3 + w_4 Q_4 + w_5 Q_5 + Q_6$$

式中　Q——绿色照明评价总得分;

　$Q_1 \sim Q_5$——各类指标评分项的得分;

　　Q_6——加分项得分;

$w_1 \sim w_5$——评分项权重,按表 3-6 取值。

评分项权重　　　　　　　　　　　　　　　表 3-6

场所类型	照明质量 w_1	照明节能 w_2	照明控制 w_3	照明环保 w_4	运营管理 w_5
城市道路	0.35	0.25	0.15	0.10	0.15
夜景照明	0.15	0.25	0.25	0.15	0.20

8. 绿色照明应分为一星级、二星级、三星级 3 个等级。3 个等级的绿色照明均应满足所有控制项的要求,且每类指标的评分项得分不应低于 40 分。当绿色照明评价总得分分别达到 50 分、60 分、80 分时,绿色照明等级分别为一星级、二星级、三星级。

3.6　城市夜景绿色照明检测与评价

城市夜景绿色照明应根据现行国家标准《绿色照明检测及评价标准》GB/T 51268 的

相关规定，对城市夜景照明进行检测及评价。检测及评价应以单体建（构）筑物、建筑群或单个区域作为测评对象，凡涉及系统性、整体性的指标，应基于该测评对象所属工程项目的总体进行检测评价，并在该项目竣工并投入正常使用3个月后进行。在开展检测与评价时，凡涉及定量评价的指标应由第三方检测机构根据国家相关标准的规定进行检测，并提供相应的检测报告。

3.6.1　城市夜景绿色照明检测控制项

1. 夜景照明的照度、亮度及功率密度值应符合现行行业标准《城市夜景照明设计规范》JGJ/T 163的规定。

2. 灯具的安全性能应符合现行国家标准《灯具 第1部分：一般要求与试验》GB 7000.1及相关标准的规定。

3. 灯具的电磁兼容性能应符合现行国家标准《电气照明和类似设备的无线电骚扰特性的限值和测量方法》GB/T 17743、《电磁兼容 限值 第1部分：谐波电流发射限值（设备每相输入电流≤16A)》GB 17625.1和《一般照明用设备电磁兼容抗扰度要求》GB/T 18595的规定。

4. 安装在室外的灯具外壳防护等级不应低于IP54；埋地灯具外壳防护等级不应低于IP67；水下灯具防护等级应符合现行行业标准《城市夜景照明设计规范》JGJ/T 163的规定。

5. 夜景照明设施的供配电设计和电气安全措施应符合现行行业标准《城市夜景照明设计规范》JGJ/T 163等相关标准的规定。

6. 灯具及安装固定件应具有防止脱落或倾倒的安全防护措施；对人员可触及的照明设备，当表面温度高于70℃时，应采取隔离保护措施。

7. 不应使用国家或地方有关部门明令禁止和淘汰的高耗低效材料和设备。

8. 功率因数应符合下列规则：

（1）直管型荧光灯功率因数不应低于0.9，紧凑型荧光灯功率因数不应低于0.55；

（2）高强气体放电灯功率因数不应低于0.85；

（3）LED灯功率因数应符合表3-7的规定。

LED灯功率因数要求　　　　　　　　　　　　　　　表3-7

实测功率（W）	功率因数
≤5	≥0.5
>5	≥0.9

9. 照明光源、镇流器、LED模块控制装置及照明用配电变压器的能效等级不应低于国家现行有关能效标准规定的2级。

10. 安装在城市道路两侧的夜景照明设施对汽车驾驶员产生的阈值增量不应大于15%。

11. 夜景照明灯具在居住建筑窗户外表面产生的垂直照度和朝居室方向的发光强度应符合现行行业标准《城市夜景照明设计规范》JGJ/T 163的规定。

12. 夜景照明在建筑立面和标识面产生的平均亮度及不同环境区域、不同面积的广告与标识照明的平均亮度应符合现行行业标准《城市夜景照明设计规范》JGJ/T 163的规定。

13. 夜景照明不应采用功率大于 1000W 的泛光灯和探照灯。

14. 夜景照明不应对交通信号识别产生干扰。

15. 应根据使用情况设置平日、节假日、重大节日等不同的开灯控制模式。

16. 夜景照明亮灯率不应低于 90%，照明设施完好率不应低于 90%。

17. 应制定并实施节能管理制度。

18. 照明设备自动监控系统应工作正常，运行记录应完整。

3.6.2 城市夜景绿色照明检测评分项

1. 照明质量

（1）夜景照明被照物的亮度与背景亮度的对比度适宜，并符合现行行业标准《城市夜景照明设计规范》JGJ/T 163 的有关规定，评价分值为 30 分。

（2）当需要突出被照明对象的立体感时，主要观察方向的垂直照度与水平照度之比不小于 0.25，评价分值为 30 分。

（3）根据现行国家标准《光环境评价方法》GB/T 12454 对夜景照明光环境进行现场主观评价，评价分值为 40 分，并按表 3-8 的规则评分。

光环境主观评价评分规则 表 3-8

主观评分	得分
$50 \leqslant S_{主观} \leqslant 70$	20
$70 < S_{主观} \leqslant 90$	30
$90 < S_{主观} \leqslant 100$	40

2. 照明节能

（1）选用高效照明产品，评价总分值为 30 分，并按下列规则评分并累计：

1）照明光源的能效等级达到 1 级，得 5 分；

2）镇流器的能效等级达到 1 级，得 5 分；

3）LED 模块控制装置的能效等级达到 1 级，得 20 分。

（2）照明用配电变压器的能效等级达到现行国家标准《电力变压器能效限定值及能效等级》GB 20052 规定的 1 级，评价总分值为 15 分。

（3）夜景照明系统实现独立电能计量，评价分值为 25 分。

（4）项目纳入城市照明信息管理系统，具有统计设施的基本信息和耗电量情况的功能，评价分值为 30 分。

3. 照明控制

（1）选用合理的照明控制方式，评价分值为 30 分，并按下列规则分别评分：

1）采用光控、时控控制方式，得 15 分；

2）采用智能照明控制系统，得 30 分。

（2）系统具有遥控或联网监控的条件，评价总分值为 30 分，并按下列规则分别评分并累计：

1）预留联网监控的接口，得 5 分；

2）实现遥控或联网监控，得 25 分。

（3）总控制箱设在值班室内便于操作处，设在室外的控制箱采取相应的防护措施，评价分值为 20 分。

（4）控制系统的控制终端在通信中断时具有自动或手动开关灯的功能，评价分值为 20 分。

4. 照明环保

（1）灯具的上射光通比符合现行行业标准《城市夜景照明设计规范》JGJ/T 163 的规定，评价分值为 20 分。

（2）将照明的光线严格控制在被照区域内，限制灯具产生的干扰光，超出被照区域内的溢散光不超过 15%，评价分值为 20 分。

（3）不影响天文观察和动植物生态，评价分值为 20 分。

（4）建立照明废旧污染产品的回收管理制度，并实现回收，评价总分值为 20 分，并按下列规则分别评分并累计：

1）有回收管理制度，得 5 分；

2）有回收利用台账，废旧产品回收率不低于 80%，得 15 分。

（5）照明产品汞含量符合相关标准要求，评价总分值为 20 分，并按下列规则评分：

1）荧光灯按照表 3-9 的规则评分；

2）高压钠灯、金属卤化物灯低于现行行业标准《环境标志产品技术要求 照明光源》HJ 2518 规定的限值，低于限值 30%，得 5 分；低于限值 50%，得 15 分；

3）采用无汞灯具，得 20 分。

荧光灯汞含量评分规则　　　　　　　　　　　　表 3-9

产品类型/得分	双端荧光灯	单端荧光灯和普通照明用自镇流荧光灯	得分
汞含量等级	微汞	低汞	5
	极微汞	微汞	15

5. 运维管理

（1）技术资料齐全，评价总分值为 30 分，并按下列规则分别评分并累计：

1）设计、施工、监理、调试、验收等技术资料齐全、可查，得 15 分；

2）编制完善的设施运行管理手册，得 15 分。

（2）定期检查和调试照明设施，评价总分值为 30 分，并按下列规则分别评分并累计：

1）具有照明设施的检查、调试等记录，得 10 分；

2）根据照度等运行检测数据对设施进行运行优化，得 10 分；

3）制定光源和灯具的维护、清洁计划，对照明系统进行定期检查和清洗，维护系数不低于 0.7，并具有维护记录，得 10 分。

（3）定期对运行管理人员进行专业技术培训和考核，评价总分值为 20 分，并按下列规则分别评分并累计：

1）制定专业技术培训计划，得 10 分；

2）具有培训工作记录和考核结果，得 10 分。

（4）建立照明耗电量定期统计制度，评价分值为 20 分。

3.6.3 城市夜景绿色照明评价加分项

1. 照明项目充分考虑所在地域的环境、资源，结合场地特征和功能，合理采用新技术、新产品，并进行技术经济分析，显著提高能源资源利用效率和光环境质量，评价分值为2分。

2. 根据当地气候和自然资源条件，合理利用可再生能源，评价总分值为3分，并按表3-10的规则评分。

利用可再生能源供电评分规则　　　　　　　　　　　　表 3-10

由可再生能源提供的照明容量比例 R_e	得分
$1.0\% \leqslant R_e < 5.0\%$	1
$5.0\% \leqslant R_e < 10.0\%$	2
$R_e \geqslant 10.0\%$	3

注：R_e 为可再生能源用于照明的装机容量与照明设备安装容量之比。

3.6.4 城市夜景绿色照明评价评分表

1. 城市夜景绿色照明评价评分、权重与等级划分应符合本章 3.4 节和表 3-6 的规定。

2. 城市夜景绿色照明评分表如表 3-11 所示。

城市夜景绿色照明评分表　　　　　　　　　　　　表 3-11

指标类别		评分值	得分值	权重	实得分	备注
控制项		满足/不满足				
评分项	照明质量	100		15%		
	照明节能	100		25%		
	照明控制	100		25%		
	照明环保	100		15%		
	运维管理	100		20%		
加分项		5				

第4章 城市照明信息化管理

4.1 城市照明信息化系统综述

信息技术日新月异，信息化应用是现代化管理的有效手段和必然趋势。随着城市的快速发展，城市照明设施的规模也随之急剧递增，城市照明设施运行维护面临更大的压力，这就要求城市照明管理者从管理的方法和手段上必须有新的突破。通过信息化方式，结合信息管理系统来提升运行维护水平已经成为业内的共识，城市照明信息化建设已经成为城市照明不可或缺的一部分。

4.1.1 信息化系统建设意义

1. 社会效益

（1）促进管理模式改革：城市照明管理信息化首先必须理顺城市照明各管理主体之间的关系，促进明确管理与建设、养护分离的维护市场化改革方向，实现"市区分级管理、政府监管、企业运行"的目标。

（2）提高管理水平：以信息化手段开展城市照明管理工作，提高维护工作效率，理顺照明管理应急抢修、日常维护流程，从而为建设城市的新形象奠定坚实的基础。

（3）提升服务水平：信息化管理实现了与市民的良性互动，使全社会可以共同参与并监督城市照明的管理工作，提高人民群众共同管理城市的认同感，形成了共同管理城市的新格局。

2. 经济效益

（1）减少建设成本：系统集成了城市照明管理的协同工作平台，减少了照明管理中各专业单项管理平台的投资开发成本，避免了重复建设。

（2）控制运营成本：最大化财力以及人力的使用效率，通过采用先进的管控模式，实现数据的统一化应用，控制城市照明管理开支以及运营成本。

（3）节能减排：在保证道路照明的亮度（照度）和安全性的前提下，城市照明可以按需自动调节照明水平，在不增加维护成本的情况下降低城市道路照明的耗电量。

（4）减少日常管理成本：建立全市照明管理的综合数据平台，统一基础数据标准，为照明管理的信息化平台提供了共享的基础，避免了系统不兼容、信息分割的局面。这样既可提高照明管理的效率，又可以降低日常管理成本。

（5）降低维护成本：实时掌握路灯的运行状况，打破传统的"人在管灯"的运行模式，减少运维的重复巡查工作；整合照明市区级部门的网络、设备等硬资源和技术、人才等软资源，实现资源共享，协同办公。

（6）间接经济效益：大数据的集中存储和分析使"定量掌握照明管理动态"成为现实，直接帮助高层决策者制定更加切合实际的政策、法规，这种进步所带来的间接经济效益更加巨大和持久。

4.1.2　城市照明信息化建设目标

对城市照明信息化建设，主要有以下六个方面的目标：

（1）全面展示城市道路照明行业管理、服务工作全貌，提升城市照明监控管理水平和应对突发事件的处理能力。

（2）统一数据标准基础。对城市道路照明系统中的各种设备按照国家和行业标准进行分类和编码，形成标准化的数据基础。

（3）内部信息共享。数据信息是数字化城市照明管理的核心资源，在企业资源结构中具有不可替代的地位。所谓信息共享就是指在单位内部，依据一定的规则和规范，实现信息的流通和共用。按照国家和行业标准制定接口规约，形成数据交换的标准化基础，形成建立统一信息平台的基础。

（4）统一服务平台。旨在构建一个统一的综合性云服务中心，对资产信息组成的静态资源和现场设施运行状况的动态资源进行整体规划，满足不同地域的市区级用户接入，实现真正意义上的一体化的照明管理。

（5）流程动态化管理。城市照明管理的业务涉及了诸多职能部门，这会引起部门之间的业务范围和职责随着管理要求的不断变化而变化。为了适应这种变化，必须要求信息平台能够方便地定义和修改系统业务流程。

（6）大数据分析应用。通过建设城市照明信息系统，收集、管理城市照明各类业务相关数据，再通过数据分析和研究，形成管理决策依据以及解决城市照明管理中存在的问题。数据与数据之间的凌乱、复杂性决定了无法用人力进行分析，因此，需要各类软件语言工具辅助处理，如大数据分析软件，从不同角度考量数据分析的可能性，然后再从具体的点切入，利用算法和工具进行分层建模，打造出和实际数据一致的模型，利用模型去测算未来某个时间点的可能性，从而产生可视化结论，也就是大数据分析结论，能有效地应用于各类管理场景。

4.1.3　城市照明信息化发展现状和分析

城市照明行业在过去的5年里经历了蓬勃发展，无线单灯控制技术和多功能灯杆技术已经趋于成熟，通过城市照明信息管理系统提取的最新数据分析，85%的省会城市、38%以上的地级市已经采用了城市照明无线单灯的技术。85%的省会城市、28%以上的地级市已经采用多功能灯杆等智慧化照明技术。

截至2021年底，全国已建设多功能灯杆43.37万杆，采用"多杆合一、多井合一、多箱合一"等技术手段，实现了杆件的共享共建，新疆、西藏多功能灯杆运用比例超过20%，青海、西藏太阳能路灯运用比例超过9%；共有333个城市尝试在功能照明上运用了单灯控制器，共计155.25万盏，其中，上海和江西的单灯运用比例较高，通过对每盏灯的完全控制，实现故障检测、节能控制，进一步提升了城市照明的智能化水平。

建立控制系统的城市中，平均每个城市具有6.05个智能控制平台。平均每个城市具有556个配电箱（柜、屏）、415个遥控控制终端，遥控控制终端覆盖率达74.64%。

1. 国内城市照明信息化现状

（1）湖北

湖北武汉三阳路、澳门路智慧路灯项目基于城市照明物联网大数据平台的"控制神经中枢"，构建了"平台＋应用＋硬件＋数据"的一体化系统，并延伸了多项路灯管理与应用功能。如通过单灯控制器，实现道路照明根据时间、光照度和人流量进行自动开关灯和亮度照度调节；如视频监控、城市信息发布、5G 微基站搭载、电动汽车充电等智慧城市管理功能。在武汉全市范围内完成 1 千多个回路监控箱、3 万多个路灯标识牌（实现路灯资产管理）、1 万多盏路灯和 2 万多个智能空开盒（实现路灯管理与安全防护）的安装实施，实现对全市路灯管理效能的全方位提升。以平台智能化管理、应用灵活化控制、硬件广泛化部署、数据集中化处理的特点，一方面打破了平台或软件提供方对业主方的垄断，实现真正意义上的"开放式、市场化"选择；另一方面实现路灯管理模式的转变，打破原有系统信息孤岛的束缚，实现对人、财、物、工作流的全面统一管理。"共享灯杆"作为一种复合利用装置，有利于减少城市杆体的重复建设，避免城市道路两侧特别是路口杆体林立的乱象，有效地节约城市地面和空间资源。将照明管理与灯杆综合利用积极与智慧城市系统相连相通，极大提升运营效率与管理水平，让城市能变得更美、更智慧。

（2）山东

山东济宁对琵琶山路、任兴路、建设北路、汇翠路、任通路、环翠路等六个核心路段，共计 5.24km、800 余盏户外路灯进行智能化升级改造，100％实现了对道路照明的智慧管理，其中包含新建智慧灯杆（含物联网子系统）156 杆，升级了原有的传统灯具 600 余盏；实现了与原有"道路安防监控杆件"多杆合一共 59 杆；实现了区域内 259 只照明井盖的智能化全方位监控等。项目通过应用先进、高效、可靠的互联通信技术、物联网控制技术，以及大数据平台技术进行系统性整合和智能硬件的深度融合，使前端的照明控制、环境感知、公共信息交互、视频数据采集、一键求助报警、无线网络热点等多种应用功能与后台的远程控制、数据分析、故障告警等功能通过传输网络形成有机整体，与市政业务无缝对接，真正实现智慧城市应用价值。项目的落地实施有效地提高了济宁的城市管理效率和管理水平，极大地提升了济宁的城市形象，充分展现任城运河文化、大汉文化的人文历史。从行业管理角度来看，利用智慧城市技术手段，提升自身运营效力、降低运营成本、提升竞争力，同时作为示范项目，为济宁市乃至整个山东省的智慧城市建设树立了良好的标杆作用。从市民感受角度来看，让智慧城市的建设成果惠及全体市民，让广大人民群众享有更加便利、更高品质、更具幸福感的生活。任城区历史资源丰富，文化底蕴深厚，以运河文化为背景特别设计的智慧多功能灯杆，充分展示了极具特色的"运河文化"内涵。

（3）雄安新区

雄安新区智慧路灯示范项目，雄安新区雄县温白快速路，该道路为雄安新区城际高铁主干道，也是连通高速和省道的主干道，道路全长 10.3km。总计改造灯杆数 525 杆，重要节点设置智慧路灯杆 9～16 杆，搭载视频监控、LED 信息发布、环境监测和求助报警等多项智能化应用，扩建改造城市公共管理及智慧照明监控中心（含设备若干），全线实现智慧照明监控系统覆盖。采用"智慧路灯杆＋LED 灯源＋SEMS 智慧照明监控系统"方案，作为雄安新区路灯照明智能改造示范项目，项目建成后将作为雄安新区首条智慧道路示范点向雄安新区各部门领导和来此考察的各政企领导进行展示。围绕智慧灯杆＋管理服务平台的整体设计思路，将智慧灯杆打造成城市物联网的载体。

（4）厦门

厦门山海健康步道智慧路灯项目共建成400多套智慧灯杆，搭载人体体温感知摄像头、一键视频语音求助报警、安防监控语音广播、环境传感、LED显示屏、智慧照明监控系统等多项智慧应用。在节省城市空间的基础上，兼顾美观性和功能性，及时感知步道区域内的动态，促进了步道的智慧化管理，助力厦门建设友好型城市，增加市民的安全感、幸福感和获得感；采用双模单灯控制系统，管理方可进行远程开关灯和调光，实现了绿色节能照明，节约了路灯管理的运维成本；自主研发的核心硬件如单灯控制器、智慧路灯物联网网关等，充分保障了智慧路灯使用和运行的稳定性。

厦门同安区智能化照明改造及智慧照明监控项目共对同安区西福路、通福路、福明路等多个路段、3000多盏路灯进行了智能化改造，其中有20多杆智慧多功能灯杆，集成了智慧照明、无线WiFi、视频监控、智慧传感、智慧发布、紧急报警、智慧充电桩七大子系统。项目成效：综合节能率66.75%，维护成本降低50%以上，亮灯率提升到98%以上。通过路灯的智能化管理和大数据技术的综合应用，同安区实现了能源的有效管理和合理化应用，极大降低了无效能耗。项目完成后，通过有效的节能减排产生了丰厚的经济效益，同安区与合作伙伴以合同能源管理（EMC）的方式实现了利益共享，成为厦门市建设智慧城市过程中突出的亮点。

2. 国外城市照明信息化现状

（1）圣地亚哥

智利首都圣地亚哥4万余盏智慧照明单灯控制系统改造项目以最前沿的无线通信技术为基础，充分利用人工智能、大数据、云平台、云计算、边缘计算、GIS等先进技术，为客户定制了符合当地管理者使用习惯的"城市路灯物联网管理公共服务平台"，彻底解决了原先监控管理方式相对粗放、能源消耗过大、运维效率低成本高、设施安全难以得到保障等困扰。可以说这个项目是将最先进的智慧照明监控系统的核心价值，体现得淋漓尽致。项目实现了远程对每盏路灯的远程开关灯、调光、电能数据统计、故障报警、地理位置实时显示、资产管理、智能巡检等诸多智能控制功能和专业的报表及智能分析功能。

（2）达卡

孟加拉国首都达卡，项目以先进的无线物联网通信技术为基础，实现了对每盏路灯的远程开关灯、调光、电能数据统计、故障报警、地理位置实时显示、资产管理、智能巡检。

（3）迪拜

迪拜是全球人均碳足迹（碳消耗量）最高的城市之一。近年来，迪拜着力打造绿色经济节能城市，在市内安装大量节能灯及对可再生能源系统进行改造。智联信通为助力迪拜绿色经济城市建设，在迪拜黄金地段搭载100＋太阳能路灯远程控制系统，通过远程节能控制，实现城市照明数据化运营，节约能源。

3. 城市照明信息化发展分析

在国内，城市照明信息化技术突飞猛进，特别是城市照明在监控领域的研究，取得了较快的发展，可划分为三个阶段：

第一阶段，三遥、五遥等监控系统建设阶段。建设城市照明监控管理中心，安装照明监控终端，实现城市照明监控管理到照明控制箱，实现照明设备统一开关、故障及时发现、照明亮灯率较准确估算。

第二阶段，物联网单灯监控系统建设阶段。安装城市照明物联网单灯控制器、电缆线防盗检测设备等，实现城市照明设备设施的全面物联网监控管理，通过 NB-IoT、4G/CET1 等主流通信技术，实现城市照明无线动态调光控制，"按需照明"、节能减排。

第三阶段，智慧照明系统建设阶段。依托三遥系统、物联网单灯系统、地理信息系统，照明巡检系统、智慧路灯系统等，以"资产管理精细化、工作流程标准化、应急处理智能化、决策判断科学化"为目标，对城市照明设施及依附于照明设施上的其他领域相关智能设备，进行智能化管理，实现各种管理系统的数据共享、系统联动，全面提升城市照明安全保障能力和应急反应能力，实现城市照明管理的信息化、标准化、精细化、动态化、长效化，提高公共服务水平，改善居民生活。同时也是智慧城市的一个重要组成部分。

目前，国内大部分城市已经完成了第一阶段、第二阶段的建设，部分大中城市已经逐步开始第三阶段的建设工作。

在国际上，尤其是欧美经济发达的国家，城市照明监控系统建设也得到了政府和知名照明企业的共同重视。欧美知名照明企业 Philips、Osram、GE 照明均针对各自对城市照明监控系统的理解，推出了相应的产品及系统。系统基本都由控制中心管理系统、区域监控终端（Segment Controller）、室外照明控制器（Outdoor Luminaire Controller）、通信系统等组成。

在欧洲，欧洲能源组织（EU-IEE）于 2006 年组织了一项名为"E-Street"的项目，旨在通过智能路灯监控实现城市照明的动态照明控制，实现"按需照明"，在确保功能高标准的前提下，降低照明能源消耗和运行维护成本。该项目有 12 个欧洲国家、13 个组织参加，其中：仅 Philips 公司为丹麦政府就提供了 3 万台照明单元；在挪威的奥斯陆，通过几年的安装测试，大约有 7 千盏路灯进行了改造。另外，在美国的圣地亚哥，使用 GE 照明的 LightGrid 系统实施了城市照明单灯动态调光监控。欧美城市照明监控管理系统建设时更关注城市照明资产信息资源共享、维护、维修及管理。

4.1.4　城市照明信息化面临的问题

城市照明智能监控及信息化建设还需解决以下五个方面的问题：

1. 数据标准统一

为了实现城市照明智能监控及信息数据共享，必须先解决目前照明设施存在的编码不统一、管理困难、资产数据库信息更新缓慢、数据不全面和准确性差等问题。

应该按照国家和行业标准，对城市照明设施进行分类编码，建立规范的资产入库和编码规范，实现照明数据的标准化，并根据统一的数据标准完成对照明资产信息统一采集和录入，建设统一的照明资产数据库，为业务系统的建设提供有力的支撑，以期实现城市照明的统一和精准化管理。

2. 数据交互机制

建立一种全新的数据交互机制，将可以通过安装在城市照明设施上的各项感知设备智能地感知城市运行，并可向相关业务部门提供其所需的数据，为其决策提供数据支持；同时也可以接收相关业务部门提供的数据，从而智能地作出判断，及时调整照明设施的运行工况并快速地对重大事件作出应急响应。数据交互类型包括照明数据、交通数据、环境数据、公共服务数据等。

3. 平台系统集成

目前，城市照明管理机构普遍已建的实时监控系统、运维系统、GIS信息系统、工单管理系统等，各项系统种类繁多、规模庞大，各系统的通信协议以及系统结构不尽一致。

城市照明的信息化管理需要建设一个统一的照明信息化平台，需要已建系统的各开发单位提供统一标准的数据交换接口，再将各类系统接入到整体平台中，实现统一的管理。信息化平台将以先进的计算机网络技术为依托，以业务流转为核心，以综合信息服务为基础，以内外部信息综合查询为服务，全面提高各路灯管理部门的办公效率、规范管理行为。

4. 网络结构安全

信息化平台的建设和运行涉及的大量专业数据需要确保安全，目前城市照明管理机构已建的监控系统一般在内网中运行，因此，网络建设需考虑内部业务办公网络与城市照明专网通信时的访问安全，并解决好内、外网之间的信息交换问题。

5. 数据共享规范管理

目前城市照明管理各相关业务部门普遍存在对突发事件的应急处理能力不强和各业务部门之间职责不清、职能交叉的问题，同时各部门管理技术手段单一，缺乏行之有效的长效管理机制，这些都严重阻碍了城市照明管理水平和各相关业务部门业务流转效率的提高。

为此，需要建立一个城市照明综合运行管理信息化平台以实现部门内部规范化管理，部门之间流程化管理，提高管理效率和资源共享程度。以期达到城市照明相关业务部门职责分工明确，业务流程清晰明了，各部门也可在业务流程流转过程中互相监督，从而全面提高城市照明管理相关业务部门的办公效率，规范管理行为，提升核心价值。

4.2 城市照明信息化系统规划

4.2.1 总体规划

1. 运营管理模式

核心管理系统应由计算机工作站、服务器、计算机网络、无线数据通信网络、数据库和平台软件等组成，完成道路照明系统的实时监测、控制、调度和管理任务，是城市照明信息化系统的核心。核心管理系统应具有参数设置、控制、数据采集、数据处理、生产管理和系统管理等功能，应具有时间同步、工作模式的选择（远程，自动）、手机号码设置、短信控制、短信查询、固件在线升级等功能。

（1）参数设置：核心管理系统应能对道路照明系统相关的参数进行设置，其包括：灯具的参数、时段控制参数、经纬度控制参数、光控控制参数、调光参数等。

（2）控制功能：核心管理系统应能控制集中控制器和终端控制器模块，可以通过互联网接入核心管理系统，实现下述控制功能：开关控制、调光控制、单点控制、分组控制、场景控制、策略控制等。

（3）数据采集：核心管理系统数据采集对象应包括集中控制器、终端控制器，其采集的数据包括：模拟量（电压、电流、有功功率、功率因数等）、状态量（接触器分/合状态、柜门的开/关状态等）、设备状态、抄表数据、故障信息、环境信息等。

（4）数据处理：核心管理系统应能对数据进行记录和处理，包括统计亮灯率、电压电流越限报警功能、事件记录并保存等。

（5）运维管理：应对道路照明设施进行管理，包括录入城市电子地图、设施分类、自动工单派发等。

（6）系统管理：系统管理包括时钟同步、设备运行管理、权限管理和安全防护等功能。

为此，道路照明设施信息化平台以业务流转为核心，根据监管和运营职能建立核心级和业务级的分级管理运行模式，建立管理、服务与运维横向业务应用模板，实现流程管理、系统集成和资源共享。

核心级：由管理中心和业务中心接入，作为城市照明管理日常维护和应急抢修的协调中心，负责向运维部门派遣任务，并对其业务完成情况进行综合评价。

业务级：由运维单位接入，接受管理中心和服务中心的任务分派，进行现场任务处理并进行及时反馈。

2. 数据整合规划

（1）GIS基础信息共享

基于全要素地形图进行基础数据库建设（地形图、影像图、电子地图等），形成一张统一的底图数据，城市照明管理机构多层次应用系统时要统一共享使用这"一张底图"，采用"在线共享"的方式实现了资源的共享与业务的协同，从而在平台形成一个全市最全面、最权威的照明设施地理信息系统，通过地图查看、信息查询、统计分析、辅助设计等功能，实现决策管理、日常业务管理、职能服务等应用。

（2）专有系统数据整合

信息平台通过整合城市照明管理所建设的专有系统数据（包括GIS地理信息系统、监控系统等），并以此为依托，通过信息共享平台和管理部门指挥中心网络，根据不同的用户权限，对数据进行统一管理。在网络环境中集中管理存储资源池，通过硬件和数据集成，可以有效地利用原有基础设施，在改善应用、网络和数据的性能和可用性的同时，降低总的运营成本；通过简化资源，标准化系统和应用，改变用户环境中存在的多个应用、多个数据库的不合理布局，用更少的服务器、集中的应用，减少应用和数据库支持，改善系统性能。由于各个子系统之间存在交互和相关的数据，可以通过数据共享使各个业务部门更充分地使用已有数据资源，减少资料收集、数据采集等重复劳动和相应费用，同时更好地实现数据的统一集中管理。

（3）系统数据交互服务

为了将各相关部门在决策时的时效性、准确性及合理性偏差降到最低，需要建立一种全新的数据交互机制，在基于城市照明基础设施的物联网技术应用建设过程中，所有的技术成果均可提供对外服务，并提供相关数据服务共享的使用培训，定期通过开展多种形式的科技合作与交流，为相关部门的决策提供数据支持，共享城市管理经验和信息。通过城市照明上的物联网感知设备的数据对外开放，促进城市管理健康有序的发展，提高城市形象，为城市的可持续发展提供有力的保证。

同时，城市照明管理机构也接受来自市政环保部门、交通管养部门、公共安全部门等的数据共享服务，从而智能地作出判断，及时调整照明设施的运行工况并快速地对重大事件作出应急响应。

交互的数据包括照明数据、气象数据、交通数据、环境数据、公众服务数据等类型。

1）照明数据：光照度感知数据、设施实时运行数据等。

2）气象数据：温度监测数据、空气湿度监测数据、风速监测数据、降水监测数据等。

3）交通数据：汽车流量监测数据、道路视频监控服务数据等。

4）环境数据：PM2.5 等空气质量监测数据、汽车尾气监测数据、环境噪声监测数据等。

5）公众服务数据：城市数据中转的"路由器"服务、公共交通服务定位、道路设施定位报警等。

4.2.2　通信规划

1. GPRS 通信

GPRS 是通用分组无线服务技术的简称，同时它也是 GSM 移动电话用户可用的一种移动数据业务。GPRS 属于第二代移动通信中的数据传输技术，可以说是 GSM 的延续。GPRS 和以往连续在频道传输的方式不一样，它是以封包式的方式进行传输的，在使用中用户所负担的费用是以传输资料的单位进行计算的，并不是使用其整个频道。而 GPRS 远程无线数传是依靠成熟的 GPRS/GSM 网络，在网络覆盖区域内可以快速组建数据通信，实现实时远程数据传输。通信模块内置工业级 GSM 无线模块，支持 AT 指令集，采用通用标准串口对模块进行设置和调试，提供标准的 RS232/485 接口。只要有手机信号覆盖就可以实现功能。

GPRS 通信目前在通信中大规模应用，技术相对成熟，具有以下优点：

1）通信 24h 实时连接，永远在线。

2）通信距离远、覆盖面积广。

3）支持 IP 协议和 X.25 协议，支持多种数据应用。

4）技术成熟，组网方便灵活。

5）按流量收费，运行成本较低。

基于以上特点，GPRS 通信在城市照明的无线通信领域占主导地位。并且由于其成熟稳定，未来会继续在城市照明中大量运用。但是，GPRS 也有一些不可避免的先天缺陷，如容易掉包（莫名丢失部分数据）、安全性差（易受黑客攻击）等缺点。

2. NB-IoT 通信

NB-IoT 即基于蜂窝的窄带物联网，是 IoT（物联网）领域一个新兴的技术，支持低功耗设备在广域网的蜂窝数据连接，也被叫作低功耗广域网（LPWAN）。

相较于目前的通信技术，NB-IoT 技术具有以下优点：

1）覆盖广：NB-IoT 相比 GPRS 提供了 20dB 左右的增益，能提供更加全面的蜂窝数据连接覆盖。

2）低功耗：NB-IoT 支持待机时间长、基于 AA 电池，使用寿命可超过 10 年。

3）低成本：NB-IoT 构建于蜂窝网络，只消耗大约 180kHz 的带宽，可直接部署于

GSM 网络、UMTS 网络或 LTE 网络，实现平滑升级，降低了部署成本。

4）大连接：NB-IoT 的频谱效率高，能实现最大每个小区 5 万台设备的用户容量。

在未来进入万物联网的时代，接入设备和数据量将呈几何倍数增长，必然需要新的通信方式来承载如此高的设备数量。在相同条件下 NB-IoT 基站允许的设备接入数要多得多，相当于 3G 网络的 100 倍、4G 网络的 50 倍。这些优势必然造就了 NB-IoT 的成本、资费更低，因此，NB-IoT 是未来城市照明信息化中无线通信的发展趋势。

4.2.3　系统接口规划

智慧城市中的市民、交通、能源、商业、通信、水资源构成了一个个子系统。这些子系统形成一个普遍联系，相互促进，彼此影响的整体。城市本身是一个生态系统，通过新一代的物联网、云计算、决策分析优化等信息技术，以及感知化、物联化、智能化的方式，将城市中的物理基础设施、信息基础设施、社会基础设施和商业基础设施连接起来，成为新一代的智能化基础设施，使城市各领域、各子系统之间的关系显现出来，就好像给城市装上网络神经系统，使之成为可以指挥决策、实时反应、协调运作的"系统之系统"。智慧的城市意味着在城市不同部门和系统之间实现信息共享和协同作业，更合理地利用资源、做出最好的城市发展和管理决策、及时预测和应对突发事件和灾害。

智慧照明是智慧城市的重要组成部分，是大数据应用和 LED 路灯相结合的物联网产物，通过在前端安装各种采集设备和传感器，对前端智能设备进行信息采集和远程控制，将数据通过网络传输到服务器后台进行处理，整合为一套智慧管理系统。利用计算机技术，通信技术和传感技术等物联网技术来解决城市道路照明管理问题。智慧照明联网数千万的照明设施，开启智慧城市物联网建设的开端，通过智慧城市物联网系统将交通管理、环境监控、市政管理、城市服务、公共安全等万物互联，从而让城市更加智能！

智慧照明不仅全面提高了城市照明管理的水平，为城市照明的控制调度指挥与规划决策提供强大实用的手段，达到按需照明、高效节能、精细化管理的目的，也从侧面提高整体的社会效益、管理效益、经济效益和环保效益。

1. 城市照明物联网监控系统接口

基于物联网、大数据、人工智能等新型 AIOT 技术，同时融入城市照明管理经验，形成一套城市照明智能化在线动态管控的信息化平台。平台提供完整的城市照明设施的监控接入，提供全域的资料动态跟踪管理，可满足设施全生命周期的在线管理。设施运行中，提供完整的投运状态、运行状态、运行数据的实时采集，实现设施的可知、可查和可控；在物联网管控上，打通物联网设备、通信网络和平台系统之间的联动管理；在设施管理上，注重设施的入库率、上线率和可调率；系统实现城市照明服务的同时，满足城市最大的节能要求。系统开放式架构，支持城市照明物联网监控终端接入数量的不断增加，满足未来不断增长的设施接入需求；系统提供统一 API 接口，能实现与城市运行管理各类系统之间的互通互联。

2. 地理信息系统接口

该系统为城市照明管辖范围内的灯杆、变压器、终端等照明设施的资产普查、管理、查询系统。系统分为 GIS 录入系统和 Web 查看系统，外部直接使用录入系统底层的数据，对计算机应用环境要求高，且难以利用，故城市照明管理机构可提供 Web 查看系统地址作为数据共享的平台。

3. 呼叫中心受理系统与协同工作管理系统接口

照明监控中心内呼叫中心受理系统和协同工作系统使用相同服务器，其数据的交换和提取比较容易。

协同办公系统通过系统内部接口将呼叫受理系统中市民及路灯巡查人员反馈的路灯故障、灯杆损坏、路灯不亮等日常问题，并通过 OA 办公流程处理解决日常发现的故障，生成的工单作为日常记录凭证被保存下来，用于整个照明工作的统计查询及备案。

通过协同办公系统的外部共享访问接口，使用管理平台的相关管理单位同样可共享查阅实时案卷的处理情况（只提供查看权限），从而实现了政务管理的一体化。

4. 路灯综合利用平台系统接口

深化城市照明设施在各方面的综合应用，将城市照明设施建设成集照明、供电、通信、智能感知、定位等功能为一体的智能集成设施，使其逐渐成为相关公共设施的安装基础，成为智慧城市的重要组成部分。同时，随着照明设施综合利用的持续发展，取得成熟经验以后，有望实施成批量的改造，将综合灯杆作为标准的道路设施，将其他的市政设施都安装在同一根综合杆上，减少道路两旁特别是主要路口的各种杆体。

充分发挥城市照明设施既有的基础资源优势，将城市照明信息化视作整个智慧城市信息化的一部分，组成城市照明设施的物联网信息采集感知网络，提高智能化管理水平，为社会其他行业提供信息采集感知数据，进一步提升城市的信息化水平，为智慧市政、智慧城市的基础建设提供支持。

基于智慧照明综合利用的数据共享，将进一步提高各业务职能部门对于该项目的支持力度，从而加速对城市智慧照明建设进程，有利于缓解日益严重的能源问题，提高城市形象和功能。随着数据共享机制的不断建设完善，将有力地促进地区经济发展，提高管理部门的现代化水平，保护城市的生态环境，树立智慧的形象。同时，智慧照明数据共享建设将成为城市跨部门融合、协同管理、数据共享的通道，为政府实现和谐宜居城市提供新的手段。

4.2.4 应用规划

1. 公共云服务

公共服务云平台是一个统一化的面向多用户的公共服务平台，平台作为一个共享基础架构能有效屏蔽底层资源的异构性，它将各种通信、计算及存储资源充分整合入资源池，进行统一管理和调度，建立服务器、存储、应用、桌面的虚拟服务。可根据实际需要通过登录公共平台选择定制相应的虚拟计算资源、照明监控、运行数据、GIS 资源等功能模块，而无需大量购买软硬件，这将大幅度降低建设及运营成本，实现了"投资少、见效快"的目标。

2. 运维管理流程化

运维管理平台以业务流转为核心，以综合信息服务为基础，采用集中＋分布的运行模式，建立照明管理、服务与运维横向应用模板，实现维修任务流转、内部办公、台账管理、人员管理、热线受理、处理及跟踪、维修情况考评等功能，提高管理效率和资源共享程度，规范管理行为，提升单位的核心价值。

3. 照明控制场景化

根据人体工程学的视觉理论，在照明管理中采用现代控制的最优场景化控制模式，实现对城市照明设施运行状态的动态智能化管理。基本思路是在管理中充分考虑时间、地点、场合因素，通过综合考虑和分析与城市照明密切相关的时间、路段、交通流量等因素，按照预设的控制策略，实时、动态、平滑地调整照明输出，控制照明设施在不同情况下的工作状态，实现多样化的城市照明场景，避免不必要的浪费，从而在提高照明质量的同时获得最佳的节能效果。

场景控制模式主要对时间表控制、组群控制和流量控制进行融合，实施以下照明控制策略：

（1）组群控制

处于同一区域的不同城市照明设施，由于其所处位置和功能性不同，对其照明控制的要求可能也不相同，可以分别采用工作日、节假日、重大活动等不同的控制模式，达到分区域组控的目的。

（2）分时段照明控制

根据城市所处的经纬度计算出当地每天合适的开关灯时间，通过该时间进行城市照明启闭。在晚间繁忙的时段，保持较高的照度。在下半夜开始自动调光，控制城市照明设施保持较低的照明水平，同时还可以根据节假日和特殊天气状况自动调整控制策略。

（3）流量控制

根据现场交通感知设备传入的交通流量实际参数进行照明控制，以获得更好的照明质量和节电效果，同时引入保护机制，因为道路上车辆流量不是一成不变的，每个道路段的流量也会有所变化。通过设置阈值和延迟时间来消除尖峰干扰或突变持续性干扰，实现平稳合理调整路面光照度功能。

4. 能耗分析智能化

对城市照明的服务对象来说，不同位置、不同时间的照度需求不同，对应于照明管理工作，不同区片、不同位置、不同灯型、不同光源、不同线路的开关灯时间和电压高低存在不同的需求。传统的城市照明监控系统中，通过电气参数遥测和光照度实时测量实施开关灯，开关策略基于人工事先定义的开关逻辑，无法适应复杂多变的开关需求。在城市照明智能监控及信息化规划框架中，监控系统中的开关逻辑，是设施类型管理的输出，也是能耗管理的间接输入，根据日常设施管理工作和能耗管理需求，自适应调整开关逻辑。对城市照明设施数据库中动态和静态数据进行深度挖掘，研究并建立城市照明能耗分析模型，以此作为节能决策的核心指导模型，达到"能耗分析—节能改造—节能效果评估"的决策联动目的。

5. 社会化互动参与

真正的城市照明管理信息化，应该可以让尽可能多的市民轻松地获取各种类型的信息，而移动应用 App 和城市照明公共门户是互联网时代管理部门做好公共服务必须采用的工具、平台和手段，主要解决应急抢修和日常信息公开、市民上报投诉、便民服务，以提高社会管理水平，为广大市民带来移动互联网时代便利的信息生活服务。社会公众及市民主要通过公共运维、信息查询与城市照明公共服务平台建立沟通，进行信息公开，市民和媒体可以通过移动应用程序跟踪事件处理的进展，将每一个市民与这个城市的数据网联系起来，提高政府的运作效率。

6. 资产全生命周期管理

城市照明设施生命周期管理包含了设备从入库、投入使用到报废的全过程管理，设备入库时加装电子标签，标签内写入资产的信息，每次进行资产管理操作时，读写器都会读到资产上的电子标签并将信息发送到服务器进行处理，从而实现对资产全生命周期（新增、调拨、闲置、报废、维修等）过程的智能化动态实时跟踪和集中监控管理。

7. 台账综合管理平台

所谓台账，就是以数字的形式，将有关事物的原始情况，分门别类、连续地登记而形成表册，便于查阅和统计。台账综合管理平台就是将需要管理的台账电子化，实现台账电子化添加、删除、变更等功能，通过电子台账多条件查询，并且与派工维修管理结合，进行数据联动，使得台账更加准确。在城市照明台账综合管理平台中将主要进行日常线路维修统计、亮灯率统计、开关灯时间统计、设施完好情况统计、维修耗材统计等照明数据统计，将作为运维部门制定工作计划和招投标的依据。

8. 大数据分析

（1）利用目前城市照明监控系统所采集的数据，将即时数据与历史运行数据相结合，分析出当前产生的故障是真实故障还是虚假故障。提供统一的分析接口供监控系统调用，减少监控系统所报虚警数量。

（2）对监控终端采集的三相数据进行综合分析，智能提醒城市照明运维人员，系统中是否存在设置错误或线路中是否存在三相不平衡等线路异常问题。

（3）综合照明监控终端的运行数据、电表抄表数据或单灯运行数据，可以对路灯能耗进行计算、监控，结合资产信息、GIS 系统、日常运维等数据对城市节能减排起到预警决策作用。

（4）结合终端运行时间，设施出厂数据（如：型号、品牌、批次等），历史维护情况，对运行设备的使用寿命进行提示、报警。

（5）通过与地理信息系统相关数据相结合，还能对故障数据进行横向对比，依据不同故障在不同地段的发生频率检验提供针对性的决策服务。

4.3　GIS 地理信息系统

4.3.1　系统简介

城市照明 GIS 地理信息系统以地理信息技术为基础，以数据库、数据中心、GPS 或卫星定位导航等技术为依托，以城市基础地形图和照明数据为核心，实现城市照明空间数据和属性数据的统一动态管理，为城市照明设施的规划、设计、施工、运行、评估提供可靠的数据依据，提高城市照明业务管理水平和社会服务效率，实现照明信息数字化、信息管理动态化、照明设施可视化、决策支持智能化、照明信息集成化、照明信息服务化、系统发展业务化的目标。

4.3.2　功能介绍

1. 数据建设

城市照明 GIS 地理信息系统管理的数据量涉及面广，大到整个城市照明运行网络，小到每套灯内的螺丝规格以及其他相关管理业务的信息（例如：报修记录、来信提案资料等）。

建立城市照明数据存储模型，提高数据的管理存储能力，同时提高系统的数据访问性能。除了城市照明的基本属性数据外，还可精确到构成城市照明设施的各个元器件（如电容器、镇流器等），并实现可扩展的结构化存储，为城市照明数据精细化管理与应用提供支撑。

城市照明GIS地理信息系统管理的数据可以分为空间数据和属性数据。空间数据是指用来表示空间实体的位置、形状、大小及其分布特征诸多方面信息的数据，它可以用来描述来自现实世界的目标，它具有定位、定性、时间和空间关系等特性。属性数据指的是实体质量和数量特征的数据，它是用来描述空间要素的特征，这些数据通过数字化和编辑来输入和校验，并可以提供各种数据的查询统计、用于打印报表等功能。具体的模型图如图4-1所示。

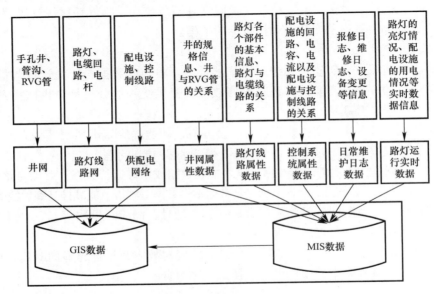

图 4-1 数据存储模型

2. 系统建设

建立灯具、配电箱等设施查询、统计与分析功能，采用多源地理信息数据融合技术，实现对互联网地图资源的路网数据、区域数据、街景数据的共享接入，为城市照明设施查询统计、现场分析提供便捷基础。利用 SOA 架构设计，支持对"数据中心""移动应用"等方面支撑，支撑后续综合集成、业务拓展应用。系统包括：

（1）城市照明 GIS 数据更新子系统

采用数据入库工具与标准表格相结合的方式，首先将外业测绘数据和内业材料信息及工程信息填入标准表格；对数据入库工具进行数据库连接测试，测试通过后将填好的标准表格载入；进行数据检查，将未按要求填写的数据生成文本文档，方便修改；点击数据入库，没有问题的情况下，在 1s～3min（视数据量波动）内即可入库完成。

（2）城市照明 GIS 数据管理及发布系统

城市照明 GIS 数据管理及发布系统基于 B/S 架构，以服务的形式与其他接入系统共享数据。

1）数据资源共享接入

调用百度地图、高德地图、谷歌地图、腾讯街景等第三方互联网地图资源的 API，通过坐标转换参数和脱密算法将第三方互联网地图进行坐标位置转换，与现有城市照明设施数据进行叠加显示，如图 4-2 所示。同时还可充分利用第三方互联网地图提供的地名地址库信息进行地图的定位和跳转，为设施位置的快速检索、业务的应用提供辅助支撑。

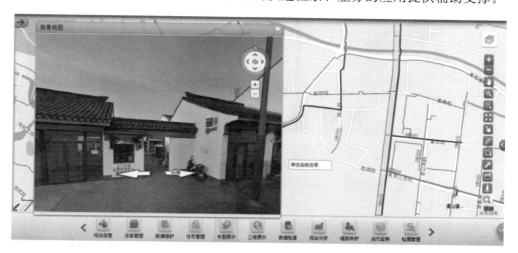

图 4-2　街景地图叠加示意图

2）地图功能

系统提供丰富便捷的地图操作工具，如放大、缩小、鹰眼、漫游、视图切换、图层管理、比例尺、坐标显示、量算等，如图 4-3、图 4-4 所示。

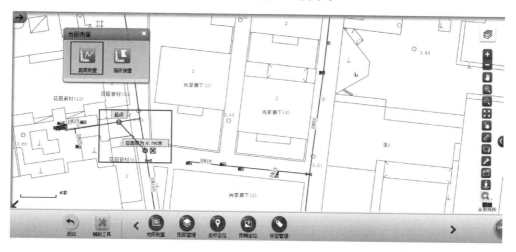

图 4-3　长度测量示意图

3）数据查询

支持灯具、配电箱等城市照明设施查询功能。系统提供丰富的查询方式，如：点击查询、范围查询、交互查询、地名查询和条件查询等，快速精确地检索到相关灯具、线路等信息，并以列表形式排列显示。

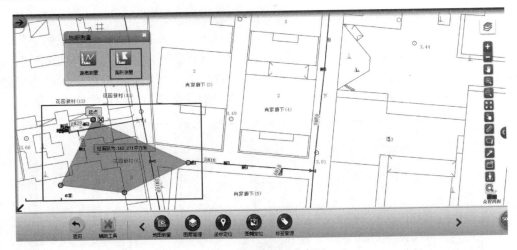

图 4-4　面积测量示意图

同时，通过输入地名信息，以模糊查找的方式搜索到与该地名相关的地名信息，并自动定位到该地名位置。

　　4）智能分析

系统提供多种线路事故处理方式、配电设施数据的辅助分析、维修分析、关联分析、预警分析等功能，极大地方便了线路日常管理工作，减少事故发生率，为城市照明管理决策提供依据。

　　① 配电辅助分析

系统可对各个配电设施进行负荷计算，确定配电设施的实际负荷电量，避免事故的发生，方便对各类配电设施当前负荷分配、装表容量及历月用电情况的管理，同时，可对电缆长度进行计算，并将计算结果写入回路的属性中。

　　② 预警分析

根据城市照明设施使用年限、管线敷设年限等信息，设置预警警戒条件，分析灯具、管线超期超限等信息，并进行自动预警。

　　5）打印输出

系统支持将地形图以及照明设施相关数据以各种格式输出，方便进行规划设计以及归档管理，包括按范围打印输出、按幅面打印输出、按格式输出、按图件类型数据等。

　　6）历史数据管理

系统支持根据时间进行历史地图的查看。

　　7）系统管理

为保证系统的安全，根据管理人员的权限，系统管理员可以根据各员工所属部门以及在实际工作中承担的工作内容，分配相应的权限，对系统实施相应的操作，避免越权操作。

　　（3）城市照明 GIS 数据移动应用子系统

移动应用子系统结合智能手持终端设备，可快速定位用户现场位置，并利用地图了解周边工程建设、城市照明设施分布情况；实现对城市照明设施的浏览、查询、统计、分析等应用功能，为现场应用和分析提供便捷基础，如图 4-5 所示。

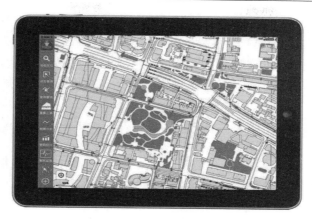

图 4-5 系统界面示意图

3. 空间数据共享服务平台

通过空间数据共享服务平台提供符合 OGC 规范标准的 GIS 数据服务，实现与市政公用地理信息集成系统的数据共享和交换，同时也为实现城市照明管理机构内部各业务系统共享 GIS 数据的需求奠定基础。

4. 安全设计

完整的城市照明 GIS 系统安全支撑体系，由数据安全、应用安全、网络安全、数据灾备策略、信息安全管理制度五个层次涵盖。

数据安全：以高强度压缩加密方法存储数据，以面向实体的方式建立数据模型，提供统一的数据访问接口和权限控制机制，防止非法访问和入侵。

应用安全：提供标准统一的信息服务接口，记录应用访问者的 IP、登陆时间、功能操作，生成日志，形成多层信息安全保障。

网络安全：服务器端建立基于硬件防火墙的计算机网络安全机制，严格控制上下传数据的类型和格式，使用高强度加密方法传输数据。

数据灾备策略：建立数据定期备份机制，并定时建立异地备份策略，最大限度保障数据安全。

信息安全管理制度：建立完备的信息安全管理制度，平台及数据维护人员严格按照信息安全管理制度进行工作，杜绝人为信息泄密。

4.3.3 远期规划

1. 数据构建

系统实现空间数据、运行环境、体系结构、操作方式标准化，并且图式符号和编码符合国家标准和照明行业规范，按照明行业通行业务模式和业务处理方法组织系统功能。

2. 系统集成

（1）对接信息系统

1）移动巡检深度对接

系统对接移动巡检系统，获取照明设备基础信息、巡检人员位置及轨迹信息、照明设备巡检信息等，通过查询统计分析等功能，为维修任务的制定提供帮助，为管理部门制定照明运营管理计划提供辅助支持。对接后，可实现如下功能：

数据查询统计：系统支持任意条件的查询检索功能，查询结果以列表、直方图、饼图等形式展示。可以根据日期、巡修人员、巡修类型、巡修地点、路灯编号等信息进行查询统计，通过巡修记录的管理，可以对巡修人员任务的实行情况进行了解并进行评价。

事件管理：基于上报日期、事件类型、巡检人员等条件，基于 GIS 地图对巡检事件进行展示，可全区单点展示、聚合展示或以热力图方式展示，从而直观地展示事件高发区域，辅助领导决策。

人员监管：基于 GIS 地图直观地展示巡检人员的空间分布及在线情况，并提供轨迹回放功能，对巡检人员的轨迹进行完整的追溯。

2）三遥系统对接

系统对接三遥系统，获取路灯信息、开关灯时间、开关灯状态、电压电流信息，辅助管理人员统计每月、每季度或全年的路灯开关灯情况。系统对接后，可实现如下功能：

地图展示：通过灯号与 GIS 的关联匹配，实现基于 GIS 地图展示路灯的空间位置分布，便于管理人员直观地查看路灯信息。

城市照明开关状态：通过可视化的方式查看开关状态及每天开关灯时间。

实时监控：基于 GIS 地图实时展示监控信息。实时监控路灯如电压、电流、温度、电量、功率等的实时运行参数；控制路灯的运行模式。用户可以对市、区、街道、网关和单灯的位置和运行进行定位和查询。

亮灯情况分析：基于 GIS 地图可视化地展示城市照明设施的运行状态。

3）单灯监控系统对接

系统对接单灯监控系统，提供路灯经纬坐标信息，获取单灯开关灯时间、节电率、在线率、亮灯率和失联率指标等，为管理部门制定照明运营管理提供辅助支持。对接后，可实现如下功能：

坐标调整：通过灯号与 GIS 的关联匹配，对坐标有偏差或信息更新不及时的路灯进行调整，便于实现与 GIS 地图展示路灯的空间位置分布及路灯信息一致。

数据查询统计：可以根据日期、区域、路灯类型、路灯编号等信息进行查询统计，为管理部门提供相关指标或相应报表的辅助支撑。

单灯开关状态：通过可视化的方式查看单灯开关状态及每天开关灯时间。

（2）集成对接方法

根据城市照明管理机构现有系统架构模式提供针对性的系统集成对接方案。

1）服务接口对接

针对现有 B/S 架构的系统，将采用服务接口调用方式进行系统数据集成，即通过数据同步中间件机制转接调用系统发布的服务，实现系统数据的集成。

2）数据库对接

针对现有 C/S 架构的系统，将采用数据库对接方式进行系统数据集成，即将需要同步的数据编写为数据库存储过程，形成数据库同步脚本，采用数据库定时作业机制，定期对服务热线系统进行查询，并进行存储。

3. 数据展示

基于 GIS 地图实现数据的一张图展示，即通过服务接口调用的方式，获取巡检数据，基于 GIS 地图展示巡检人员的空间位置、轨迹及巡检维修错误信息，并通过服务接口调用的方式，获取三遥数据，基于 GIS 进行路灯亮灯情况展示、区域配电功率计算、配电箱报警 GIS 实时预警等各类可视化展示。

4.4 巡检系统

4.4.1 系统简介

为了适应当前城市照明信息化的管理要求，需要建立前瞻性、先进性、可扩展性和易于集成的城市照明移动巡修系统。

系统包括规范化日常巡修管理、照明设施管理、巡修业务考评等功能，采用集中＋分布的运行模式，搭建系统框架，针对照明设施的日常维护工作，建立可复用的城市照明设施基础信息库和城市照明维护单位移动巡修管理平台。

4.4.2 系统主要功能

1. PC 端功能

（1）基础信息管理：包括人员、组织机构、角色、故障等级配置管理等功能。

（2）资源管理：包括与 GIS 对接的路灯、配电、接线、供电、手孔井、电杆等设施的展示与管理等功能。

（3）日常巡修管理：包括巡修计划制定、日常维修管理、维修耗材管理、用户轨迹、巡检完成率统计等功能。

（4）任务督办：包括任务督办、督办发布等功能。

（5）动作标准化管理：包括各类型工单回单标准化配置管理功能。

（6）事件受理与工单管理：包括内部报障处理、新建工单、流转工单、回退、回叫、完结、统计、上报故障等功能。

（7）巡修质量管理：包括亮灯率检查管理、设施完好情况检查管理、班组考评管理等功能。

（8）系统接口：初步完成与 GIS 的设施对接接口。

2. App 功能

（1）巡检任务：日常巡查任务与处理功能。

（2）快速上报：快速报障、一般报障管理功能。

（3）维修任务：维修工单回复与管理功能。

4.4.3 远期规划

1. 更有力支持运维能力提升

从工单管理员和一线巡修人员角度，提供智能化分析与调度工具，优化资源配置，便于工单管理员调度指挥，便于一线巡修人员完成日常巡修工作。

2. 更有力辅助运维决策水平提高

提供多维度、多角色、可视化的分析报表工具，为运维决策提供强有力的数据支撑。

3. 构建城市照明数据中心

建立照明设备生命周期信息化管理数据：以城市照明地理信息系统数据（地理信息、设备信息）为基础，嵌入工程新建、设备维护/维修等流程，完善建立细致化单设备生命周期信息。

以城市照明设施数据、维护数据为基础，建立智能化数据分析系统：在大量设备数据信息与维护过程信息的基础上，建立智能化的维护、分析平台，为领导决策提供有效、可靠的数据支撑。

4.5　能效管理系统

4.5.1　系统简介

随着物联网技术的发展以及智慧城市的建设需求，城市照明能效管理要求已提升到一个新的高度。

建立城市照明能效管理系统，采用先进的电力电子技术和现代计算机网络技术，可实现远程控制、数据采集、安全监控、降低能耗等功能，提升城市照明能耗管理水平，满足国家关于节能减排的相关政策的要求。

4.5.2　功能介绍

1. 管理系统

系统利用 GPRS、NB-IoT 模块的数据通信功能，使城市照明管理机构可以实时了解城市照明系统的运行、节能情况，第一时间收到故障报警，大大提高了对城市照明系统的监管能力，减缓了故障发现、修复的时间。系统主要由数据采集器、云平台服务器、远程操作系统等组成。

2. 数据采集器

数据采集器主要实现电压、电流、功率、功率因数等数据采集作用。设备可根据不同的情况进行信号采集通道扩展，避免资源浪费。

3. 通信模块

通信模块主要实现数据通信功能，是整个能效管理系统的链接纽带。当前，数据通信主要通过 GPRS 模块实现，其技术相对成熟，具有通信距离远、覆盖面积广、组网方便灵活、运行成本低、永久在线等优点。

而相比于 GPRS，NB-IoT 具有强链接、广覆盖、低成本等优势。与 2G/3G/4G 相比，相同条件下 NB-IoT 基站允许的设备接入数要多得多，相当于 3G 网络的 100 倍、4G 网络的 50 倍。这些优势必然造就了 NB-IoT 的成本、资费更低，因此，NB-IoT 是物联网发展的必然趋势。

4. 基于 PC 端的 Web 路灯能效管理系统

远程控制系统主要分为系统管理和路灯能效管理系统两大类，其下又分为多个子菜单。系统管理主要实现用户账户设定、权限分配、组织系统设定等功能。路灯能效管理系统主要实现数据查看、设备监控、报警确认、策略编辑等功能，如图 4-6 所示。

图 4-6　路灯能效管理系统主界面

　　监控系统主要实现基于 GIS 地图的路灯远程监控功能，通过地图反映数据采集器的位置、运行状况，同时显示出该设备的电压、电流、有功功率、功率因数等信息，在该操作页面下，可以对数据采集器进行显示策略、手动调压、自动控制等，如图 4-7 所示。

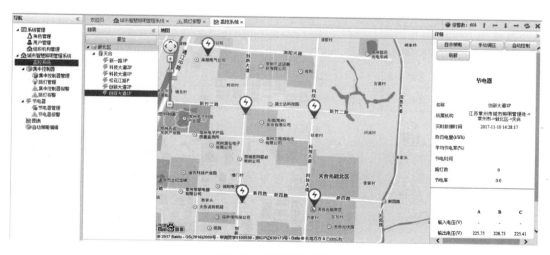

图 4-7　监控系统界面

4.5.3　远期规划

　　建立路灯能效管理系统，强化对城市照明设施的实时管控和能耗管理，在后期的发展规划中，扩充交通设施用电、路灯充电、广告牌用电管理等功能。

　　同时，随着单灯控制系统的不断成熟与发展，可在路灯能效管理系统中增设单灯控制管理、监控等功能，以满足路灯能效管理系统后期发展的需求。

4.6　智能路灯（单灯）控制系统

4.6.1　系统简介

　　智能路灯（单灯）控制系统按照道路照明的控制逻辑关系或照明线路拓扑而构成，如图 4-8 所示，其包括中央管理系统、远程控制平台和单灯控制器，通过无线通信进行联络。

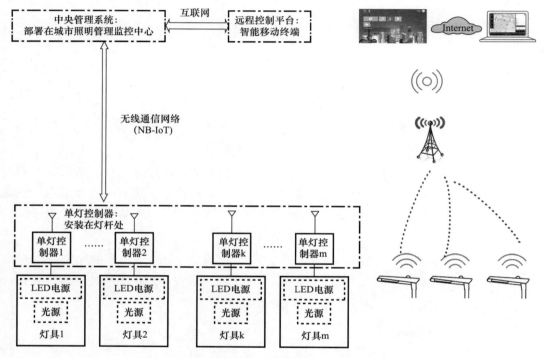

图 4-8　智能路灯单灯控制系统架构图

　　中央管理系统应由计算机工作站、服务器、计算机网络、无线数据通信网络、数据库和平台软件等组成，完成道路照明系统的实时监测、控制、调度和管理任务，是控制系统的核心。中央管理系统也可以架构在云端。

　　远端照明管理平台可以通过互联网接入中央管理系统，对照明设备进行配置和操作、实时监控等。

　　单灯控制器安装在灯具上或灯杆上，对灯具进行数据采集，上报管理平台，并接受中央管理系统或远端照明管理平台的命令，对灯具进行控制，灯具发生故障时，上报故障告警。

4.6.2　功能介绍

1. 照明控制功能

基于单灯和分组的开关灯的控制功能，可选配调光的控制功能。

（1）时段方案控制

具备根据设定的时段方案控制策略（由系统所处的地理位置和季节变化确定的开关灯

时间）进行单灯或分组的开关或调光控制的功能。

（2）实时遥控

具备响应主站的远程控制命令执行灯具的开关或调光控制的功能，支持点控（仅单个控制器响应遥控命令）和组控（同一组的控制器同时响应遥控命令）两种遥控方式。

（3）控制器初始化

控制器收到初始化命令后，分别对硬件、参数区和数据区进行初始化。参数区置为缺省值，数据区清零。

（4）自检自恢复

具备自测试、自诊断功能，在出现死机、模块工作异常但没有损坏情况下，控制器在一定时间内检测发现该故障并完成自恢复。

（5）软件远程升级

可以远程下载升级软件进行远程升级，但是升级须得到许可，并具备安全防护。

2. 配置功能

（1）基于地理位置的灯具的添加和删除。

（2）基于地理位置的单灯控制的添加和删除。

（3）基于地理位置的灯具参数的设置，包括设置和查询灯具类型、灯具标称功率等灯具参数。

（4）设置和查询灯具控制方式、时段方案配置等灯具控制参数。

（5）设置和查询单灯控制器地址、控制器组地址等控制器通信参数。

（6）设置和查询告警限值和告警判断持续时间等告警参数。

（7）设置和查询地理位置信息（经度、纬度等）。

3. 照明告警功能

（1）告警上报功能

控制器能对过载、过压、欠压、灯具故障或损坏等异常事件生成记录并上报。

（2）本地状态指示

控制器有本地状态指示，指示控制器电源、通信等工作状态。

4. 照明数据采集功能

（1）用电相关数据采集功能，测量电压、电流、有功功率和功率因数等。可以检索一段时间内指定灯具的所有数据生成的曲线报表。可以按条件检索指定项目，一段时间内的所有数据生成曲线能耗报表，以及节电率、亮灯时长、消耗电能等。

1）灯具工作状态监测

控制器能实时监测灯具的工作状态，并通过异常状态字记录过载、过压、欠压等异常状态。

2）亮灯时间统计

控制器能统计灯具的亮灯时间和亮灯率。

3）控制器工作状态监测

控制器能实时监测对于灯具的开关控制和调光控制状态。

（2）安全防护功能

1）对接入管理平台的用户进行分级权限控制。

2）提供可靠的网络传输。

3）对控制数据和灯具数据进行加密传输。

4）系统与灯具失去通信时（正常亮灯时段）或系统发生故障时，可以自动调节灯具至100％光输出，也可以按照预先设置的参数进行自动运行。系统具有记忆功能和故障信息保存功能，当电源恢复供电时能自动恢复断电前设置。

5. 关键技术参数要求

（1）性能指标（表4-1）

智能路灯性能指标　　　　　　　　　　　　表4-1

参数类型	指标	指标定义	指标
性能指标	接入并发数	平台支持同时上传的最大设备数	200万/秒
	访问并发数	平台支持同时调用访问的最大连接数	20万/秒
	消息路由时延	平台转发、下发消息最大时延	100毫秒
	数据查询响应时延	通过接口查询得到响应最大时延	100毫秒
	上传间隔	允许单个设备数据上传最小间隔	1秒
	上传数据量	允许单次上传最大数据量	4MB
	设备接入量支持	支持最大接入设备数量	无限制
	可靠性	一定时间内、在一定条件下无故障运行的可能性	99.99％
	可用性	在考察时间，平台能够正常运行的概率	99.50％

（2）安全指标（表4-2）

智能路灯安全指标　　　　　　　　　　　　表4-2

参数类型	指标	指标定义	指标
安全指标	安全认证	通信网络管理安全认证	通过ITU（国际电信联盟）的可信云认证
	网络攻击防范	防止各种网络攻击手段	10G高性能入侵防御系统设备
	Ddos攻击防范	防范网络Ddos攻击	40G流量清洗设备
	鉴权管理	多级权限管理体系，保证访问安全可监控	用户鉴权，应用鉴权，设备鉴权
	加密通信	通信连接，数据传输加密	SSL和TLS加密方法
	数据加密	数据加密存储	提供包括AES-256在内的各种加密功能
	隔离	不同的应用、数据在独立隔离的环境中执行和保存	数据隔离，应用隔离
	物理监视	采取物理措施构造、管理和监视数据中心	7×24小时监视

6. 单灯控制策略应用

应用案例一：根据某市节能减排重点工作部署要求，对全市的照明灯具功率进行统筹下调，通过单灯监控系统完成所有LED灯具的整体性策略调整及下发，以达到多时段、多变量的精细化开灯要求。

采用下发节点调光策略功能，来完成多段式策略调光的并发工作，如图4-9所示。

通过策略的自动执行，从图4-9可见，开灯后按90％的功率运行。21：00时：执行半夜模式，整体下降25％，按65％的功率运行。24：00后：执行后半夜模式，再次下降10％，按55％的功率运行。4：00时：为保证早起市民出行，上调10％，按65％的功率运行至关灯。

应用案例二：某市学校周边道路，根据放学的时间以及家长接送的批次，科学规划开关灯策略，利用单灯监控系统统筹实现人行道的照明开关灯策略部署及执行。图 4-10 为人行道的调光策略。

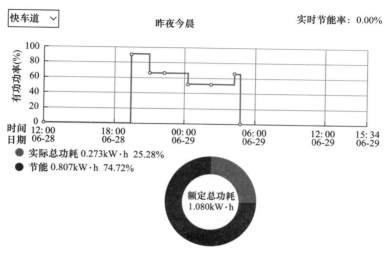

图 4-9　智能路灯单灯控制系统调光分析图

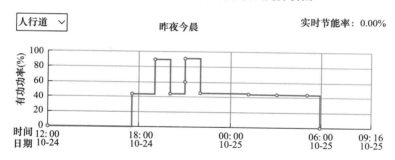

图 4-10　人行道智能路灯单灯控制系统调光分析图

从图 4-10 可知，人行道路灯调光策略如下：亮灯～19：10，按 45％的功率运行；19：10～20：00，按 90％的功率运行；20：00～21：10，按 45％的功率运行；21：10～22：10，按 90％的功率运行）；22：10 至关灯，按 45％的功率运行。

4.6.3　远期规划

1. 网络管理架构

计划将单灯控制管理网络架构细分为三个层次，如图 4-11 所示，结合物联网"感、传、知、用"的应用特征，以及"一体化服务平台＋积木式应用模块"模式，以单灯控制器接入规范为保障，分为感知、网络、平台三个层面，确保不同厂家的单灯控制器等终端产品统一接入同一平台，在应用层面实现"一盘棋"。

2. 管理功能规划

（1）海量连接：基于多类型标准协议和 API 开发满足海量设备的高并发快速接入。

（2）在线监控：实现终端设备的监控管理、在线调试、实时控制功能。

（3）数据存储：基于分布式云存储、消息对象结构、丰富的数据调用接口实现数据高

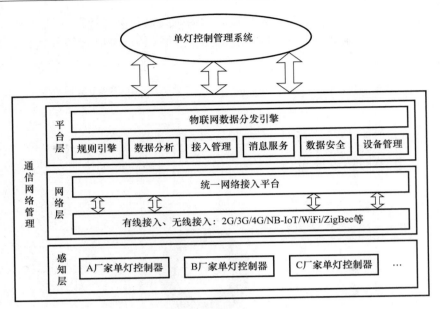

图 4-11　通信网络管理总体架构

并发读、写库操作，有效保障数据的安全。

（4）消息分发：将采集的各类数据通过消息转发、短彩信推送、App 信息推送方式快速告知业务平台、用户手机、App 客户端，建立双向通信的有效通道。

（5）能力输出：平台可以提供短彩信、位置服务、视频服务、公有云等核心功能，提供标准 API 接口，缩短终端与应用的开发周期。

（6）事件告警：打造事件触发引擎，用户可以基于引擎快速实现应用逻辑编排。

（7）数据分析：基于 Hadoop 等提供统一的数据管理与分析能力。

4.7　多功能灯杆信息化网络系统

4.7.1　系统缘由及概念

目前全国尽管已有多个城市宣布开展智慧城市建设，在交通、城管、医疗、社区方方面面都有提案、试点和值得借鉴之处，但普遍缺乏全面感知、缺乏大数据支撑，也致使至今未见一处完整、统筹且落地的有序发展的智慧城市。在路灯杆上安装各种监测、信息传感功能的方式，建立接入规范，实现环境监测、无线 WiFi、视频监控、电动汽车充电桩以及各类传感设施的接入，为城市管理的互联网应用提供网络通道，可以为智慧城市相关项目的落地打好物联网基础，有效解决城市资源整合的难题。

路灯杆作为城市基础公共设施成为信息传感的基础，最经济而方便地构建出城市智能照明系统、智能交通系统、智能安防系统、智能监测系统等智慧城市所需要的大部分功能。城市照明引领智慧城市建设的主要原因有：

1. 每个城市都拥有路灯，且路灯较其他城市公共设备平均而高密度地覆盖了城市区域，使得路灯杆成为大规模物联网天然的载体；

2. 现在几乎人手一台智能手机，让载有 NB-IoT/2G/4G 方式通信功能的路灯杆充分体现了智慧承载的数据价值，成为网络数据的传输平台。

基于路灯杆的信息化建设具有分布面广、布局均匀、易取电等特点，是智慧城市建设中最佳的可实施方案之一，涉及市政设施、城市规划、道路照明等与民生息息相关的各个方面，具有明显的社会公益特性。

4.7.2　多功能灯杆承载的功能

随着移动端、物联网、大数据和云计算等技术的不断发展，城市照明行业实际已经为电子信息产业在城市综合管理技术层面打通了连接，使其有机会延伸其产业链。但多功能灯杆并非是"智能照明"或叫"智慧路灯"，路灯杆作为载体安装了通信基站、无线 WiFi、公安监控、信息发布和充电桩等功能，这些功能并非是路灯的"智慧"，因为只是在路灯杆上增加了多种功能而已，叫"多功能灯杆"名副其实。它主要可承载的功能有：

1. 实现城市照明的精细化管理。智能照明可以根据车流量自动调节亮度；实现对人、车流量的检测，在集中控制平台上远程单灯照明控制；实现开灯、关灯、亮度调节；自检故障主动报警、灯具线缆防盗、远程抄表等功能。能够大幅节省电力和人才资源，提升公共照明管理水平，节省维护成本。

2. 成为智慧城市的突破口。通过三维 GIS 将地理数据变为可见的地理信息，实现地上地下三维空间实体的统一表达。多功能灯杆为公共传感设备提供具体的位置和电源，从总体上解决了城市管理部门建设 3D、GIS 缺乏参照物和总体规划的弊端，面向实时应用的海量三维空间数据一体化管理、高性能三维可以可视化分析等，最终构建智慧城市的数据加载基础。

3. 为平安市政提供大数据采集端口，如集成地下管网监控数据采集，高效处理下水道危险气体、井盖数据、给水排水、煤气管网信息的采集传输，应急事件处理等；为安监局 110 报警、质监局、环保、消防等实时探头监控、定位、数据采集及危险源预测等等。

4. 集成数字城管、智能交通、政府热线等的显示屏可以及时提供交通诱导、宣传广告、政务信息发布等相关数据信息展示。

5. 推广节能城市，提倡电动汽车应用，为充电汽车提供充电桩服务。

6. 减少城市路面各种杆体林立现象，如集中 4G 基站、无线 WiFi、区域性信息发布等的电信服务。

7. 为数字医疗及智能物流、应急指挥等智慧城市所需提供扩展能力接口。

4.7.3　系统整体设计

1. 系统框架

多功能灯杆信息化应用系统主要由以下部分组成：路灯杆体、道路照明、城市 WiFi 网络、物联网、智慧城市信息与服务云平台、智慧城市信息服务中心和智慧城市云平台运维中心（图 4-12）。

多功能灯杆是整个综合信息化利用的物质基础，是智能化网络的基本节点，用来实现各种功能的对外通信联系、数据转存和路灯照明的智能化控制。

城市 WiFi 网络是依靠多功能灯杆打造的城市专用 WiFi 网络。该网络提供三个最基本的

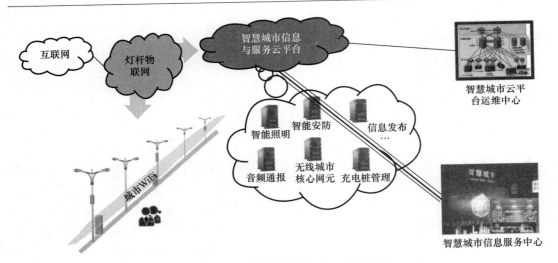

图 4-12　城市路灯杆信息化应用系统组成

服务：

（1）对民众开放，提供免费 WiFi 上网和市政信息查询；

（2）对城市管理工作人员开放，提供城市管理专网服务；

（3）对灯杆相关设备开放，提供数据传输服务（物联网），如监控摄像头的联网服务等。

多功能灯杆物联网是整个方案的网络感知层，包括传感设备、路灯、开关箱、充电桩等设施，运用大数据分析电源、照明信息、充电信息等，通过建设数据库，进行数据挖掘、数据转换。路灯杆物联网可充分利用有线和无线的一切可能获得的通信网络资源实现感知器与上层应用的通信。有线主要是电力载波、光纤通信，无线主要是通过 NB-IoT、2G/4G、WiFi 网络。将物联网感知层的数据通过通信网传至对应的应用服务器上，服务器将对应数据推送至对应部署的子应用服务端，运用公网通信方式，将相关数据信息进行数据分类，传输到信息化的上层使用对象。

2. 网络及信息安全设计

智慧城市建设涉及市政、民众、宣传等人们日常生活相关的各个层面的信息采集和共享，因此，网络和信息的安全是智慧城市网络建设过程中的首要保障。

3. 网络安全

在网络安全设计的总体考虑如图 4-13 所示，遵循下列设计原则：

（1）网络的接入部分必须设计成私有网络，即多功能灯杆之间的互联，以及与外设之间的互联（物联网）都必须使用私有网络。

（2）城市 WiFi 的接入部分必须设计成私有网络，即城市 WiFi 网络必须通过云计算中心才能与互联网连接，保证网络接口物理隔离。

（3）城市 WiFi 与公共传输网络的接口必须受到物理安全保护。

（4）网络管理和应用终端必须受到网络保护，如通过 DMZ、防火墙隔离，保证互联网连接安全。

4. 信息安全

系统的信息安全总体方案如图 4-14 所示，设计遵循如下原则：

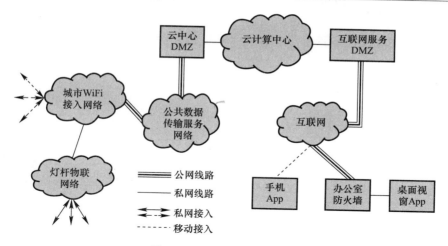

图 4-13　网络安全总体设计

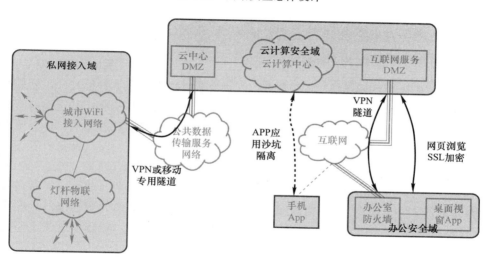

图 4-14　信息安全总体设计

（1）信息处理按固定域划分：灯杆私网接入域、云计算安全域和办公安全域。域内信息处理受物理网络范围限制。

（2）域和域之间的信息交流必须通过 VPN 或移动专用 APN 服务。

（3）所有通过网页实现的网络管理活动必须使用 SSL 加密保护。

（4）手机 App 的开发必须遵循数据"沙坑"隔离开发原则，保证移动 App 服务之间信息隔离。

4.7.4　智慧城市信息化网络系统

多功能灯杆上安装的各种功能涉及公安、交通、电信、移动、环保、气象、市政、照明等部门的参与建设和管理，因此，必须要由政府牵头，多方资源整合共同规划建设，把信息采集、处理统一纳入智慧城市信息化网络系统，因为各部门的日常运营、运行、维护、管理任何一个部门、单位都无权处理。

1. 智慧城市信息与服务云平台

智慧城市信息与服务云平台采用通用计算机服务器和虚拟机实现。根据实际建设环境，该云平台可通过移动云、电信云、阿里云、华为云等云服务实现，也可通过企业或政府自己的云服务数据中心实现。根据实际物理资源和IT人力资源条件，方案中的云平台也可根据业务采用混合实现手段，如网络服务放在服务云中实现但把视频推送服务平台放在当地的数据中心中。

2. 智慧城市网络运维中心

智慧城市网络运维中心是整个网络基础设施的一部分，是网络运维的技术保障部门。该中心独立于智慧城市信息服务中心。该中心的核心任务是保障智慧城市WiFi网络安全、可靠、稳定地运行。

3. 智慧城市信息服务中心

智慧城市信息服务中心是智慧城市系统的对外服务部门，对外服务的窗口，负责各个分系统的使用和信息发布，如城市路灯照明的管理、经济效益评估等。该中心也负责新业务的需求开发，促进智慧城市网络的发展等。

4.7.5　多功能灯杆的推进和管理

我国《新型城镇化发展规划》将智慧城市列为我国城市发展三大目标之一。智慧城市建设是大势所趋，刻不容缓，而多功能灯杆作为智慧城市建设标杆和基础，其建设涉及城市多部门的参与和管理，因此，在最初的多功能灯杆筹建中就有必要由政府牵头，多方资源整合共同规划设计，全面协调可持续的理念，多接地气持续创新。真正让多功能灯杆和城市需要相结合，满足人的应用，否则多功能灯杆只能停留在示范道路、样板工程的"智慧"概念上。

智慧城市的建设不再是纯技术解决方案的拼凑，而是一个长期、动态、复杂过程的运行，要从重建设向重运营过渡。建设主管部门应增强服务意识，建立多功能灯杆建设各相关部门之间关联项目管理的制度，确实保障多功能灯杆日常维护经费真正落到实处。

4.8　城市照明信息系统运行和维护

4.8.1　硬件运行与维护

1. 智能化控制中心

（1）城市照明智能化控制中心应能实现功能照明智能化控制全覆盖。

（2）控制中心应配置专门值守人员，严格执行来访人员申请和审批流程，并配置电子门禁及监控系统。

（3）控制中心机房应由专业人员定期巡检，完成各项规定的物理层设备安全检查。

（4）控制中心机房维护应符合现行国家标准《数据中心设计规范》GB 50174的有关规定，配置UPS电源，电源容量应满足全功率运行不小于4h或搭配双回路供电系统。

（5）控制中心机房应设置交流电源底线及避雷措施。

（6）控制中心机房应使用耐火等级材料并配置火灾自动消防系统自动检测火情、自动报警、自动灭火，同时应安装对水敏感的检测仪表或元件，进行防水检测和报警。

（7）控制中心机房应配置温、湿度自动调节设备，使机房温、湿度的变化在设备运行所允许的范围之内。

（8）应定期做好反馈的数据信息的核查及处理工作，保证系统数据的真实性和可用性，为管理工作提供科学依据。

2. 服务器

（1）主机

1）每周巡查服务器主机硬件运行情况，发现异常需及时分析处理，如有必要需相关IT人员通知供货商技术人员现场处理。

2）每周检查服务器主机网线、电源线、主机摆放位置等，如果发现损坏或变动需及时处理。

3）每年进行服务器除尘，保障主机正常运行。

（2）操作系统

1）建立操作系统配置说明文档，内容包括：操作系统安装目录、系统设置等说明，如遇操作系统配置的更改，需记录到该文档中。

2）每周监控操作系统 CPU 使用率和内存占用率，如果发现长时间使用率偏高，则由IT人员检查清理异常系统进程，保障系统稳定运行。

3）每周检查操作系统补丁升级情况，IT 人员应该保障系统补丁及时更新。

4）每周导出操作系统日志，并对日志信息进行分析处理，对于各种类型的错误必须记录发生时间及处理结果。

3. 智能监控系统

（1）应制定系统运行管理制度，配备系统管理员，定期监测系统运行情况，及时备份基础数据和业务数据。

（2）应对操作系统、数据库系统、应用系统和网络设备设置权限，避免非授权用户读取、破坏或窃取数据。禁止在系统服务器和操作终端上运行非系统配置的软件程序。

（3）定期进行设备维护保养，检查、调整运行参数，保持设备运行状况良好。

（4）系统维护单位和人员应相对稳定，按照要求定期对系统进行检查、更新和升级。

4. 照明智能设备

（1）智能控制器应工作正常、固定牢靠，光控器的探头应保持清洁。

（2）控制系统的有关参数应设置正确，并能根据季节变化合理调整开关灯时间。

5. UPS

（1）使用 UPS 电源时，应遵守产品说明书或使用手册中的有关规定，保证所接的火线、零线、地线符合要求，不得随意改变其接线的顺序。

（2）严格按照正确的开机、关机顺序进行操作。避免因负载突然加载或突然减载时，UPS 电源的电压输出波动大，而使 UPS 电源无法正常工作。

（3）严禁频繁地关闭和开启 UPS 电源，一般要求在关闭 UPS 电源后，至少等待 6s 才能开启 UPS 电源。

（4）禁止超负载使用，UPS 电源的最大启动负载最好控制在 80% 之内。

（5）长期无停电的 UPS，应当每隔 3～6 个月对 UPS 放电，然后重新充电。

（6）长期存放的 UPS，应当每隔 3～6 个月对 UPS 开机使用和充电。

（7）定期对 UPS 电源进行维护工作，清除机内的积尘，测量蓄电池组的电压，检查风扇运转情况及检测调节 UPS 的系统参数等。

6. 单灯控制器

（1）监控中心内的单灯监控软件各项数据、设置参数应定期备份。

（2）监控中心内的单灯监控软件、各配电柜内分布的集中控制器和每盏灯杆内的单灯控制器终端性能应每年检测一次。

（3）定期对单灯控制器从机（终端）光采集器进行清洁。

7. 电子门禁系统

（1）电子门禁系统输入输出线路应当排列整齐、固定牢固，无破损、鼠咬等现象。

（2）闭门器螺钉坚固、闭门顺畅，无积尘、漏油等现象。

（3）电子门禁系统数据应当定期备份。

8. 电子号牌

（1）信息的读取要保证达到超远的读写距离及最大的检测范围。

（2）信息要及时更新，并且拥有可擦写超大内存，保证读写信息获得最高实用性和准确率。

（3）需保证整套设备具有超高速移动状态中可读可写功能。

（4）整套设备需要有传输加密及数据保护的功能，可靠的使用寿命，并无法伪造。

（5）信息需要定期备份。

9. 其他智能控制设备

本书中未列出的智能控制设备使用过程中应注意数据收集、整理反馈，并按照设备提供方的要求或产品说明书进行维护。

10. 智能控制系统的应急处理

首先应对故障原因进行分析，如机器设备损坏，则应先分清楚是设备的哪一部分损坏。

（1）服务器损坏

该故障会导致服务器与前台机、后台机的数据库无法相连，这样就必须先在本地（前台机）还原备份的数据库，然后起用本地（前台机）的数据库，以确保系统还可以继续稳定运行。

（2）前台机故障处理

该故障需要将后台机临时当前台机使用（后台机上的软件与前台机的相同），还要保证数据库连接正确。

（3）软件异常处理

该故障一般需重新进入或者重新安装软件系统。

同时由于智能终端具有独立运行功能，即使主台设备故障导致计算机无法控制开关灯，终端到了最后开灯/关灯时间时也会自动打开/关闭。

（4）光照度机故障处理

处理该种故障需要将由光控制的分组或者终端改成时间控制，只需要在时间（回路、分组）设置里，将光控调成时控，同时将损坏的设备尽快送修。

4.8.2　软件运行与维护

1. 数据库

对数据库运行维护服务包括主动数据库性能管理。通过主动了解数据库的日常运行状态，识别数据库的性能问题发生在什么地方，有针对性地进行性能优化，同时，密切注意数据库系统的变化，主动地预防可能发生的问题，主要包括：

1）数据库基本信息：文件系统、碎片、死锁、CPU 占用率较大或时间较长的 SQL 语句。

2）表空间使用信息监测。

3）数据库文件 I/O 读写情况。

4）Session 连接数量监控。

5）数据库监听运行状态监测。

6）查看每日数据备份、数据同步是否正常。

7）报警日志监测。

8）对表和索引进行 Analyze，检查表空间碎片。

9）检测数据库后台进程。

10）数据库对象的空间扩展情况监测。

2. 中间件

中间件管理是指对 BEAWeblogic、tomcat、MQ 等中间件的日常维护管理和监控工作，提高对中间件平台事件的分析解决能力，确保中间件平台持续稳定运行，具体工作包括：

1）执行线程：监控中间件配置执行线程的空闲数量。

2）JVM 内存：JVM 内存曲线正常，能够及时地进行内存空间回收。

3）JDBC 连接池：连接池的初始容量和最大容量应该设置为相等，并且至少等于执行线程的数量，以避免在运行过程中创建数据库连接所带来的性能消耗。

4）检查中间件日志文件是否有异常报错。

5）如果有中间件集群配置，需要检查集群的配置是否正常。

4.8.3　网络、安全运行与维护

1. 服务器集群

服务器集群是指将很多服务器集中起来进行同一种服务，在客户端看来就像是只有一个服务器，集群可以利用多个计算机进行并行计算，从而获得很高的计算速度，也可以用多个计算机做备份，从而使得任何一个机器坏了整个系统还是能够正常运行。城市照明信息系统的服务器就是通过集群等方式设计，采用设备数量 1 主 2 备份，充分保障服务器的可靠性。

物理架构基于分布式 NoSQL 的集群存储，实行 1 主 2 备份机制分别存储。有三种模式：主-〉从（master-〉slave），从〈-〉从（slave〈-〉slave）和循环（cyclic）。这种方法让平台从任意服务器获取数据并且确保它能获得在其他服务器的所有副本。在一个数据中心发生灾难性故障的情况下，客户端应用程序可以利用 DNS 工具，重定向到另外一个备

用位置。提供了"最终一致性"，意味着在任何时刻，最终都能够确保数据一致。

2. 网络安全要求

系统平台网络安全的设计具备安全网络策略，具备网络抗 DDos 攻击防护能力，具备安全升级功能及安全事件回溯能力，主要内容如下：

（1）访问控制策略

网络安全采用多层防御以保护网络边界面临的外部攻击，只允许被授权的服务和协议传输，未经授权的数据包将被自动丢弃。

（2）DDos 攻击防护

防 DDos 清洗服务为云用户抵御各类基于网络层、传输层及应用层的各种 DDos 攻击（包括 CC、SYNFlood、UDPFlood、UDPDNSQueryFlood、（M）StreamFlood、ICMP-Flood、HTTPGetFlood 等所有 DDos 攻击方式），并实时短信通知用户网站防御状态。防 DDos 清洗服务由恶意流量检测中心、安全策略调度中心和恶意流量清洗中心组成，三个中心设计采用分布式结构。依托云计算架构的高弹性和大冗余特点，防 DDos 清洗服务实现了服务稳定、防御精准。

（3）IP 地址冲突规避

在通过专线接入平台的场景中，为云用户分配平台统一规划 NAT 地址池和互联地址。通过在接入环境出口网关配置 NAT 地址池解决不同用户局域网终端 IP 地址复用，通过统一规划 NAT 地址池，避免不同接入用户 IP 地址冲突。

（4）漏洞扫描和端口扫描

在系统外部部署 Web 漏洞扫描和端口扫描系统，对可能存在的网站漏洞和高危端口进行定期检查。

（5）安全审计和回溯

通过网络数据的采集、分析、识别，实时动态监测通信内容、网络行为和网络流量，发现和捕获各种敏感信息、违规行为，实时报警响应，全面记录网络系统中的各种会话和事件，实现对网络信息的智能关联分析、评估及安全事件的准确全程跟踪定位，为整体网络安全策略的制定提供权威可靠的支持。

（6）系统平台安全策略

系统平台安全策略包括运行安全和接口安全，其中，运行安全除采用"用户-密码"登录机制外，还提供数据传输保护机制，保障数据安全。接口安全主要是对使用平台 RestfulAPI 时安全地操作控制。

（7）运行安全策略

在系统运行过程中，提供数据传输保护，系统支持采用 EDP 协议进行数据加密，保障数据传输的安全，也可采用 HTTPS 用于安全的 HTTP 数据传输。通过数据传输加密机制，保障数据传输的安全。数据推送支持 AES 加密算法，充分保证数据在传递至客户应用层时的数据安全。

利用 TLS 与 SSL 在传输层对网络链接进行加密，防止数据中途被窃取，从而为网络通信提供安全及数据完整性。EDP 协议的数据加密传输为：如果设备期望加密与系统平台交互信息，需发送加密请求，表明此后设备与平台之间的通信数据需要加密，否则采用明文通信。

3. 数据安全策略

数据安全策略包括数据隔离和数据备份。数据隔离主要实现对平台上存放的数据根据不同用户不同产品的数据进行隔离；数据备份主要实现对数据通过在物理集群、数据库等多地存放等备份机制的数据安全。

（1）数据隔离

系统平台的所有数据都是按照统一的数据模型（设备-数据流-数据点）进行设计，各种物联网数据都是按这种模型进行统一存储。每个产品在存放时都是基于权限的控制来进行读写。所有数据或信息存放在平台都是实现了真正的逻辑隔离。

应用端在访问数据时，需要相应的权限，才能访问相应的数据。数据在数据库中也是需要访问密码才能授权查看。终端在接入时，也需要相应的权限，影响的也只是相应终端的数据，没法篡改其他终端的数据，并且终端的传感器数据存储是增量增加的，不会更新原有数据的操作，历史数据没法被篡改。

（2）数据备份

系统的数据备份机制主要体现在两个方面：

1）物理备份机制

系统的物理存放机制采用的是服务器分布式集群的方式，保障了备份数据的一致性和完整性。如果一个节点宕机，则自动切换到另一个节点运行。

2）数据库备份机制

上传到系统平台的数据默认保存2年，数据库采用分布式数据库，自动实时备份，也可以根据用户需求调整保存时间。

4.9 视频监控系统

4.9.1 系统简介

随着城市照明的发展，特别是景观照明设施的建设进程不断深入，景观照明设施的数量与日俱增，传统的巡查手段已不能完全满足高质量发展要求。为此，通过建立视频监控系统，利用视频监控信息化手段进一步提升城市照明设施运维效能。

4.9.2 系统主要功能应用

（1）根据重要景观照明节点确定监控点位，可以在综合监控管理平台对监控内容进行实时查看。

（2）景观照明亮灯时自动对监控内容进行轮播，高效率完成日常的巡查工作，减少了运维人员的工作量。

（3）自动存储监控设备的视频内容并保留一定时间，在综合监控管理平台可以对存储内容进行回放。

4.9.3 系统未来发展规划

（1）根据重要景观照明区域或节点的建设适时增加监控设备数量或调整监控区域。

（2）针对重要的区域和地标建筑，提升监控设备的像素精度来满足运维的需求。

（3）采用自动比对的功能，使得视频监控能够自动识别出存在故障的景观照明设施并进行报警。

4.9.4　系统指标

1. 红外高清球机要求

（1）支持人脸检测，跟踪，优选，抓拍；支持上报最优的人脸抓图，增强属性提取。

（2）当智能分析行为达到设定的阈值时，可通过客户端软件或 IE 浏览器给出报警提示：

1）区域入侵；

2）停车；

3）越界入侵；

4）人员聚集；

5）进入区域；

6）离开区域；

7）快速移动；

8）物品移除；

9）物品遗留；

10）徘徊。

（3）支持穿越围栏、绊线入侵、区域入侵、物品遗留、快速移动、停车检测、人员聚集、物品搬移、徘徊检测多种行为检测；支持目标过滤。

（4）支持超低照度，当照度低于阈值时红外灯应自动开启。

（5）内置红外灯和暖光灯补光，宜采用倍率与补光灯功率匹配算法，使补光效果更均匀。

（6）可在监视画面上以多边形、不同颜色或马赛克等标记场景。

（7）水平方向 360°连续监视，无监视盲区。

（8）具有守望功能，当球机静止时长达到预设值时，可自动运行调预置位、自动巡航、自动扫描、模式路径等功能。

（9）支持 IP66 及以上防护等级，6000V 防雷、防浪涌和防突波保护。

（10）球机宜具有报警功能，若具有此功能则应满足以下条款要求：

1）当信号量报警输入被触发时应能联动报警输出，报警参数应可设置；

2）应具有移动侦测报警触发功能，能对画面物体的移动进行分析，并及时发出报警信息。

（11）视音频编码码流的传输、存储封装格式：视音频编码码流的传输、存储封装格式宜符合《公共安全视频监控联网系统信息传输、变换、控制技术要求》GB/T 28181 相关规定。

（12）具有雨刷的球机可通过手动或自动方式开启雨刷；当设置为自动雨刷时，雨量监测器监测到雨水时会自动开启雨刷，监测不到雨水后自动停止。

2. 监控数据存储要求

（1）整机默认支持 1 个千兆管理电口，4 个千兆数据电口，可选配扩展支持电口或光口。

（2）设备可接入双音轨，可同时或分别播放左右音轨。

（3）最大支持 400 路（800Mbps）前端接入、存储、转发，32 路（64Mbps）网络回放。

（4）接入支持 ONVIF、GB28181、主动注册等协议接入，保障了对不同厂家前端设备的兼容性。

（5）支持纠删码技术。最多可以支持 8 个盘掉线或者损坏，数据仍然有效，保留的硬盘中的数据可正常读出，且新数据可正常写入。创建 RAID 后即为同步完成状态。

（6）支持 JBOD、RAID 0/1/5/6/10/50/60、SRAID 全局热备和局部热备。

（7）支持 2 个 BBU 冗余电池。支持实时监测电池的健康程度，当健康度过低时能触发蜂鸣报警。

（8）支持视频流直存，减少流媒体服务器的成本。

（9）主机支持专用的存储硬盘，可升级专用硬盘固件支持实时监测专用硬盘的健康状态。

（10）支持存储配额管理，支持基于通道的维度进行存储周期管理。

（11）支持通用存储协议：ISCSI/SAMBA/NFS/FTP。

（12）针对关键的视频，提供对实时流和历史视频进行加锁，确保不被循环覆盖。

（13）配套支持统一云管理节点。

（14）可对被监测的硬盘健康状态进行分级分类，类别包含"硬盘良好状态""硬盘告警状态""硬盘错误状态""硬盘即将损坏"和"硬盘损坏状态"。

（15）支持 N+M 模式下的视频和图片集群功能。

（16）支持图片直存，可配合智能前端设备使用，支持人脸检测、人脸识别、视频结构化、人群分布图、打电话报警、吸烟报警、通用行为分析、机动车检索、非机动车检索。

（17）支持一键诊断功能：支持硬盘状态、单盘性能、RAID 状态、RAID 配置、硬盘盘组、网络状态、录像状态的健康状态诊断，诊断用户配置合规性，协助用户更好地使用设备。

（18）支持通过视图库接入前端设备，实现前端智能事件、图片上报 EVS；支持通过视图库协议将人脸、结构化等告警事件、图片推送到平台。

（19）主机单控通过更换板卡方式可支持 13 个千兆电口，或者 9 个千兆电口＋4 个万兆光口，或者 11 个千兆电口＋2 个万兆光口主机可采用双控制器结构，双控制器结构最多支持 26 个千兆电口，或者 10 个千兆电口＋8 个万兆光口，或者 18 个千兆电口＋4 个万兆光口。

（20）支持将第三方业务平台整体嵌入在一个控制器中，同时运行。

3. 综合监控管理平台功能要求

（1）软硬一体化部署，插电可用，7×24h 稳定运行；平台业务架构支持通过业务服务集群部署扩展业务处理的功能。

（2）平台支持多终端（C/S 客户端、移动 App、Web、微信小程序）运行使用。

（3）支持查看平台运行数据，数据包括：人数统计、车辆统计、访客统计、人脸识别、机动车识别、非机动车识别、昨日消费、园区考勤统计、设备报警、设备运维等信息。

（4）设备支持流媒体转发功能，单台设备可提供 700Mbps 的流媒体转发能力。

（5）支持单台设备最大接入 1 万路设备通道；智能应用集成，支持雷达监控移动物体、热成像预览实时测温、高空抛物实时视频预览目标轨迹检测、离岗检测等各类智能报警应用。

（6）支持即时模式视频上墙，支持回放上墙；支持预案上墙，支持配置上墙轮巡计划，可根据时间点、时间间隔进行自动切换；支持开窗、分割、清屏功能，支持鹰眼功能，支持屏幕开关，支持上墙回显；支持对单设备节点下的通道进行单屏轮巡，支持开启所有屏幕通道轮巡；支持视频源收藏夹功能；支持电视墙任务的增加、删除及绑定通道信息的修改。

（7）自定义可视化数据驾驶舱，支持聚合业务数据，结合自定义组件，满足不同终端或投屏展示。

（8）支持自动搜索设备信息及批量添加，可自动完成设备 IP、端口、账号、密码、设备/通道名称、通道数量、设备类型信息的录入；支持设备信息管理，可按设备/通道名称、IP 地址进行模糊搜索，可显示异常设备的异常状态原因说明；支持根据当前系统具备的业务组件动态加载设备类型；支持自动加载新增业务组件具有的设备接入类型；支持自定义修改设备通道类型、通道数量；支持设置设备和通道的能力，通道能力包括目标抓拍、主从跟踪、人脸抓拍、人脸识别、人数统计、全景画面。

（9）部署运维监管，基础业务模块自动部署安装，个性化业务模块根据实际场景自定义选择安装。

（10）支持根据当前系统具备的业务组件，动态加载系统菜单；支持自动加载新增业务组件的系统菜单；支持基于现有的系统菜单派生创建菜单项，并对菜单的图标进行管理，支持自定义创建、删除第三方菜单，支持对第三方菜单的名称、访问路径、图标信息进行管理，支持根据业务分类自定义创建菜单分组，并为分组进行命名，对分组可进行编辑和删除操作；支持管理端配置客户端、管理端、移动端的自定义菜单应用布局，包括对菜单分组显示顺序、分组内菜单项展示顺序、分组间菜单移动的管理；支持通过恢复默认一键还原菜单分组、菜单项的布局和显示顺序。

（11）人脸检测记录可按列表元素配置展示查询列表；支持陌生人员检测报警联动录像、抓图、上墙、门禁；支持人脸识别记录上报，支持图片及列表两种形式展示记录，支持导出记录；支持人脸识别记录关联人脸底库进行详情查看，支持抠图和全景图上报；支持黑名单人员检测报警联动录像、抓图、上墙、门禁。

4. 前端配套设备建设要求

对独立建设的监控球机需配套建设满足监控视频角度的监控杆与支架，并完成其电源接入工作。参考标准如下，可根据每个点位实际情况做相应调整：

（1）立杆，常规为 6m 高。

（2）延长杆，房顶支架（U 形）、杆装支架（臂长 2～5m）、外墙角支架等定制支架。

（3）设备箱，含重合闸、电源及网络防雷、网线、电源线等。

（4）前端供电电源质量满足下列要求：稳态电压偏移不大于±2%；稳态频率偏移不大于±0.2Hz；电压波形畸变率不大于 5%。

5. 系统网络要求

监控系统具有点位分布广泛的特点，前端摄像机与后端管理平台不在同一处且距离遥远，各设备之间不适用传统的局域网组网方式。需要提供互联网专线光纤的固定 IP 接入，并能提供多种端口映射操作，组成一个灵活简便、高效、成本低廉的上下行对称的互联网组网。

第5章 城市照明设施维护

5.1 城市照明维护基本规定

5.1.1 城市照明设施维护的基本要求

1. 严禁擅自白天送电对设施维护或检修。
2. 照明设施的维修更新，材料规格应与原设施保持一致。
3. 各类道路照明设施均应标识齐全、清晰。
4. 各种配电、照明器材质量应符合国家现行相关标准。
5. 定期对道路照明设施进行检测和评价，及时掌握照明设施的运行现状。
6. 严格遵守安全操作规程进行检修，无电当作有电操作，确保人身安全。

5.1.2 城市照明设施维护对象

城市照明设施及其附属设施包括：
1. 变配电设施：箱式变电站、配电箱、杆上变压器、监控中心、监控终端等。
2. 线路设施：钢管保护电缆、塑料管保护电缆、其他管线电缆、直埋电缆、合杆架空线路、专杆架空线路和接地系统等。
3. 照明设施：高杆灯、中杆灯、单（双）挑灯、庭院灯、栏杆灯、隧道灯等成套设施（含灯具、配线、混凝土基础等）及各类景观灯具。

5.1.3 城市照明设施维护分类及维护要求

城市照明设施维护工作分巡查、日常维修、专项维修、应急抢修四大类，巡查是指采用人工方式对城市照明设施运行状况进行排查；日常维修属于日常管养维护工作，工作种类繁琐而相同的工作量较小，包括日常性维护工作和提高性维护工作；而专项维修指按设施状况而制定计划并按计划来执行，相对日常维修来说工作种类少而明确，且相同的工作量较大；应急抢修是指因突发状况导致城市照明设施出现故障，为恢复城市照明设施运行功能而采取的紧急措施。

1. 巡查

（1）排查城市照明设施的运行环境是否有明显变化，是否存在设施缺陷、隐患等。

（2）排查在道路照明设施安全距离内，是否存在擅自植树、挖坑取土或者设置其他物体的情况；是否存在倾倒含酸、碱、盐等腐蚀物或具有腐蚀性的废渣、废液等情况。

（3）排查是否存在擅自在城市照明设施上的刻划、涂污等情况。

（4）排查是否存在擅自在城市照明设施上张贴、悬挂、设置宣传品、广告等情况。

（5）排查是否存在擅自在城市照明设施上架设线缆、安置其他设施或者接用电源等情况。

（6）排查是否存在擅自迁移、拆除、利用道路照明设施的情况。

（7）排查是否存在灯具、灯杆、基础松动或构备件破损、丢失、损坏等情况及其他可能影响道路照明设施正常运行的行为。

（8）多功能灯杆巡查应包括但不限于以下内容：

1）多功能灯杆设施的运行环境。

2）多功能灯杆杆体破损、变形、倾斜、锈蚀等情况，杆上各类设备安装牢固、接线正常。

3）杆上挂载设备运行状态，开关位置，各类指示仪表。

4）管道、管井无塌陷情况，井盖盖好，无破损、高差、跳响情况。

5）电缆本体及终端、中间接头完好，无破损或裂纹，无放电、过热痕迹。

6）变配电设施运行正常，通过观察外观异常、声响、发热、气味、火花等现象，及时发现设备故障，设备编号、铭牌及警示标志齐全和正确。

7）其他影响多功能灯杆及附属设备设施安全运行的缺陷、隐患。

2. 日常维修

（1）基本工作内容

1）智能监控设备：软硬件维护调试，光电探测设备及通信控制设备的日常维护；更换损坏的电脑板、显示板、蓄电池和中间继电器，清除积尘；软件系统的定期检查、更新、升级等。

2）变配电设施：变压器换干燥器、加变压器油、测量电压、电流和接地电阻；更换损坏及老化的负载开关、空气开关、断路器、避雷器、交流接触器和熔芯；箱体内电器和箱体清除积尘，做好防腐、防锈和更新标志牌等。

3）配电线路：巡查架空线路，调整弧垂、处理导线与引下线及其他设施的间距，修剪树枝，更换破损的瓷瓶及其他有缺陷的线路器具；检查校正电杆垂直度，夯实下陷松动的杆坑，调整有松动的拉线装置；导线、电杆、横担、瓷瓶、拉线及所有的金具紧固件的检修；巡查电缆线路接头和相连接的接线柱、盒，更换破损的电缆、井框、井盖，处理线路缺陷等。

4）光源电器：更换寿终的灯泡、镇流器、触发器，更换老化的引上电缆和灯盘的布线，更换破损的瓷灯头、灯具等。

5）灯具灯杆：测试灯杆接地电阻，更换损坏的接地极；检修杆内配电面板，检查整修灯杆门、锁缺损部分；检修升降式高杆灯的钢丝绳、卷扬机、行程开关，为卷扬机加油或换油；巡查、检修、更换有安全隐患的灯杆、灯盘、灯具灯臂，做好防腐、防锈处理，修补破损路灯编号牌等。

（2）其他为确保城市照明设施正常运作而进行的日常维护工作

其他城市照明设施日常维护工作主要包括：为保证城市照明设施正常工作而进行的巡修，为掌握了解设施状况而进行的巡查，为预防、应对突发事件等而进行的检查。

3. 专项维修

在一条道路或某个区域的城市照明设施，在完成日常维护工作情况下，需更新整修属专项维修范围，包括：

（1）使用年限达到使用寿命 50% 的设施，存在安全隐患需整体改造的部分照明设施。

（2）经过日常维修后，该道路或区域内的照明设施综合完好率（$M_{综}$）低于标准值时，对照明设施部分进行更新、整修。

（3）配合电力电网和市政道路改造。

（4）灯杆、灯柱的全面清洁、油漆。

（5）其他专项维修项目。

4. 应急抢修

当出现以下状况时，应进行城市照明设施应急抢修，抢修的标准为消除危险持续的状况或恢复成原状。

（1）出现亮灯时间内的集中灭灯、非亮灯时间内的集中亮灯等非正常开关灯的情况。

（2）出现灯杆撞杆的情况。

（3）出现井盖丢失、破损、位移的情况。

（4）出现切断城市照明设施电源、挪移城市照明设施的情况。

5.1.4 城市照明设施运行维护社会服务承诺

为更好地服务群众，兑现社会服务承诺，提升群众满意度，设置监控中心实时掌握设施运行情况，设立服务热线接诉群众需求。

1. 监控中心及热线报修电话 24 小时值班，实时监控设施状况和接受故障报修。

2. 应明确城市照明设施故障修复时间，并向社会公布。

3. 城市照明设施社会服务时限要求：

（1）单灯报修等 24 小时内修复。

（2）线路、配电故障 1 小时内赶至现场处理，一般故障 24 小时内修复。

（3）严重故障除不可抗力外，应当于 5 日内修复。

5.1.5 突发公共事件应急保障

根据突发公共事件的性质调动全单位或部分力量进入应急运行保障状态，制定并执行紧急状态下城市照明运行保障和工作机制，做好极端情况应对准备。

1. 调整应急抢修策略

（1）以线路故障、片灭灯及撞杆等存在安全隐患的突发事件处理为主，同时要求抢修人员必须准确上报抢修地点。

（2）若涉及管控区内确需开展的抢修作业，需报经主管部门、属地相关分管部门同意后方可开展，同时请属地相关部门做好配合和协助。

2. 合理调配关键岗位

根据运维保障实际需要，对关键岗位现有可调配人员强化管控、科学调配，对关键岗位人员重新编组排班成立抢修分队，分散独立进行抢修工作。结合应急储备的方式实行弹性工作制，自组建后即刻起进入"不见面"待命状态，直至危机解除。

5.2　城市照明设施维护工作

5.2.1　箱式变电设施运行维护

1. 箱变的运行与维护

（1）箱变运行的基本要求

1）箱式设备放置的地坪应选择在较高处，不能放在低洼处，以免雨水灌入箱内影响运行。浇制混凝土平台时要留有空挡，便于电缆进出线的敷设。

2）箱体与接地网必须有两处及以上可靠的连接，箱变接地和接零可共用一接地网，接地网一般在基础的四角打接地桩，然后连成一体。

3）箱式设备周围不能违章堆物，确保电气设备的通风及运行巡视需要，箱变以自然风循环冷却为主，变压器室门不应堵塞。

4）高压配电装置中的变压器、避雷器等设备应定期巡视维护，发现缺陷及时整修，定期进行绝缘预防性试验。操作时要正确解除机械连锁，并使用绝缘棒操作。

（2）箱变的日常维护

箱变应检查设备运行情况，必要时进行试验，包括：

1）箱式变电站基础及周围混凝土操作平台无下沉、破损情况。

2）箱式变电站护栏无损坏，护栏及箱体上的警示标志完整、清晰；箱变门锁是否完好。

3）检查接地装置是否完备、连接是否良好，接地电阻是否符合要求。

4）检查各部位连接点有无过热、螺母有无松动或脱落、发黑现象；整个装置的各部位有无异常响动或异味、焦糊味；元器件表面是否清洁完整。

5）检查各路馈线负荷情况，三相负荷是否平衡或过负荷现象，开关分合位置、仪表指示是否正确，控制装置是否正常工作。

6）箱变内张贴的本变电站一、二次回路接线图及巡检记录应齐全、清晰、准确。

7）因热胀冷缩，端子排可能会松动，每年巡检应对端子室内所有端子重新紧固。注意：重新紧固前请确认一次交流回路和二次控制回路均断电，避免触电。

8）箱内应急照明装置、风机、灭火器、绝缘毯、绝缘用具等齐全有效。

9）高压室、低压室柜体表面和箱体表面可用湿布进行擦拭，变压器室内变压器用吹气除尘或吸尘器除尘。

（3）电容器组巡视检查和维护

1）检查电容器外壳有无膨胀现象，油箱是否渗漏油，各相电流是否正常平衡，有无不稳定现象。

2）检查接点是否过热，有无异响或火花，套管的瓷质部分有无闪络痕迹，观察电容器组母线电压并记录。

3）检查放电回路的完整性和可靠性，检查通风道的畅通情况，外壳接地极接地线是否完好，继电保护装置的动作情况及熔丝是否完好，电容器组的开关及线路、构架瓷绝缘有无破裂。

4）对电容器组进行清扫、检修、试验时，应先将电容器组的电源开关断开，然后进行人工放电。

5）更换有缺陷的电容器时，应根据备用电容器的记录资料，检查电容器的电容值及绝缘电阻是否合格，电容器有无渗漏油，有无缺陷。

6）对套管和外壳有渗漏油的电容器进行小修时，可采用锡焊或涂环氧树脂等方法补漏。

（4）高压开关和低压开关操作机构的维护和检修

1）检查气压表的指针是否在绿色区域，如果进入红色区域，禁止进行分合闸操作，马上通知厂家进行处理。

2）机械零部件的润滑，可使用通用锂基润滑脂（黄油）润滑完成后进行分合操作试验等。

3）根据例行试验要求，对电缆、避雷器进行绝缘试验和泄漏电流试验。

（5）维护箱变时的注意事项

1）开启、关闭箱体门时不能生拉硬拽，防止机构或门变形，影响箱变的正常使用。

2）高压负荷开关本地手动操作结束后，要将负荷开关操作手柄放回到外门内侧的手柄支架上，以免丢失。

3）箱变运行时，要特别注意操作顺序，应先合高压侧负荷开关，后合低压侧主开关，再依次合分回路开关；分闸时，则按上述逆过程进行。

4）高压柜的各间隔室都设有防误操作的机械联锁装置，操作时应按程序和联锁功能要求进行，不能硬合、硬分，以免影响联锁机构的使用寿命。

2. 变压器的巡检与维护

（1）变压器主要巡视内容

1）检查变压器电流、电压及其变化情况，三相应一致。

2）油浸式变压器应无渗油或漏油，油位和温度正常。

3）充油套管和油位计内的油色是否正常，有无渗漏现象。

4）接线端子有无虚接、松动或过热现象。

5）瓷套管是否清洁，有无裂纹和损伤及放电痕迹。

6）变压器本体及所有附件应完好无缺陷，运行声音正常。

7）变压器基础有无下沉、变压器顶盖上有无异物。

8）防雷保护设备接线端子应无松动，接地保护与主接地网的连接良好。

（2）变压器有下列异常运行情况之一者应立即停运，当即投入备用变压器运行，无备用变压器时，应报告主管部门和供电部门处理。

1）变压器内部出现爆裂声等异常声响。

2）变压器严重漏油或喷油，或油面下降到低于油位计的指示限度。

3）变压器冒烟着火、引出线与母线套管严重破损或有放电现象。

4）干式变压器温度突升至120℃。

5）当变压器附近有火源、爆炸等危急情况对变压器构成严重威胁。

（3）造成变压器缺油的原因及危害

造成变压器缺油的原因主要有：变压器箱渗漏油；放油截止阀门关闭不严；取油样后未及时补油；出现假油面未及时发现等。

变压器缺油的危害主要有：油面过低，可能致使瓦斯继电器误动作，造成变压器停电，同时由于变压器绕组露出油面，会使绝缘强度下降，甚至造成事故。另外，油箱内进入空气，变压器油吸收空气中的潮气，会使变压器油绝缘强度下降，加速油质劣化。

（4）变压器补油时的注意事项

补入的油应与变压器中的油牌号相同，并经试验确认合格，不同牌号的油应做混油试验确认合格。

如果变压器在运行中补油，补油前应将重瓦斯保护改接信号位置，防止误动掉闸。补油后要及时排放油中气体，运行 24 小时之后，方可将重瓦斯投入工作位置。

补油应在变压器油枕上的注油孔处进行，补油要适量，禁止从下部放油截门处补油。

（5）变压器故障判断的常用方法及处理技巧

1）变压器正常运行发出均匀的"嗡嗡"声，但如果有较高且沉闷的"嗡嗡"声，可能是过负荷运行、电流大、铁芯振动力增大引起，应监视变压器负荷变化。

2）变压器内部有短时的"哇哇"声，可能是大动力设备启动，负荷突然增大，产生高次谐波，也可能是电网中发生过电压和雷电波侵入或穿越性短路等。

3）变压器内部有间隙的"哼哼"声，忽粗忽细、忽高忽低，可能是系统中铁磁谐振，或有断线、接地故障。

4）变压器有"噼啪"和"嘶嘶"的放电声，若声音沉闷可能是内部发生局部放电；若声音清脆可能是套管裂纹、破损或污染严重、设备线卡接触不良放电。

5）变压器若有"咕噜咕噜"的沸腾声，可能是绕组发生短路故障或接头接触不良引起严重过热。

6）变压器有爆裂声，可能是变压器内部绝缘击穿严重的放电。

7）变压器内部有"叮当叮当"锤击声及"呼呼"刮大风声，可能是铁芯夹金件松动或个别零件松动。

5.2.2　照明配电箱（柜）及节电器的维护

1. 配电间（室）的维护

配电室维护项目与维护要求

1）配电室的门窗、通风孔的防护设施应完好无损，房屋应无渗漏现象。

2）各类警示标志应齐全。

3）保护性网门、栏杆和电器消防设备等安全设施应齐全。

4）电缆沟内整洁，盖板平整齐全，电缆排列整齐。

5）配电室内的附属设施应符合消防安全规程要求。

6）配电室建筑结构维护应符合现行国家标准《低压配电设计规范》GB 50054 规定的要求。

2. 配电柜（屏）的维护

（1）配电柜（屏）维护项目与维护要求

1）配电柜（屏）前后及两侧通道应通畅，无杂物堆放。

2）室内变压器的维护应符合变压器维护要求。

3）配电柜（屏）的漆层应完整，无损伤、锈蚀。

4）配电柜（屏）内的所有电器工作正常，无异常响声。操作机构、开关等可动元器件应灵活、可靠、准确。

　　5）各部件及各类分断器触头不应有异常发热、烧灼和变形现象。

　　6）配电柜（屏）内熔断器的熔体规格、自动开关的整定值符合设计要求。

　　7）配电柜（屏）可开启的门与接地系统连接可靠，接地电阻不得大于4Ω。

　　8）信号灯、电铃、故障报警等信号装置工作可靠；各种仪器仪表显示准确，应急照明设施完好。

　　（2）配电柜（屏）维护注意事项

　　室内变压器、配电柜（屏）的检修、清洁等维护工作应在停电状态下进行。

3. 照明配电箱维护的规定

　　1）配电箱体应完整，不渗水，室内箱无积灰，外壳脱漆、锈蚀面积不大于20%，室内配电柜及附属设施应符合消防安全规程要求。

　　2）接触器、开关、熔断器等电气元件应工作正常，导线绝缘良好，表面清洁，无松动、变形、缺损和烧焦变色。

　　3）配电箱仪表完好，指示正确，各部件连接坚固，无松动或变形。

　　4）箱体与门保护接地连接牢固，箱门锁开启灵活，应急照明装置完好。

　　5）配电箱内监控终端设备应工作正常、固定牢靠。

　　6）智能监控设备（收、发）天线、固定杆、架应无歪斜、锈蚀。

4. 节电器的运行维护的规定

　　1）应确保节电器旁路状态正常。

　　2）箱体应完整、不渗水，箱内整洁无积灰、外壳脱漆、锈蚀。

　　3）节电器的紧固件、螺栓应无松动，接线端子应无松动、移位、变色或接触不良。

　　4）节电器应无过热、打火或放电现象。

　　5）节电器的负荷最大电流不应大于节电器的额定电流。

　　6）节电器的输入电压不应大于设备工作的电压范围。

5.2.3　接地装置系统维护

　　接地装置是城市照明配电系统安全技术中的主要组成部分。接地装置易受自然界及外力的影响和破坏，发生接地线锈蚀中断、接地电阻变化等情况，这将影响电气照明设备和人员的安全，因此，对接地装置应该有正常的管理、维护和周期性的检查、测试和维修，以确保其安全性能。

1. 建立接地装置的技术管理资料

　　（1）接地装置隐蔽工程竣工图纸。

　　（2）运行中历次测量接地电阻及检修记录。

　　（3）运行中检查发现的缺陷内容以及处理结果记录。

　　（4）接地装置的变更、检修工作内容等记录。

　　（5）箱式变电站、配电箱进行改、扩建而需变动接地装置时，应及时更改存档的技术资料，使其与实际相符。

2. 接地装置巡视检修内容

　　（1）检查接地线与灯杆等电气设备、接地极等连接情况是否良好，有无松动、脱落现象。

（2）检查接地线有无受外力砸伤、碰断及腐蚀现象。

（3）发现有严重腐蚀可能时，挖开接地引下线的土层，检查地面下 60cm 以上部分接地线和接地极的腐蚀程度。

（4）检查接地装置明敷设的接地、接零线表面涂漆有无脱落。

（5）对含有重酸、碱、盐等腐蚀性物质的土壤地带的接地装置，每 5 年左右应挖开局部地面进行检查，观察接地体腐蚀情况。

（6）在运行中发现有下列情况之一应进行及时维修：接地线连接处有接触不良和脱焊；接地线与灯杆等电气设备的连接处的螺栓松动；接地线有机械损伤、断股或锈蚀；接地体因雷暴雨水冲刷露出地面；接地电阻值超过规定值时。

5.2.4 配电线路维护

1. 架空线路维护的规定

（1）架空线路的维修维护质量应符合现行行业标准《城市道路照明工程施工及验收规程》CJJ 89 中架空线路施工验收规定。

（2）架空线路更新调换的器材应与原器材的规格、型号一致，不应随意变更。

（3）调整歪斜电杆，更换损坏的电杆和锈蚀的横担，保证电杆、横担正直。

（4）电杆周围应无泥土流失、地基沉降等现象，保证电杆埋深满足要求。

（5）更换破损及有裂纹的瓷瓶，紧固松脱的瓷瓶绑线。

（6）紧固松弛的拉线，更换锈蚀严重的拉线和抱箍。

（7）调整导线弧垂，更换、修复损伤的导线。更换的导线与原导线绞向应保持一致。

（8）更换架空线引入到地下线路的保护管，地面以上部分长度不应小于 2.5m，深入地下部分不应小于 0.2m。

（9）更换在灯臂、灯杆、灯盘内的导线时不应有接头。

（10）修剪影响线路和正常照明的树木，应通知绿化主管部门进行修剪，因不可抗力致使树木严重危及城市照明设施安全运行的，可采取紧急措施进行修剪，并及时报告绿化主管部门。

2. 地下（埋）管线及工作井维护的规定

（1）电缆线路周边应无绿化、修路开挖、地面沉降、化学腐蚀及地面堆积物等异常现象。

（2）电缆线路地上标志桩完好，裸露的保护管、电缆铠装应无严重锈蚀，接地良好。

（3）工作井井内电缆回路标志牌字迹清晰、完整无缺，无杂物、积水，井盖断裂或边长大于 50mm 缺角时应更换，井盖端面与框上端面落差不应大于 5mm，金属井盖接地良好。

（4）工作井井内电缆接头包裹严实，连接牢固，铠装接地良好。

（5）暴雨后应及时对低洼地带的电缆井进行检查，排除井内积水。

（6）电缆线路进行维护更换管道内不应有电缆接头，并留有一定余量。

（7）线路发生故障后，严禁回路合并超负荷运行。

（8）对含酸、碱、盐等有强腐蚀性的残留物流入电缆井时，应对其及时进行封闭处理。

5.2.5　灯杆维护

1. 混凝土灯杆的维护

（1）调整歪斜灯杆，更换损坏的灯杆。

（2）检查灯杆周围无泥土流失、地基沉降等现象，保证灯杆埋深满足要求。

（3）杆上架空线引至灯架的引流线瓷瓶、熔断器完整无缺，所有紧固螺母牢固无松动。

2. 金属灯杆（含灯架）的维护

（1）校正歪斜大于杆梢直径 1/2 的灯杆和歪斜大于±3°的灯臂。

（2）金属灯杆应无明显锈蚀、裂缝和凹凸等现象，接地良好。

（3）基础螺栓和灯杆下法兰盘混凝土结面保护应完整无缺损。

（4）修补、更换灯杆号牌，确保其字迹清晰、完整。

（5）灯杆内电缆、引流线及接地接零保护接头牢固，电缆接头及终端无发热烧坏痕迹。

（6）接线板固定牢靠，螺栓紧固无锈蚀，熔断器匹配。

（7）灯杆检修门应开闭灵巧、防盗机构完好无异常。

（8）灯杆、灯臂、灯盘、法兰、紧固件等设施表面无明显锈蚀。

（9）灯杆、灯臂、灯盘需定期清洁保养。

3. 高杆灯的维护

（1）升降机构的钢丝绳无损伤，接头无松动，挂脱钩灵活可靠无异常。

（2）电动机、变速箱支架牢固可靠，变速箱无油质污染、缺油等情况，齿轮无异常。

（3）限位开关触点位置准确，控制电器触头无电蚀，导线无受压、受夹、老化破损。

（4）每基亮灯率不应小于 90%。

（5）高杆灯的垂直度偏差不应大于杆高的 3‰。

（6）灯杆的接地电阻不应大于 4Ω。

（7）灯杆内主电缆的绝缘电阻应大于 0.5mΩ/km。

（8）每基高杆灯应建立档案资料，记录投入年限和每次维护保养时间及更换配件内容。

4. 多功能灯杆的维护

（1）多功能灯杆管理单位应制定运行维护管理制度和岗位操作规程，建立搭载设备的专业维护协调机制，配备专人负责多功能灯杆运行维护管理工作，人员要求如下。

1）工作人员应定期接受安全教育和岗位技能培训，经考核合格后上岗。特种作业和特种设备操作人员应具备相应作业资质并持证上岗。

2）各岗位人员应掌握岗位规范和相关操作规程，遵守岗位职责和相关保密要求。

3）全部人员应遵守岗位安全管理制度，掌握安全知识和应急处理方法。

4）资料管理人员应及时整理杆体资源、档案和人员等相关资料及记录。

5）企管人员应做好备品备件和损坏维修件等设备的保管和出入库管理。

6）监控人员应根据系统告警及监控中心情况，及时调度处理多功能杆运行问题。

7）巡检人员应按要求进行日常巡检和定期巡检等，及时对现场问题进行有效排除和上报，巡检过程中应携带必要装备，并采取防护措施。

8）维护人员应掌握强电、弱电和网络等相关知识，熟悉设备工作原理、构造和性能，并能对智慧多功能杆运行过程中发生的故障进行及时处理与排除。

9）客服人员应遵守岗位职责，尊重服务对象，使用文明用语，及时反馈和处理客户反馈信息。

10）信息安全人员应掌握相关信息安全防护知识和技能，防止系统攻击和信息泄密。

（2）应建立多功能灯杆、搭载设备技术资料档案库，档案应包括各项设备技术资料、投入年限、拆除、迁移、维护保养时间等内容的文档资料。

（3）应制定多功能灯杆维护计划和应急处置预案。结合运行情况和内外部环境等因素合理确定各项维护计划周期，应急处置预案应对紧急故障发现、响应、处置和恢复进行全过程管控，根据应急处置预案快速处理。对各种事件和处理结果详细记载，并进行档案化管理。

（4）应建立健全多功能灯杆日常巡查制度，应采用智能巡检与人工巡检相结合的方式对设施设备进行日常巡检。应检查各项设施设备是否正常运行，并做好巡检记录，及时报告、分析、处理发现的问题，遇紧急情况应按规定采取有效措施；巡检人员发现在多功能灯杆线路和设施附近施工可能影响安全运行的，应及时进行劝阻和发放防护通知，并向运行维护单位和相关主管部门报告，必要时进行现场看管；当线路和设施受到破坏时，运行维护单位应保护好现场，保留原始资料，及时向主管部门报告；对因自然生长而不符合安全距离要求的树木，巡检人员应及时向运行维护单位和主管部门报告，由主管部门通知有关单位及时处理。禁止单位或个人擅自搭载、拆除、迁移、改动设备或作业。

（5）多功能灯杆维护和故障修复作业中替换的备品、备件的技术参数应符合设计要求，其数量应能满足运行管理需要。

（6）使用单位维护作业前应提前向运行单位申请，维护作业中应做好用电、通信和安全等服务；维护作业后应向运行单位报备。

（7）挂载设备及配套设施的性能应满足使用需求和年限要求，当不能满足时，应进行维修或更新改造，更新改造完成应验收合格后方可投入使用。

5.2.6 灯具维护

1. 一般维护规定

（1）灯具与灯架连接牢固，保持灯具纵向中心线与灯臂轴线一致，灯具横向中心线与地面平行，灯具的仰角不宜大于 $15°$。

（2）灯具外壳完整，无破损、锈蚀及缺陷。

（3）灯具透光罩应保持完整，无裂纹、穿孔。

（4）灯罩内反光器无变形断裂、光亮无积污、灯头无松动。

（5）灯具内光源和电器等在更换、维修时，应与原规格一致。安装位置应保持原状并紧固。

（6）灯具中的补偿电容损坏或电容值超过额定允许偏差值时，应对补偿电容进行更换。

（7）灯具中的变功率镇流器或相关配件损坏，应对其进行更换。

（8）灯具引流线和管内穿线应绝缘良好，无破皮开裂等现象，引流线中间不能有接头。

（9）每盏灯都应装设熔断器，熔断器必须安装在相线上。更换熔芯时，应符合灯具熔芯选择要求。

2. LED道路照明灯具维护

（1）灯具外观整洁，无影响安全的破损、锈蚀及缺失。

（2）灯具外壳应与LED模块、光学部件、机械部件结合紧密，无松动。

（3）更换的LED灯具及配件应当符合国家现行标准的相关规定，其中驱动电源应具有3C认证。

（4）LED灯具更换的规格型号、光度要求、色温等技术指标应与原灯具保持一致。

3. 隧道灯具维护

（1）隧道灯支架应固定良好，无锈蚀、变形现象。

（2）隧道灯配线应穿管保护，保护管为明管时，应固定良好。

（3）更换的隧道灯灯具最低防尘/防湿等级应达到IP65。

（4）修理和维护隧道中的照明灯具应关闭车道。

4. 景观照明灯具维护

（1）LED光源不应出现自熄、闪烁、色彩混乱等异常现象。

（2）灯罩不应有影响发光效果和使用的缺陷，初始点亮后，其内壁不应有明显的水或胶等附着物。

（3）更换LED光源应与原规格、质量、性能参数和控制协议保持一致，且符合国家现行相关标准的规定。

（4）点光源灯具

1）点光源之间宜采用可插接式防水接头连接，灯具与外墙连接处应采取防水处理。

2）槽盒一体式点光源灯具应固定螺栓，卡箍无锈蚀、松动现象。

3）点光源主电源与灯具引出线连接应采用可插接式防水接头。

（5）投光灯具维护

1）灯具应固定牢固，支架无锈蚀、松动，投射角度无偏移。

2）硬质地面和绿地内的投光灯，其底座基础的混凝土筑件应无损坏，灯具牢固无倾斜、倒伏。

3）引至灯具的金属软管无开裂、变形、锈蚀现象。

4）更换灯具时，应与原设计规定的投光方向保持一致。

（6）洗墙灯、线型灯具维护

1）灯具和电源接线盒的固定卡件牢固，无锈蚀、松动等缺陷。

2）墙面上的洗墙灯和线型灯与建（构）物轮廓横平竖直，灯与灯之间串联连接应使用可插接式防水接头。

3）硬质地面和绿地内的线型灯电源管线和引至灯具的金属软管无开裂、变形、锈蚀现象。

（7）庭院灯、草坪灯具维护

1）无明显地基沉降现象，杆体不倾斜、混凝土包封无裂痕等缺陷，灯杆编号字迹清晰、完整。

2）灯杆、紧固件无锈蚀，灯罩保持整洁，杆体无明显掉漆等问题。

3）庭院灯杆体无其他外接附着设施设备。

4）灯杆的检修门开启灵活，防水、防盗结构完好无异常，熔断器规格与负荷相匹配，电缆、引流线及接地端子接头紧密牢固，无发热烧坏痕迹。

（8）地埋灯具维护

1）更换的地埋灯防护等级应不低于IP67。

2）边框应紧贴安装面，灯罩玻璃无破损，密封圈无老化。

3）预埋件底部排水通道应畅通，固定螺栓无明显锈蚀，灯内接线和接地线连接牢固无松动。

5. 特殊安装节点灯具维护

（1）安装在桥梁的灯具

1）定期检查灯具照射方向以及被照面亮度，以避免造成眩光及光污染，避免干扰桥梁的功能照明。

2）光色、闪烁、动态、阴影等效果不得干扰车辆和船舶行驶的交通信号和驾驶作业。

3）更换灯具必须符合原设计对防振的要求。

（2）安装在水下的灯具

1）更换水下灯具的防水密封等级、灯体耐腐蚀性能等符合设计要求。

2）配管采用重型绝缘导管，导管出口处应做防水密封，不得采用金属或金属护层的导管。

3）支架及外壳等金属件按设计要求进行等电位联结。

（3）安装在树上的灯具

1）灯具的维护更换，不得使树木受到损害，宜对灯具进行必要的装饰，使灯具与树木相协调。

2）灯具与树木固定应缠绕胶带保护，采取隔热、绝缘等防火措施，并应定期检查松绑。

3）高度3m以上的灯具，必须预设吊钩或螺栓，低于2.4m灯具的金属外壳应进行接地保护。

（4）安装在古建筑上的灯具

1）灯具的维护更换不得使古建筑受到损害或构成安全隐患。

2）灯具及电气管路应与防雷装置可靠连接，金属固定器件和防雷装置无明显锈蚀和松动缺陷。

3）更换的灯具及其管线应采取有效的防火措施，导管在穿线后应采用防火堵料进行密封处理。

4）灯具外壳、支架及导管的颜色应与古建筑颜色相协调，不得对古建筑外景观造成影响。

5）更换灯具时不得影响古建筑的维修、保养和使用，不得污染建筑。

（5）安装在建筑玻璃幕墙上的灯具

1）灯具在维护时不得对原有结构造成损坏。

2）采用结构胶进行粘接固定时应确保牢固。

3）灯具固定支架应牢固，无锈蚀现象。

4）更换的灯具不得破坏玻璃幕墙的视觉效果，避免光污染。

（6）安装在一般建筑立面上的灯具

1）更换灯具不得破坏墙体的结构，不得随意变更灯具投射方向和安装位置。

2）更换灯具应根据建筑物表面色彩合理选择灯具外壳颜色。

6. 控制设备维护

（1）主控器维护应符合下列规定：

1）主控器指示灯和屏幕显示正常。

2）主控器与控制中心通信畅通，各接线端口连接牢固无腐蚀，信号良好，测试网络稳定，设备外接天线牢固。

3）主控器的标识、标记清晰有序，并与设备档案相符。

4）定期测试主控器有线网络与无线网络自动切换是否顺畅。

（2）分控器维护应符合下列规定：

1）分控器固定牢固，外观整洁完好，指示灯和屏幕显示正常。

2）网络接口触点接触良好无锈迹。

3）分控器和线材标记清晰有序，并与设备档案相符。

7. 灯光秀维护

（1）对处于使用阶段的灯光秀照明设施，如灯具、光源、电器、支架等应进行定期养护。

（2）常规检查应在夜间进行，主要包括检查照明设施是否存在不亮、光衰、闪烁、色差等情况，如有上述情况及时更换和维修。

（3）灯光秀保障中常用的应急材料应备货全面，并有检修台账和资料记录。

（4）在重要节假日、重要活动保障前夕，应对景观照明设施、供配电设施、控制系统进行全面检查，有针对性地进行试播，确保灯具、控制设备、通信均正常。

（5）播放灯光秀阶段，需提前到场做准备，按照操作手册检查设备的正常状况，指定专人播放灯光秀内容，外场人员提供场播放指令，按时播放。

（6）灯光秀完毕后，确保控制设备恢复正常。

8. 信息化系统维护

（1）应加强城市照明控制系统的网络安全管理，遵守网络、信息安全相关法律法规，定期开展网络安全培训，落实网络安全管理和防护措施，防止系统被非法入侵、篡改数据或者非法利用。

（2）应建立城市照明控制系统或平台使用手册，由经过专业培训的人员负责管理、使用和维护，完善节目更换调用审批流程，并如实填写运行记录。

（3）每年应对服务器和网络设备进行检测，开展渗透测试、脆弱性检测和安全加固，消除故障隐患，提高系统安全防护能力。

（4）系统机房应符合下列要求：

1）机房维护符合现行国家标准《数据中心设计规范》GB 50174 的有关规定，配置UPS电源，电源容量应满足全功率运行不小于4h或配备双回路供电系统。

2）机房环境卫生定期清理并填写巡查记录，机房温度和湿度符合设备运行要求。

3）定期检查配电系统、各类电子设备及附属设施、防雷设施等的等电位体，发现问题应及时维护。

4）定期检查设备间、弱电井等区域配线设备、线缆、插座等设施以及网络通信线路的工作状态和可能的故障状态，发现问题应及时维护。

5）定期检查门禁系统、各类监控设备等的运行状态、参数变化、提示信息等，发现问题应及时维护、变更。

（5）系统通信应符合下列要求：

1）及时更新新设备入网、网络扩容、网络调整等情况的网络管理数据。

2）定期测试网络传输系统与智能控制终端设备通信时长及时延。

3）定期测试各相关终端设备采集数据的完整性、准确性和及时性。

4）定期核查固定宽带、移动通信设备、内含通信 SIM 卡的智能设备等重要网络设施的套餐余额。

5）定期评估网络传输系统的性能，制定故障维护预案，及时消除可能的故障隐患。

6）配备必要的网络备品备件。

7）主用网络、备用网络和应急网络切换通畅。

5.3　城市照明运行维护管理人员基本要求

5.3.1　应具备的技术技能

城市照明运行维护管理人员不仅具备丰富的实践经验，还要具备一定的技术管理能力。

1. 具有电气工程安装调试的技术技能和实践经验，能解决工程中的疑难问题。

2. 熟悉常用电气设备、元件与材料，能正确选用。

3. 熟悉管辖范围内配电系统及相关电气线路及设备，能解决出现的故障。

4. 具有质量管理和监督的实践经验，能在运行维护中及时发现缺陷或瑕疵。

5. 具有安全管理、监督、实施的实践经验，能在运行维护中及时发现并阻止不安全运行和安全事故隐患，能及时处理安全事故。

6. 具有电工基本操作技能，取得相应操作资格证书。

7. 熟练掌握城市照明相关运行与操作规程，并按其要求对电气设备、线路、装置进行检修、维护、保养、巡视、监测、记录、处理不正常状态。

8. 需了解景观照明灯具，各品牌主、分控的相关技术参数及调试方法。

9. 需了解区域的灯光控制系统，能掌握各类灯光秀操作的基本技能。

10. 具备基本的网络通信（网线、光纤、交换机）相关知识及运用。

11. 学习新材料、新设备、新技术、新工艺并积极推广，能在工作中将自动化技术等弱电技术与强电技术相结合，确保电气系统正常、稳定、安全运行。

12. 制定相应的能够指导运行维护的制度、规程、方法、方案并付诸实施，根据其在运行维护实践的效果不断修订使其更完善可行。

5.3.2　职业道德

1. 热爱电气工作这个职业，有事业心，有责任心，对电气工程及其自动化专业的热爱始终不渝。

2. 对技术精益求精，一丝不苟，在实践中不断学习进步，积累丰富的实践经验，提高技术技能，同时从理论上要不断提高自己，具备扎实的理论基础和分析问题的能力。

3. 关注电气工程技术发展动态，积极参与科技成果转化及应用工作，推广新技术、新工艺、新材料、新设备。

4. 解决项目工程中的技术难题是义不容辞的责任，练就一身过硬的技术能力技能，成为一把金钥匙，打开每一把技术难题之锁。

5. 甘当设计师、施工人员、制造人员之间的桥梁，传递信息，破译信息，确保工程项目的质量、安全、工期、投资，成为工程项目的中流砥柱。

6. 对运行管理工作认真负责、兢兢业业，对自己从事的工作必须做到准确无误、滴水不漏、天衣无缝，在工程的关键时刻能挺身而出，充当抢险队的一员。

7. 在职业生涯中，要善于发现人才、重用人才、厚爱人才、推荐人才、培养人才。特别是工人队伍中的技术能手，要把他们作为工人工程师委以重任，加以重用。

8. 工作要身先士卒，一马当先。要做到干净利落、美观整洁。工作完毕后要清理现场，及时将遗留杂物清理干净，避免环境污染，杜绝妨碍他人或运行的事发生。

9. 任何时候、任何地点、任何情况，工作必须遵守安全操作规程，设置安全措施，确保设备、线路、人员的安全，时刻做到质量在手中，安全在心中。

10. 运行维护必须做到"勤"，要防微杜渐，对电气设备、线路、元件的每一部分、每一参数要勤检、勤测、勤校、勤查、勤扫、勤紧、勤修，把事故、故障消灭在萌芽状态。科学合理制订巡检周期，确保系统安全运行。

11. 工作中，要节约每一米导线、每一颗螺钉、每一个垫片、每一盘胶布，严禁大手大脚，杜绝铺张浪费。不得以任何形式将电气设备及其附件、材料、元件、工具、电工配件赠予他人或归为己有。

12. 认真学习研究电气工程安全技术，并将其贯彻于设计、安装、研制、调试、运行、维修中去，对用户、设备、线路、系统的安全运行负责。

13. 养成良好的工作习惯和学习习惯（包括实践的学习），惯于总结，善于分析。将工作中、生活中与专业有关的事物详细地记录下来，进行分析总结，去其糟粕，取其精华，进一步提高和充实自己的技术技能和实践经验，为电气工程事业做出更大贡献。

14. 在工作过程中，不怕困难、不怕难题、不怕自然原因带来的障碍，专心致志、细心精致、细处着手、坚持不懈，直到解决完成。

15. 在实践中学习，提高技术水平，磨炼职业道德修养，做一名"德艺双馨"的电气工作人员。

5.3.3 运行维护人员基本要求

1. 运行维护工作策划

（1）参与运行维护管理策划。

（2）参与制定运行维护管理制度。

2. 运行维护技术管理

（1）参与作业班组的技术交底。

（2）组织测量、施工、参与技术复核。

3. 运行维护进度、成本控制

（1）参与制定并调整运行维护进度计划、资源需求计划，编制运行维护作业计划。

（2）参与做好运行维护现场组织协调工作，合理调配生产资源，落实运行维护作业计划。

（3）参与现场经济技术签证、成本控制及成本核算。

（4）负责运行维护现场平面布置的动态管理。

4. 质量、安全、环境管理

（1）参与质量、环境与职业健康安全的预控。

（2）负责运行维护作业的质量、环境与职业健康安全过程控制，参与隐蔽、分项、分部和单位工程的质量验收。

（3）参与质量、环境与职业健康安全问题的调查，提出整改措施并监督落实。

5. 运行维护信息资料管理

（1）负责编写运行维护工作日志、记录等相关资料。

（2）负责汇总、整理运行维护资料。

5.3.4　运行维护人员必须具备的条件

1. 电气工作人员必须具备必要的电气知识，按其职务和工作性质，熟悉安全操作规程和运行维修操作规程，并经考试合格取得操作证后方可参加电工工作。

2. 凡带电作业人员应经专门培训，并经考核合格后方可从事带电作业。

3. 严禁实习人员或无证人员从事带电作业。

4. 电气工作人员应加强自我保护意识，自觉遵守供电安全、维修规程，发现违反安全用电并足以危及人身安全、设备安全及重大隐患时应立即制止。

5. 电气工作人员应掌握触电解救法。

5.3.5　监控中心人员必须具备的条件

1. 了解掌握各类照明设施的分布情况。

2. 需具备电工及计算机相关方面基础知识。

3. 熟练运用各项科技平台手段等辅助开展运维工作。

4. 具备分析评估照明设施运行质量状况的能力。

5. 具备各类系统平台远程故障处理的能力。

6. 具备良好的沟通能力。

7. 具备突发事件的应急处理能力。

第6章 城市照明设施维护技能

6.1 读图及分析电路图的方法技巧

任何复杂的事物都是由简单的事物组成的，在电器工程图中也不例外，这是分析复杂电路图的基本出发点。

6.1.1 看电气图的步骤

1. 详看图纸说明

拿到图纸后，首先要仔细阅读图纸的主标题栏和有关说明，如图纸目录、技术说明、电器元件明细表、施工说明书等，结合已有的电工知识，对该电气图的类型、性质、作用有一个明确的认识，从整体上理解图纸的概况和所要表述的重点。

2. 看概略图和框图

由于概略图和框图只是概略表示系统或分系统的基本组成、相互关系及其主要特征，因此紧接着就要详细看电路图，才能搞清它们的工作原理。概略图和框图多采用单线图（图 6-1（a）），只有某些 380/220V 低压配电系统概略图才部分地采用多线图表示（图 6-1（b））。

3. 看电路图顺序

首先，认真学习国家标准关于电气制图及图形符号的规定，看懂那些图形符号和文字符号，了解电路图各组成部分的作用，分清主电路和辅助电路、交流回路和直流回路。其次，按照先看主电路，再看辅助电路的顺序进行看图。

看主电路时（图 6-1），通常要从下往上看，即先从用电设备开始，经控制电器元件，顺次往电源端看。看辅助电路时（图 6-2），则自上而下、从左至右看，即先看主电源，再顺次看各条支路，分析各条支路电器元件的工作情况及其对主电路的控制关系，注意电气与机械机构的连接关系。

6.1.2 看电器控制电路图的方法

看电气控制电路图一般方法是先看主电路，再看辅助电路，并用辅助电路的回路去研究主电路的控制程序。

1. 看主电路（一次回路）的步骤

通过看主电路，要搞清负载是怎样取得电源的，电源线都经过哪些电器元件到达负载和为什么要通过这些电器元件。

第一步：看清主电路中用电设备。用电设备指消耗电能的用电器具或电气设备，看图首先要看清楚有几个用电器，它们的类别、用途、接线方式及一些不同要求等。

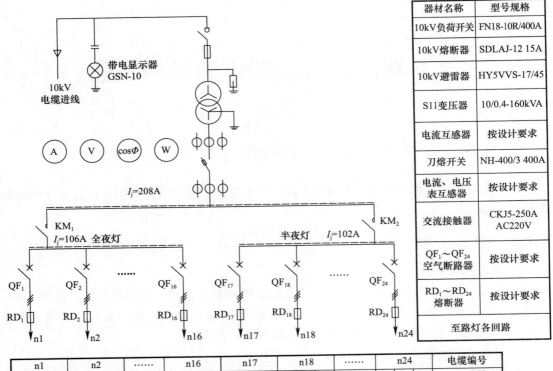

器材名称	型号规格
10kV负荷开关	FN18-10R/400A
10kV熔断器	SDLAJ-12 15A
10kV避雷器	HY5VVS-17/45
S11变压器	10/0.4-160kVA
电流互感器	按设计要求
刀熔开关	NH-400/3 400A
电流、电压表互感器	按设计要求
交流接触器	CKJ5-250A AC220V
QF₁~QF₂₄ 空气断路器	按设计要求
RD₁~RD₂₄ 熔断器	按设计要求
至路灯各回路	

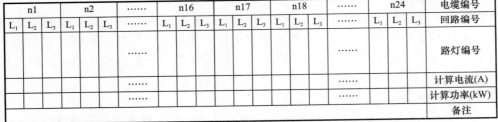

n1			n2			……	n16			n17			n18			……	n24			电缆编号
L_1	L_2	L_3	L_1	L_2	L_3	……	L_1	L_2	L_3	L_1	L_2	L_3	L_1	L_2	L_3	……	L_1	L_2	L_3	回路编号
					……							……								路灯编号
					……							……								计算电流(A)
					……							……								计算功率(kW)
																				备注

(a)

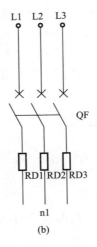

(b)

图 6-1　一次回路系统示意图

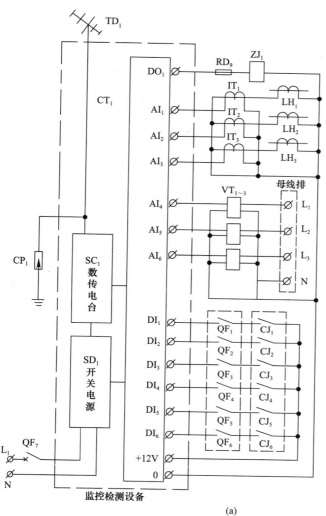

器材名称	型号规划
定向天线	TDY-200-5
熔断器	RL1-15/2A
中间继电器	JTC-2C DC12V
$IT_{1\sim3}$ 电流传感器	1511 QO 5A/2.5V
$LH_{1\sim3}$ 互感器	LMZ-0.66 200/5, 0.5级
$VT_{1\sim3}$ 电压传感器	V511 QO 500V/2.5V
$QF_{1\sim6}$ 空气开关辅助触点	C45N 63A/1P
$CJ_{1\sim6}$ 接触器辅助触点	LC1-633M
QF_7 空气开关辅助触点	C45N 10A/1P

(a)

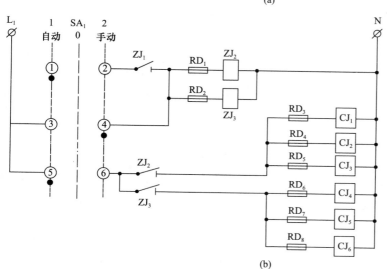

器件名称	型号规格
SA_1 万能转换开关	LW5-16
$RD_{1\sim2}$ 熔断器	RL1-15/2A
$ZJ_{2\sim3}$ 中间继电器	JQX-10F/2C AC220V
$ZJ_{2\sim3}$ 继电器触点	JQX-10F/2C
$RD_{3\sim8}$ 熔断器	RL1-15/6A
$CJ_{1\sim6}$ 交流接触器	LC1-633M

(b)

图 6-2 二次回路系统示意图

第二步：要弄清楚用电设备是用什么电器元件控制的。控制电气设备的方法很多，有的直接用开关控制，有的用各种启动器控制，有的用接触器控制。

第三步：了解主电路中所用的控制电器及保护电器。前者是指除常规接触器以外的其他控制元件，如负荷开关、熔断器、变压器、互感器、交流接触器、空气断路器等元件的用途及规格。一般来说，对主电路作如上内容的分析以后，即可分析辅助电路。

第四步：看电源。要了解电源电压等级，是380V还是220V，是从公用电网还是专用变压设备（箱变）供电，是高供低计还是低供低计。

2. 看辅助电路（二次回路）的步骤

根据主电路中各电器的控制要求，逐一找出控制电路中的其他控制环节，将控制线路"化整为零"，按功能不同划分成若干个局部控制线路来进行分析。

第一步：首先看清电源的种类是交流还是直流。其次，要看清辅助电路的电源是从什么地方接来的，及其电压等级。电源一般是从主电路的两条相线上接来，其电压为380/220V。辅助电路为直流时，直流电源可从整流器或放大器上接来，其电压一般为24V、12V、6V、4.5V、3V等。辅助电路中的一切电器元件的线圈额定电压必须与辅助电路电源电压一致。

第二步：了解控制电路中所采用的各种继电器、接触器的用途，如采用了一些特殊结构的继电器，还应了解它们的动作原理。

第三步：根据辅助电路来研究主电路的动作情况。

分析了上面这些内容再结合主电路中的要求，就可以分析辅助电路的动作过程。

控制电路总是按动作顺序画在两条水平电源线或两条垂直电源线之间的，一般称之为梯形图。因此，也就可从左到右或从上到下来进行分析。对复杂的辅助电路，在电路中整个辅助电路构成一条大回路，在这条大回路中又分成几条独立的小回路，每条小回路控制一个用电器或一个动作。当某条小回路形成闭合回路有电流流过时，在回路中的电器元件（接触器或继电器）则动作，把用电设备接入或切除电源。在辅助电路中一般是靠按钮或转换开关把电路接通的。对于控制电路的分析必须随时结合主电路的动作要求来进行，只有全面了解主电路对控制电路的要求以后，才能真正掌握控制电路的动作原理，不可孤立地看待各部分的动作原理，而应注意各个动作之间是否有互相制约的关系，如双回路电源之间应设有联锁等。

第四步：研究电器元件之间的相互关系。电路中的一切电器元件都不是孤立存在的，而是相互联系、相互制约的。这种互相控制的关系有时表现在一条回路中，有时表现在几条回路中。

3. 识图案例

对于道路照明工程一次回路系统示意图（图6-1（a）、（b））、二次回路系统示意图（图6-2（a）、（b）），按上述识图方法可知该道路照明工程变配电系统的箱式变电设备元器件的型号、规格、母线、电压等级和电工仪表等相关信息。

6.1.3　看LED路灯及单灯控制电路图的方法

从左往右分别为：断路器、单灯控制器（可实现远程控制装置）、驱动电源（光源电压转换装置）、光源（LED节能光源），见图6-3。电源通过断路器后分别供给单灯控制器和驱动电源，单灯控制器的控制输出与驱动电源的调光端口连接，实现灯具的控制。

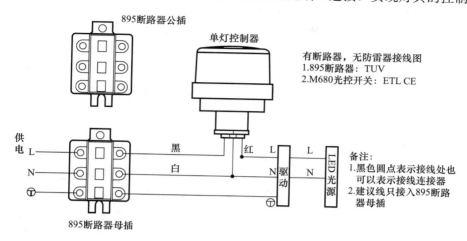

图 6-3　LED 路灯及单灯控制电路图

断路器主要有过流保护、短路保护等功能；单灯控制器主要有开关灯、调光，采集电压电流数据，与单灯控制平台通信等功能；驱动电源一般为恒流型开关电源，主要是将交流电转变成与光源模组相适应的直流电压，并提供恒定电流驱动 LED 芯片发光；LED 光源主要是将电能转化为光的电子元件，按照一定的功率和配光曲线要求进行组合的器件。

6.2　城市照明运行维护相关技能

运行维护除了对电气设备、线路进行维修以外，还要对电气设备进行安装、调试及试运行。除了运行维护电工必须掌握的技术技能外，还应掌握一些电气设备及电气线路的安装技术技能以及一些调试技术。下面将讲述运行维护过程中应该掌握的一些相关工种的基本操作技能，主要有脚扣、登高板操作技能、机械加工基本操作技能、吊装运输基本操作技能、焊接基本知识和技能、设备安装要点、高处作业等内容。

6.2.1　脚扣、登高板及高架车操作技能

1. 脚扣操作技能

脚扣利用杠杆作用，借助人体自身重量，使另一侧紧扣在电杆上，产生较大的摩擦力，从而使人易于攀登，而抬脚时因脚上承受重力减小，脚扣自动松开，利用力学中的自锁现象，达到登杆的目的。脚扣一般采用高强无缝管制作，经过热处理，具有重量轻、强度高、韧性好；可调性好，轻便灵活；安全可靠，携带方便等优点，是电工攀登不同规格的水泥杆或木质杆的理想工具，如图 6-4 所示。

使用脚扣登杆前必须遵守下列规定：

（1）操作人员必须持证上岗，穿戴好劳护用品。

（2）登杆前应按电杆规格选择合用的脚扣，并检查脚扣金属母材及焊缝无任何裂纹和可目测到的变形；皮带完好，无霉变、裂缝或严重变形；橡胶防滑块（套）完好，无破损，有腐蚀裂纹的禁止使用。

91

图 6-4　脚扣示意图

（3）定期对脚扣进行载重物体冲击试验，应能承载 300kg 重量无变形、断裂现象发生。

（4）不得用绳子或电线代替脚扣皮带。

（5）检查要登的水泥电杆完好、无裂纹、无露筋变形等缺陷，杆基牢固无松动现象。

脚扣登杆时操作技能：

（1）检查电杆是否有伤痕、裂缝，电杆的倾斜度情况，确定选择登杆的位置。

（2）登杆前再次检查弧形扣环部分有无破裂、腐蚀，脚扣皮带有无损坏。

（3）攀登前应再次对脚扣作人体冲击试登，判断脚扣是否有变形和损伤。

（4）登杆前应将脚扣登板的皮带系牢，登杆过程中应根据杆粗细随时调整脚扣尺寸，攀登步子不宜过大。

（5）登杆前先系好安全脚扣，左脚扣套在电杆适当的位置上，右脚扣套在比左脚扣稍高的位置上。双手扶安全带，臀部后倾，左腿和左手同时用力向上登高一步，右脚向上移，右手抱电杆，臀部后倾，同时用力又可上一步，重复上述动作可完成登杆工作。

（6）上到作业定点位置时，左手抱电杆，双脚可交叉登紧脚扣，右手握住保险挂钩绕到电杆后交于左手，同时右手抱电杆，左手将挂钩挂在腰带的另一侧钩环，并将保险装置锁住。

2. 登高板操作技能

登高板又称升降板或踏板，用来攀登电杆。登高板由脚板、绳索、铁钩组成。脚板由坚硬的木板制成，绳索为 16mm 多股白棕绳或尼龙绳，绳两端系结在踏板两头的扎结槽内，绳顶端系结铁挂钩，绳的长度应与使用者的身材相适应，如图 6-5 所示。踏板和绳均应能承受 300kg 的重量。

使用登高板必须遵守下列规定：

（1）使用前必须检查登高板是否有裂纹、断裂现象，绳索是否有断股，若发现有断股则不能使用。

（2）使用前亦应对登高板作人体冲击试登，以检验其强度。方法是：将登高板系于电杆上离地0.5m 处，人站在踏脚板上，双手抱杆，双脚腾空猛力向下蹬踩冲击，此时绳索不应发生断股，登高板不应折裂，方可使用。

图 6-5　登高板示意图

（3）登高板使用后不能随意从杆上往下扔，以免摔坏，用后应妥善保管。

（4）登高板应每半年进行力学性能试验一次。外表检查每月一次。

登高板登杆操作技能：

（1）操作人员必须持证上岗，穿戴好劳护用品，系好安全带。

（2）登杆前应检查电杆是否有伤痕、裂缝，电杆的倾斜度情况，确定选择登杆的位置。

（3）登杆时应进行检查，踏板、钩子不得有裂纹和变形，心形环完整，绳索无断股或霉变；绳扣接头每绳股连续插花应不少于4道，绳扣与踏板间应套接紧密。

（4）登杆前应再次对登高板作人体冲击试登，判断登高板是否有变形和损伤。

（5）登杆时将一只登高板背在身上（钩子朝电杆面，木板朝人体背面），左手握绳、右手持钩，从电杆背面适当位置绕到正面并将钩子朝上挂稳，右手收紧（围杆）绳子并抓紧上板两根绳子，左手压紧踩板左边绳内侧端部，右脚登在板上，左脚上板绞紧左边绳，第二板从电杆背面绕到正面并将钩子朝上挂稳，右手收紧（围杆）绳子并抓紧上板两根绳子，左手压紧踩板左边绳内侧端部，右脚登上板，左脚蹬在杆上，左大腿靠近升降板，右腿膝肘部挂紧绳子，侧身、右手握住下板钩脱钩取板，左脚上板绞紧左边绳，依次交替进行完成登杆工作。

（6）下杆时先把上板取下，钩口朝上，在大腿部对应杆身上挂板，左手握住上板左边绳，右手握上板绳，抽出左腿，侧身、左手压登高板左端部，左脚蹬在电杆上，右腿膝肘部挂紧绳子并向外顶出，上板靠近左大腿。左手松出，在下板挂钩100mm左右处握住绳子，左右摇动使杆下落，同时左脚下滑至适当位置蹬杆，定住下板绳（钩口朝上），左手握住上板左边绳（右手握绳处下），右手松出左边绳、只握右边绳，双手下滑，同时右脚下上板、踩下板，左腿绞紧左边绳、踩下板，左手扶杆，右手握住上板，向上晃动松下上板，挂下板，依次交替进行完成下杆工作。

3. 高架车操作技能

高架车是目前最常用的用于路灯等市政设施维护的特种作业车辆，见图6-6。其操作技能也是城市照明行业从业人员需要掌握的。

图6-6　高架车示意图

（1）基本要求

1）戴好安全帽，系好安全带，确保操作安全，工区要合理安排好轮班的人员调度。

2）禁止疲乏不堪、精神不佳者操作高架车，操作前做好安全检查。

3）添加燃油、滑油时，严禁烟火。

4）操作高架车必须有劳动局发的高架车操作证，严禁无证操作。

5）无关人员不得随意动车，以防误伤人。

6）应在额定载荷内进行作业操作，不得超负荷运行。

（2）发动机启动后，为暖缸之需，应让发动机在空载下运转一段时间。试操作每个控制杆或开关，确认所有功能正常无故障。

（3）工作过程中，为确保安全和有效，设备要在水平、结实的地面上，千万不要在下述情况下操作设备：

1）松软不平的地坪。

2）倾斜超过3°的地面，缓慢细心地操作设备（不能超过3°）。

（4）设备尽可能靠近工作处以使工作半径最小。

（5）放置设备要考虑行驶和交通范围。为防止路上行人和车辆发生意外，要做绕道标志，以免发生碰撞。不允许无关人员在设备附近徘徊。

（6）不得把喷口对准设备，当各种位置到极限时，不要继续启动此操纵杆，否则油管易老化。

（7）不得频繁操作"启动""停车"装置。

（8）不得用高架车来拉货物，在作业区内前进或后退不允许使用高速。前进行走时，要随时注意车辆周围情况，倒退时要设专人指挥。

（9）高架车启动

启动时，发动机不管是在上位控制还是下位控制都能被启动。将下位控制上的主开关放在"ON"位置上当转动主开关打开时，下位控制上的红灯亮。发动机钥匙转到"S"或按上位控制上的启动按钮。通过上位控制启动发动机，确保主开关在"ON"位置上，上述过程完成后，发动机就启动了。在冷机下，转动主开关在"H"当预热显示器发红热时才启动发动机（尤其在冬季）。如果在特别寒湿下启动发动机，要在启动前充分预热。

（10）高架车停机

停机时，要先使发动机降速到空载转速，按上位控制上的停机按钮或关掉下位控制上的主开关。应注意按停上位控制上的停机按钮后必须再按1次停机按钮，同时关掉下位控制上的主开关。

（11）高架车下位控制操作

1）逐渐按动加速控制开关使发动机增速或减速，当获得所需速度后，把控制开关放在中间位置，保持所需速度。

2）操作"延伸控制开关"至"出"位时伸展悬臂，放在中间则保持当前位置，放至"进"位时则缩回悬臂。

3）将"起伏控制开关"放在"升"位时抬起悬臂，放在中间则保持当前位置，放至"降"位时则降低悬臂。

4）将"旋转控制开关"放在"右"位时转台右转（顺时针），放在中间则保持，放在"左"位时则左转（逆时针）。

（12）平台水平系统的调整

悬臂动作时通常平台是自动保持水平的，但较长时间操作后，平台将偏离水平位置，在平台倾角超过5°时，按下述操作调准平台水平系统。

1）将悬臂缩回并放至水平位置。

2）开启两只在低位控制旁的截止阀。

3）操作"延伸控制开关"，如果平台前倾，则将开关放在"IN"位，若后倾，则放在"OUT"位，直到平台水平位置为止。

4）调整完成后，关掉两只截止阀。

5）重复满行程操作"延伸、起伏控制开关"实现伸缩、抬降悬臂，以确定平台保持水平。此操作需在下位控制下进行，当平台载人、物时不得作调整。

（13）上位控制取消开关

在上位控制杆操作的应急情况下，将上位"控制取消开关"放在"ON"位上，上位控制的起伏、伸缩、旋回和行驶功能都被取消，但下位控制的各项功能均正常，所有功能都在低位控制情况下执行。回旋"控制取消开关"，则恢复取消的功能。

（14）在操作不受控制手柄控制时，"停止按钮"是用来紧急停止各项操作。应急停止操作执行时，电源指示灯熄，发动机停，机器处于紧急状态，重新按一次"停止按钮"，则停止状态被解除。

6.2.2　机械加工基本操作技能

机械加工的操作技术就是利用切削工具和冷加工的方法把零件或材料加工成所要求的形状，并将其装配到设备中去或者将设备安装到基础上。电工在电缆头制作时铜、铝压接管剖切及配电柜（箱）铜、铝排制作等都要用到钳工的基本操作，操作技能可分为：

（1）辅助性操作，即划线，它是根据图样在毛坯或半成品工件上划出加工界线的操作。

（2）切削性操作，有錾削、锯削、锉削、攻螺纹、套螺纹、钻孔（扩孔、铰孔）、刮削和研磨等多种操作。

（3）装配性操作，即装配，将零件或部件按图样技术要求组装成机器的工艺过程。

（4）维修性操作，即维修，对在役机械、设备进行维修、检查、修理的操作。

1. 量具的使用

钳工使用的量具主要有钢直尺、卡钳、游标卡尺、千分尺和百分表。电工常用游标卡尺、千分尺来测量导线、管线等的直径，铜板和钢板的厚度。本书仅介绍游标卡尺和千分尺。

（1）游标卡尺

游标卡尺外形如图 6-7 所示，其精度为 0.1mm。其中，外卡是测量工件外形尺寸的，而内卡是测量孔内径的。测量时移动卡脚将工件卡死，卡脚与工件表面必须平行，移动卡脚必须轻而稳，且卡脚不得碰撞和磨损。用完后应将尺子放在盒内，且放平稳，避免主尺弯曲。

游标卡尺的读数方法：工件卡好后，先看副尺 0 标线所对的主尺前面是多少毫米，主尺每格 1mm，然后再看副尺 0 标线后面第几根标线与主尺的标线相对齐，副尺的标线是每格 0.1mm，最后主尺刻度与副尺刻度相加则是所测得的尺寸。

（2）千分尺

千分尺外形如图 6-8 所示，其精度为 0.01mm。千分尺的测量是由固定套管内的测轴螺杆旋转，使测量面的距离变小而夹住工件进行的。测量时左手握住弓形、右手旋转棘轮，当棘轮发生响声时立即停止旋转，旋转定位环后即可读数。使用时要避免用活动套管旋转，活动套管拧紧时无响声，易拧得太紧，不仅影响测量结果，还易损坏尺子。测量面不应接触粗糙工件，其他同游标卡尺。

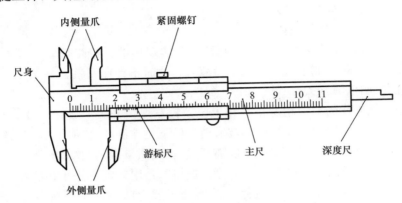

图 6-7　游标卡尺外形

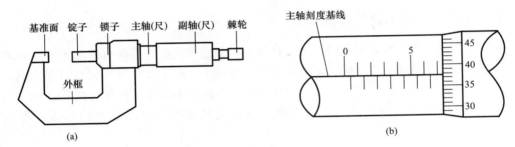

图 6-8　千分尺外形及使用读数

（a）千分尺构造；（b）固定套管和活动套管刻线

千分尺的读数方法：工件卡好后，先看固定套管所露出的毫米值，再看活动套管的刻线，活动套管每格为 0.01mm。最后两数相加即为所测值，固定套管露出的毫米值超过半格时（下部刻线）应加 0.5mm。

2. 划线的操作

划线的工具主要有划针、钢直尺、角尺、圆规、样冲等。一般情况下，划线应在平台上进行。在平面工件上划直线时，应使用刚直尺、角尺和划针。在平面工件上划圆时，应使用钢直尺、角尺和圆规，如开孔则应在圆心用样冲冲出小坑，然后以小坑为中心划出十字线。在圆柱形工件上划线，则用条形直边薄片可卷物（如油毡）卷在圆柱工件上，直边对齐，即可沿直边划线。

3. 錾削的操作

用手锤打击錾子对金属进行切削加工的操作方法称为錾削。錾削的作用就是錾掉或錾断金属，使其达到要求的形状和尺寸。

錾削主要用于不便于机械加工的场合，如去除凸缘、毛刺、分割薄板料、凿油槽等。这种方法目前应用较少。

（1）錾子的种类及用途根据加工需要，主要有三种：

扁錾，它的切削部分扁平，用于錾削大平面、薄板料、清理毛刺等。狭錾，它的切削刃较窄，用于錾槽和分割曲线板料。油槽錾，它的刀刃很短，并呈圆弧状，用于錾削轴瓦和机床平面上的油槽等。

（2）錾削操作

起錾时，錾子尽可能向右斜 45°左右。从工件边缘尖角处开始，并使錾子从尖角处向下倾斜 30°左右，轻打錾子，可较容易切入材料。起錾后按正常方法錾削。当錾削到工件尽头时，要防止工件材料边缘崩裂，脆性材料尤其需要注意。因此，錾到尽头 10mm 左右时，必须调头錾去其余部分。操作方法见图 6-9。

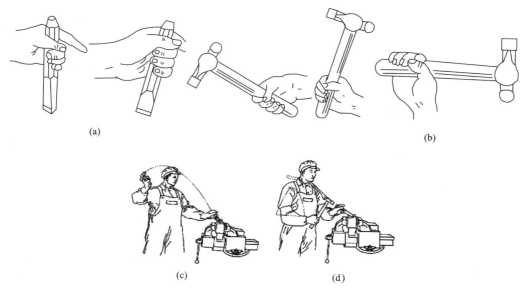

图 6-9 錾子的使用方法
（a）錾子握法；（b）锤握法；（c）臂挥；（d）肘挥

4. 锉削的操作

用锉刀对工件表面进行切削加工，使它达到零件图纸要求的形状、尺寸和表面粗糙度，这种加工方法称为锉削，锉削加工简便，工作范围广，多用于錾削、锯削之后，锉削可对工件上的平面、曲面、内外圆弧、沟槽以及其他复杂表面进行加工，锉削的最高精度可达 IT7～IT8，表面粗糙度可达 $1.6～0.8\mu m$。可用于成型样板，模具型腔以及部件，机器装配时的工件修整，是钳工主要操作方法之一。

（1）锉刀的握法

正确握持锉刀有助于提高锉削质量。锉刀的握法随锉刀的大小及工件的不同而改变。图 6-10 所示为常用锉刀握法。

1）大锉刀的握法：右手心抵着锉刀木柄的端头，大拇指放在锉刀木柄的上面，其余四指弯在木柄的下面，配合大拇指捏住锉刀木柄，左手则根据锉刀的大小和用力的轻重，可有多种姿势。

2）中锉刀的握法：右手握法大致和大锉刀握法相同，左手用大拇指和食指捏住锉刀的前端。

3）小锉刀的握法：右手食指伸直，拇指放在锉刀木柄上面，食指靠在锉刀的刀边，左手几个手指压在锉刀中部。

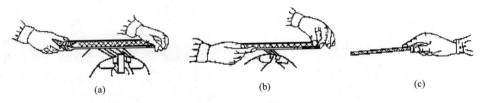

图 6-10　锉刀握法

（a）中锉刀握法；（b）中、小锉刀握法；（c）更小锉刀握法

4）更小锉刀（什锦锉）的握法：一般只用右手拿着锉刀，食指放在锉刀上面，拇指放在锉刀的左侧。

锉削时的往复速度不要太快，一般以每分钟 40 个来回为最佳。工件硬时，速度要慢些，回程的速度可快些。锉削时，要充分利用锉刀的有效长度。

（2）锉削操作

平面锉削基本上采用交叉锉法、顺向锉法及推锉法，如图 6-11 所示。

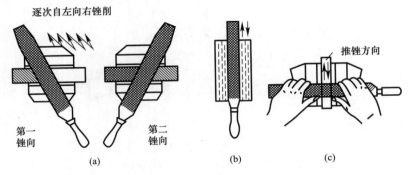

图 6-11　平面锉削基本方法

（a）交叉锉法；（b）顺向锉法；（c）推锉法

5. 锯削的操作

锯削是指用手锯对工件进行分割或切槽的操作。锯削的主要工具是手锯。手锯由锯弓和锯条组成。

锯条是锯削工具，按锯齿的大小分为粗齿锯条、中齿锯条和细齿锯条三种。粗齿适用于锯削铜、铝、铸铁、低碳钢等较软材料或较厚的工件；细齿适用于锯削较硬材料、薄板、薄管等。锯条安装时，必须注意安装方向，齿尖的方向朝前，如果方向相反，就不能正常进行锯削。

手锯的握法如图 6-12 所示，左手拇指放在手锯弓架背上，其余四指轻轻放在弓架前端。右手握住手柄，不要握得太紧，否则很容易会感到疲劳。起锯在锯削中很重要。起锯时，左手大拇指贴住锯条，起导向作用，如图 6-12 所示。起锯角度约 15°，先锯出一条槽，行程要短，压力要小，速度要慢。当锯到槽深 2～3mm 时，即可正常锯削。

6. 钻孔的操作

（1）钻孔首先是要正确选择钻头，钻孔前一般先划线，确定孔的中心，在孔中心先用冲头打出较大中心眼。

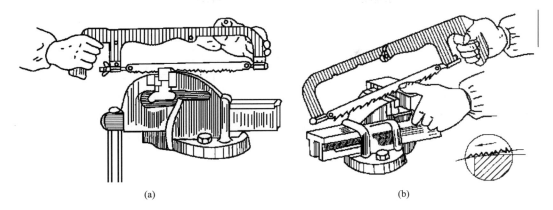

(a)   (b)

图 6-12   钢锯的使用方法

(a) 手锯的握法；(b) 起锯示意图

（2）钻孔时应先钻一个浅坑，以判断是否对中。

（3）在钻削过程中，特别是钻深孔时，要经常退出钻头以排出切屑和进行冷却，否则可能使切屑堵塞或钻头过热磨损甚至折断，并影响加工质量。

（4）钻通孔时，当孔将被钻透时，进刀量要减小，避免钻头在钻穿时的瞬间抖动，出现"啃刀"现象，影响加工质量，损伤钻头，甚至发生事故。

（5）钻削大于 $\phi 30mm$ 的孔应分两次钻，第一次先钻第一个直径较小的孔（为加工孔径的 0.5～0.7 倍）；第二次用钻头将孔扩大到所要求的直径。

（6）钻削时的冷却润滑：钻削钢件时常用机油或乳化液；钻削铝件时常用乳化液或煤油；钻削铸铁时用煤油。

7. 攻螺纹、套螺纹的操作

常用的三角螺纹工件，其螺纹除采用机械加工外，还可以用钳加工方法中的攻螺纹和套螺纹来获得。攻螺纹（亦称攻丝）是用丝锥在工件内圆柱面上加工出内螺纹；套螺纹（或称套丝、套扣）是用板牙在圆柱杆上加工外螺纹。

（1）攻螺纹

1）攻螺纹前底孔直径的确定

丝锥在攻螺纹的过程中，切削刃主要是切削金属，但还有挤压金属的作用，因而造成金属凸起并向牙尖流动的现象，所以攻螺纹前，钻削的孔径（即底孔）应大于螺纹内径。

2）攻螺纹的操作要点及注意事项

① 根据工件上螺纹孔的规格，正确选择丝锥，先头锥后二锥，不可颠倒使用。

② 工件装夹时，要使孔中心垂直于钳口，防止螺纹攻歪。

③ 用头锥攻螺纹时，先旋入 1～2 圈后，要检查丝锥是否与孔端面垂直（可目测或用直角尺在互相垂直的两个方向检查）。当切削部分已切入工件后，每转 1～2 圈应反转 1/4 圈，以便切屑断落；同时不能再施加压力（即只转动不加压），以免丝锥崩牙或攻出的螺纹齿较瘦。

④ 攻钢件上的内螺纹，要加机油润滑，可使螺纹光洁、省力和延长丝锥使用寿命；攻铸铁上的内螺纹可不加润滑剂，或者加煤油；攻铝及铝合金、紫铜上的内螺纹，可加乳化液。

⑤ 不要用嘴直接吹切屑，以防切屑飞入眼内。

（2）套螺纹

套螺纹与攻螺纹相同，套螺纹时有切削作用，也有挤压金属的作用。故套螺纹前必须检查圆桩直径。圆杆直径应稍小于螺纹的公称尺寸。

套螺纹前圆杆端部应倒角，使板牙容易对准工件中心，同时也容易切入。倒角长度应大于一个螺距，斜角为 15°～30°。

套螺纹的操作要点和注意事项：

1）每次套螺纹前应将板牙排屑槽内及螺纹内的切屑清除干净。

2）套螺纹前要检查圆杆直径大小和端部倒角。

3）套螺纹时切削扭矩很大，易损坏圆杆的已加工面，所以应使用硬木制的 V 形槽衬垫或用厚铜板作保护片来夹持工件。工件伸出钳口的长度，在不影响螺纹要求长度的前提下，应尽量短。

4）套螺纹时，板牙端面应与圆杆垂直，操作时用力要均匀。开始转动板牙时，要稍加压力，套入 3～4 牙后，可只转动而不加压，并经常反转，以便断屑。

5）在钢制圆杆上套螺纹时要加机油润滑。

6.2.3　吊装作业基本技能

在城市照明日常运行维护中对部分照明设施需要更换时，维护人员必须掌握一些较大型的照明设施吊装作业的基本技能。如中/高杆灯杆、混凝土灯杆、变压器、箱式变电箱（柜）等重型设备的吊装、移位等基本技能。下面主要介绍吊装作业时所使用的工具和使用的基本技能。

1. 工具的使用

（1）撬杠

也称撬棍，常用于中/高杆灯杆、混凝土杆等重物与地面接触部位，是用杠杆的原理使重物离开地面，垫以支撑物或使重物移动。使用时支点应垫硬木板，不得随意增加撬杠的长度，撬杠端部与重物接触时应选择重物有足够强度的部位，必要时垫以木板，以防损坏重物；使用时应双手握杠，双脚要立地站稳，缓慢均匀地用力。

（2）滚杠

常垫于变压器、箱式变电箱等重物之下并使重物能够移动。滚杠一般用厚壁无缝钢管制成，其长度应伸出被运物体底座边缘或底排的边缘。弯曲、裂纹、截面呈椭圆的滚杠禁止使用。

2. 绳索的使用

（1）白棕绳

即麻绳，白棕绳主要用于受力不大的缆风绳、溜绳等处，也有的用于起吊轻小物件。严禁用于机械传动和摩擦阻力大、速度快或有腐蚀性的吊装作业中。使用白棕绳时应先仔细检查，若磨损达直径的 30% 时应予以报废。使用时不得打结，不得碰击尖锐锋利之物，避免在粗糙物上拖拉，捆绑物体时应在尖角处垫以软质物。白棕绳的保管应防潮、防蛀、防化学物品、防高温等。

（2）钢丝绳

牵引用钢丝绳一般选用 6 股 37 丝加一个有机芯即 6×37＋1，缆风绳或吨位很小时则选用 6 股 19 丝加一个有机芯即 $6 \times 19 + 1$。

使用钢丝绳前应对其进行检查，当断丝数达到标准时应予以报废。钢丝绳使用时必须处理好端部的固定和连接，连接强度不得小于破断拉力的 75%。

钢丝绳的存放应保证干燥、通风、避免雨淋及接触腐蚀性物质。应保持其清洁并定期涂抹无水防锈油，并由有经验的起重工协助进行。

（3）吊索

也称千斤绳、带子绳，一般用 6×19 或 6×37 的钢丝绳制成。吊索是用来绑扎重物并为吊物提供吊点的索具。

（4）绳卡

绳卡与索具、套环配合，是夹紧钢丝绳末端用具。拧紧绳卡的螺母应均匀顺序拧紧，一般以压扁钢丝绳直径的 $1/4 \sim 1/3$ 为止。不得松弛，防止滑脱；不得过紧，防止损伤绳子。使用时因受力会拉紧变形，检查后应进行第二次拧紧。

3. 吊具

（1）卸扣

也称卡环，常与吊索配合使用。使用时绳索的拉力只能作用在弯曲部分和横销上；螺纹销子拧紧时应留有 $1 \sim 2$ 扣；光直销必须插上开口销子才能使用；使用时不得抛掷卸扣。

（2）吊钩

吊钩是起重机具与绳索或器具挂钩的着点，使用前必须进行检查，有任何不妥均应停止使用或进行检查或试验。卸去检验负荷时，吊钩不得有任何明显的变形和缺陷。

（3）螺旋扣

也称花篮螺丝，常用于拉紧钢丝绳并有调节松紧作用。使用时要注意其允许负荷必须大于被调整钢丝绳的最大拉力，同时应将两螺杆调整到对称位置并应留有不小于 10 扣的余量，调整好后应用钢丝绑扎，以免他人误动。

4. 绑扎方法

（1）平行吊装绑扎法

平行吊装绑扎法一般有两种。一种是用一个吊点，仅用于短小、重量轻的物品。在绑扎前应找准物件的重心，使被吊装的物件处于水平状态，这种方法简便实用，常采用单支吊索穿套结索法吊装作业。根据所吊物件的整体和松散性，选用单圈或双圈穿套结索法。

另一种是用两个吊点，这种吊装方法是绑扎在物件的两端，常采用双支穿套结索法和吊篮式结索法。

（2）垂直斜形吊装绑扎法

垂直斜形吊装绑扎法多用于物件外形尺寸较长、对物件安装有特殊要求的场合。其绑扎点多为一点绑法（也可两点绑扎）。绑扎位置在物体端部，绑扎时应根据物件质量选择吊索和卸扣，并采用双圈或双圈以上穿套结索法，防止物件吊起后发生滑脱。

（3）长方形物体的绑扎方法

长方形物体绑扎方法较多。应根据作业的类型、环境、设备的重心位置来确定。通常采用平行吊装两点绑扎法。如果物件重心居中可不用绑扎，采用兜挂法直接吊装。

（4）绑扎安全要求

1）用于绑扎的钢丝绳吊索不得用插接、打结或绳卡固定连接的方法缩短或加长。绑扎时锐角处应加防护衬垫，以防钢丝绳损坏。

2）采用穿套结索法，应选用足够长的吊索，以确保挡套处角度不超过 120°，且在挡套处不得向下施加损坏吊索的压紧力。

3）吊索绕过吊重的曲率半径应不小于该绳径的 2 倍。

4）绑扎吊运大型或薄壁物件时，应采取加固措施。

5）注意风荷载对物体引起的受力变化。

5. 起重机的选择

有条件的情况下，起重机是起重装卸作业的首选机械。起重机包括汽车式起重机、履带式起重机、轮胎式起重机等。选择起重机时必须满足起重量和作业高度、半径的要求，同时必须保证作业过程中吊件、臂杆、臂架及配重不得与周围其他物品相碰。

6.2.4　焊接技术基础及操作

这里讲述的焊接只限于电工作业中铁支架的制作、接地螺栓及接地线的焊接以及作业中不受压力、拉力及强度限制的小型构件的焊接和点焊上。

1. 交流弧焊机

交流弧焊机是最常用的焊机，使用前应检查接线是否正确，外壳是否可靠接地，有无漏电保护装置，接线端子是否松动，内部是否清洁。焊接过程中铁心不应有剧烈振动，器身重量不得超过规定值。使用时应配备合适的导线和熔断器，有故障应及时排除，不得带"病"操作，焊接完后应关掉电源，露天放置应有防雨措施。交流弧焊机的常见故障及排除方法见表 6-1。

交流弧焊机的常见故障及排除方法　　　　　　　　　　表 6-1

故障特征	产生原因	排除方法
变压器发热	1. 焊机过载 2. 绕组匝间短路 3. 铁心螺杆绝缘损坏	1. 减少使用的焊接电流 2. 用绝缘电阻表检查，消除短路 3. 恢复绝缘
变压器响声太大	1. 电抗线圈圈素乱 2. 可动铁心的制动螺钉或弹簧过松 3. 铁心活动部分的移动机构损坏	1. 整理固定线圈 2. 旋紧螺钉，调整弹簧的拉力 3. 检查修理移动机构
焊接过程中电流忽大忽小	1. 二次线与焊把、焊把与焊条接触不良 2. 可动铁心随焊机的振动而移动 3. 焊机内部接线松动	1. 二次线与焊把、焊把与焊条接触良好 2. 设法抑制可动铁心的移动 3. 修复内部接线
变压器外壳带电	1. 一次绕组或二次绕组碰壳 2. 电源线误碰罩壳 3. 焊机外壳及铁心未可靠接地或接地极设置不符合要求	1. 检查并消除碰壳处 2. 消除碰罩壳现象 3. 接地线

2. 手工电弧焊的基本操作

（1）引弧、运条和收弧

手工电弧焊的引弧有擦划法和碰击法两种，其中，擦划法引弧类似划火柴，是最易掌握的。碰击法引弧是将焊条迅速与焊件碰触后又迅速离开并保持较小的距离（毫米级）。

待正常后移至焊缝处进行焊接，如一次擦划或碰击不能引弧则应进行第二次。引弧后应在起弧处停留一会儿进行预热，然后再移向焊缝并做横向微摆动以保证熔深焊透。

手工焊运条的方法都是由直线运动、横向摆动和送进焊条三个动作合成的，其中横向摆动是关键动作，必须多次练习而熟练掌握。

收弧时应在焊点稍停片刻将熔池填满，然后迅速拉大焊条与焊点的距离，同时注意，拉灭电弧时不要在工件表面造成电焊擦伤。

更换焊条要快并清除接头处的熔渣，先在接头前 15～20mm 处引弧，然后将电弧退回，等弧坑全部熔透并填满后再继续向前焊接。

（2）操作要点

保证正确的焊条角度和掌握好运条动作、控制焊接熔池形状尺寸是手工电弧焊的基本操作要点。

平焊，焊条对焊接的角度，左右两侧应各为 90°。焊条与焊接前进方向的夹角一般为 70°～85°，同时，焊接时要注意熔渣和铁液混合不清的现象，要防止熔渣流到铁液前面，熔池应形成椭圆形，其表面要略为下凹。

立焊，焊条对焊接的角度，左右方向应各为 90°，与焊接前进方向的夹角为 100°～120°，使电弧略向上吹向熔池中池。焊第一道时，应压住电弧向上运条，同时做较小的横向摆动。其余各层用半圆形横向摆动加挑弧向上焊接。

点焊，只是在焊缝上焊一个点，因此要求动作迅速，并将该点焊接还未焊透为止。焊条直径、电流大小应按焊缝宽度、板厚以及动作的熟练程度选择。

（3）电气焊工操作规程

1）电气焊（气割、气焊）工、须经专业培训、持证上岗。工作前应穿戴好防护用品，认真检查电、气焊设备、机具的安全可靠性，对受压容器，密闭容器、管道，进行操作时，要事先检查，对有毒、有害、易燃、易爆物要冲洗干净。在容器内焊割要二人轮换，一人在外监护。照明电压应低于 36V。

2）严格执行"三级防火审批制度"。焊接场地禁止存放易燃易爆物品，按规定备有消防器材，保证足够的照明和良好的通风，严格执行"焊工十不焊割"的规定。

3）电焊机外壳应有效接地或接零，以及工作回线不准搭在易燃易爆物品上，也不准接在管道和机床设备上。工作回线，电源开关应绝缘良好，把手、焊钳的绝缘要牢固，电焊机要专人保管、维修，不用时切断电源，将导线盘放整齐，安放在干燥地带，绝不能放置露天淋雨暴晒，防止温升、受潮。

4）氧气瓶和乙炔瓶应有妥善堆放地点，周围不准明火作业、有火苗和吸烟，更不能让电焊导线或其带电导线在气瓶上通过。要避免频繁移动。禁止易燃气体与助燃气体混放，不可与铜、银、汞及其制品接触。使用中严禁用尽瓶中余气，压力要留有 1∶1.5 表压余气。

5）每个氧气和乙炔减压器上只许接一把割具，焊割前应检查瓶阀及管路接头处液管有无漏气，气路是否畅通，一切正常才能点火操作。点燃焊割具应先开适量乙炔后开少量氧气，用专用打火机点燃，禁止烟蒂点火，防止烧伤。

6）每个回火防止器只允许接一个焊具或割具，在焊割过程中遇到回火应立即关闭焊割具上的乙炔调节阀门，再关氧气调节阀门，稍后再打开氧气阀吹掉余温。

7）严禁同时开启氧气和乙炔阀门，或用手及物体堵塞焊割嘴，防止氧气倒流入乙炔发生器内发生爆炸事故。

8）工作后严格检查和清除一切火种，关闭所有气瓶阀门，切断电源。

（4）焊条直径的选择和保管

1）被焊件：板厚度越厚、焊缝越宽、电流越大，选用的焊条越粗，相反，选用的焊条越细。

2）焊条的烘干：由于焊条药皮的成分及性能、空气湿度、保存方式、储存时间等因素，焊条易吸湿吸潮而造成电弧不稳、飞溅增大并易产生气孔、裂纹等。因此，焊条在使用前应烘干。一般酸性焊条烘干温度为150～250℃，烘干时间为1h；碱性焊条必须在300～400℃烘干1～2h。烘干后的焊条最好放在100～150℃的保温桶内。焊条不宜多次反复烘干，要随用随烘，用多少烘多少。

3）焊条的保管：搬运存放时不得将包装损坏，以防药皮脱落；焊条应保存在干燥、通风的仓库内，室温在10～25℃为宜，相对湿度一般不大于50%。焊条应放在货架上，距地、距墙应大于300mm，上下左右均应有适当的空间。焊条的说明书、合格证要妥善保存。焊条弯曲到120°时若有药皮脱落或药皮无裂纹则为受潮，若焊芯两端有锈则为受潮，焊接中焊条有水蒸气则为受潮。

6.2.5　喷灯操作的基本技能

喷灯是喷射高温火焰并携带密封贮油容器的工具，适用于移动烘烤物体。例如：热塑电缆头制作、烘铲油漆等的焊接，不适用于工矿企业的产品、机械零件的加温、焊接、热处理等静止烘烤的用途。

1. 启用喷灯之前必须检查调试

使用前应检查油的类型（不能混装），油量（应少于四分之三）；是否漏气（丝扣）漏油；油桶底部是否变形外凸；气道是否畅通，喷嘴是否堵塞，主要检查调试以下几个方面：

（1）检查气动泵：如发现皮碗已干枯，必须加入少量机油，使其软化润滑。加油后旋紧密封部位，打气加压数十下，如发现打气柄自动上移，说明逆止阀有回油渗漏现象，排除后才能投入使用。

（2）检查泄压阀：加满油后旋紧密封部位，打气加压数十下，直至泄压阀打开跑气，泄压阀能正常工作。如不能打开跑气，放气后旋下加油盖，用相应的钢丝通向加油盖泄压孔，向上顶开泄压阀，使其正常泄压。

（3）检查密封：加油后旋紧密封部位，打气加压，检查各部位是否密封，如螺纹部位渗漏，按顺时针方向旋紧即可，若旋紧后仍有渗漏现象，不可再投入使用。

（4）检查油量：旋开加油盖，按照规定用油种类，将洁净油通过装有过滤网的漏斗，灌入灯壶七成满。如果连续使用，必须待灯头完全冷却后才能加油。

（5）检查油路：打气加压后打开手轮喷油，如直线喷油，证明油路通畅，如若堵塞可用通针疏通，或放气后旋下喷嘴清洗。

（6）生火：将预热杯中加满油及引火物，但油料不得溢到灯壶上，在避风处点燃预热灯头，当预热杯中油将要烧尽时，旋紧加油盖，泵盖，打气3～5下后把手轮缓缓旋开，火焰自行喷出。

2. 使用步骤

（1）点火：关闭油门，适当打气，打气时油桶不能与地面摩擦；火力正常时，不宜多打气。

点火时，应在避风处，远离带电设备，喷嘴不能对准易燃物品，人应站在喷灯的一侧，灯与灯之间不能互相点火。

点火碗点燃，待喷嘴烧热后，逐渐打开油量调节阀。

（2）开始工作：初步火焰如正常，继续打气直至强大火焰喷出。火焰如有气喘状态，调节手轮即可正常工作。在使用柴油喷灯或煤油喷灯时，一定要使灯头充分预热，才能正常工作。

（3）使用过程中要经常检查油量是否过少，灯体是否过热，安全阀是否有效。

（4）使用后将手轮按顺时针方向关闭油门熄火，灯嘴慢慢冷却后，旋开放气阀；喷灯擦拭干净，放到安全的地方存放。

3. 注意事项

在使用过程中严禁烘烤物体，严禁用被烘烤物体所产生的高温反射灯壶，严禁用喷灯或其他工具的高温火焰预热灯头，严禁在近距离内（2m 以内）用两只或两只以上喷灯同时投入使用，严禁使用后放置在烈日下暴晒。严禁把预热的火焰烧到灯壶上，严禁使用劣质燃料，因为灯壶是一个密封储油容器，受到高温烘烤和使用劣质燃料，容易发生爆炸事故。

（1）不得任意拆换零部件，一旦拆换后产品的整体性能被破坏，容易发生事故。

（2）不得自行调节泄压阀，泄压阀是自动调节工作压力的装置，自动调节失灵后，火焰不能正常工作。泄压阀不是防爆装置。

（3）不得任意拆卸进油阀，如拆卸后必须更换石墨垫圈，否则会造成进油阀漏油引起火烧伤人身事故。

（4）不得用有垃圾杂物的油料加入灯壶，否则会造成手动泵逆止阀失灵。灯壶内必须经常清洗。使用过程中如发现打气柄自动上移，应立即停止使用。

（5）不得带火、带气修理，在使用过程中发现渗漏现象应立即将手轮按顺时针方向关闭，待冷却放气后，才能检查修理。

（6）不得让未经专业训练的人员，尚未掌握说明书内容的人员操作喷灯。

汽油喷灯只能使用汽油。因为煤油和柴油汽化程度差，火力弱，还容易污染喷嘴，造成使用功能下降。

4. 喷灯安全操作要点

（1）使用前必须检查。漏气、漏油者，不准使用。不准放在火炉上加热。加油不可太满，充气气压不可过高。

（2）点燃后不准倒放，不准加油。需要加油时，必须将火熄灭、冷却后再加油。不准长时间、近距离对着地面、墙壁燃烧。

（3）在人孔、电缆地下室以及易燃物附近，不准使用喷灯、不准加油。

（4）使用完毕应及时放气，并开关一次油门，以避免油门堵塞。

（5）喷灯是封焊电缆的专用工具，不准用于烧水、烧饭或其他用途。

6.3　运行维护常用检测仪表及仪器

6.3.1　钳形电流表

钳形电流表又称为钳表，它是测量交流电流的专用电工仪表。一般用于不断开电路测量电流的场合。

（1）根据被测量及其大小的范围选择测量挡位，如果不可估算，则应从最大值开始，然后再渐渐减小，直到示值正确。

（2）如果测量电流，用手握住手柄，并按动手钳将钳口张开，将被测导线（绝缘导线）放入钳口内然后松开手钳，将钳口闭合，导线正好穿入钳口。

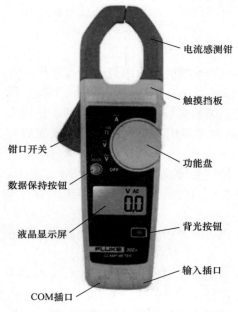

电流感测钳

触摸挡板

钳口开关

功能盘

数据保持按钮

液晶显示屏

背光按钮

输入插口

COM插口

图 6-13　钳形电流表示意图

（3）从表盘上读出数值。读数时要结合转换开关所指的范围，并根据指针的指示读数。

（4）如果用来测量电压，则应先将选择开关打在"V"上，然后估算被测值，将表笔插在相应的插孔上，然后用两只表笔同时触及被测点，表盘指针读数即为所测值。

（5）使用钳形电流表时，如果选挡不当，应先将导线取出钳口再调整转换开关，不得带负荷调整，以免将指针打弯。

（6）指针式钳形电流表使用时应先检查指针是否在零位，否则应进行调整；钳形电流表应保持钳口处的光洁，不得有污垢油迹；发现全部量程不通时，应检查内部的熔断管是否烧断；使用后应把量程开关打到最大位置上，见图6-13。

6.3.2　万用表

万用表又称为复用表、多用表、三用表、繁用表等，是电力电子等部门不可缺少的测量仪表，一般以测量电压、电流和电阻为主要目的。

（1）使用前应熟悉万用表各项功能，根据被测量的对象，正确选用挡位、量程及表笔插孔。

（2）在对被测数据大小不明时，应先将量程开关，置于最大值，而后由大量程往小量程挡处切换，使仪表指针指示在满刻度的1/2以上处即可。

（3）测量电阻时，在选择了适当倍率挡后，将两表笔相碰使指针指在零位，如指针偏离零位，应调节"调零"旋钮，使指针归零，以保证测量结果准确。如不能调零或数显表发出低电压报警，应及时检查。

（4）在测量某电路电阻时，必须切断被测电路的电源，不得带电测量。

（5）使用万用表进行测量时，要注意人身和仪表设备的安全，测试中不得用手触摸表笔的金属部分，不允许带电切换挡位开关，以确保测量准确，避免发生触电和烧毁仪表等事故。

（6）指针式万用表在使用时，必须水平放置，以免造成误差。同时，还要注意到避免外界磁场对万用表的影响。

（7）万用表使用完毕，应将转换开关置于交流电压的最大挡。如果长期不使用，还应将万用表内部的电池取出来，以免电池腐蚀表内其他器件。

6.3.3 绝缘电阻表

兆欧表也叫绝缘电阻表。它是测量绝缘电阻最常用的仪表，用来测量最大电阻值、绝缘电阻、吸收比以及极化指数的专用仪表，它的标度单位是兆欧，它本身带有高压电源。

兆欧表在工作时，自身产生高电压，而测量对象又是电气设备，所以必须正确使用，否则就会造成人身或设备事故。使用前，首先要做好以下各种准备：

（1）测量前对可能感应出高压电的设备必须关闭，清扫被测物表面，各接线柱之间不能短接，确保测量结果的正确性。

（2）将机械式兆欧表保持水平位置，左手按住表身，右手摇动兆欧表摇柄，转速约 120r/min，指针应指向无穷大（∞），否则说明兆欧表有故障。

（3）切断被测电器及回路的电源，并对相关元件进行临时接地放电，以保证人身与兆欧表的安全和测量结果准确。

（4）测量时必须正确接线。兆欧表共有 3 个接线端（L、E、G）。测量回路对地电阻时，L 端与回路的裸露导体连接，E 端连接接地线或金属外壳；测量回路的绝缘电阻时，回路的首端与尾端分别与 L、E 连接；测量电缆的绝缘电阻时，为防止电缆表面泄漏电流对测量精度产生影响，应将电缆的屏蔽层接至 G 端。

（5）兆欧表接线柱引出的测量软线绝缘应良好，两根导线之间和导线与地之间应保持适当距离，以免影响测量精度。

6.3.4 接地电阻测试仪

接地电阻测试仪适用于测量各种接地装置的接地电阻和土壤电阻率。接地电阻测试仪俗称接地摇表，其电流极与电压极是随仪表配套的专门装置，俗称探针，其导线也是随仪表配套的。

1. 机械式接地电阻测量仪的测量方法

以 ZC-8 型为例，该接地电阻测量仪（图 6-14），由三个接线端子 E、P、C 分别接于被测接地体（E′）、电压极（P′）和电流极（C′），以大约 120r/min 的速度转动手柄时，摇表内产生的交变电流将沿被测接地体和电流极形成回路，调节粗调旋钮及细调拨盘，使表针指在中间位置，这时便可读出被测接地电阻值。

具体测量步骤如下：

（1）拆开接地干线与接地体的连接点。

（2）将两支测量接地棒分别插入离接地体 20m 和 40m 远的地中，深度约 400mm。

（3）把接地摇表放置于接地体附近平整的地方，然后用最短的一根连接线连接到仪表的接线柱（E）和被测接地体（E′），用较长的一根连接线连接仪表上接线柱（P）和 20m 远处的接地棒（P′），用最长的一根连接线连接仪表上接线柱（C）和 40m 远处的接地棒（C′）。

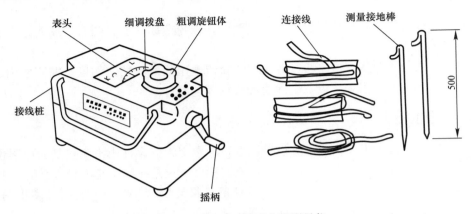

图 6-14　ZC-8 型接地电阻测量仪

（4）根据被测接地体的估计电阻值，调节好粗调旋钮。

（5）以大约 120r/min 的转速摇动手柄，当表指针偏离中心时，边摇动手柄边调节细调拨盘，直至表针居中稳定后为止。

（6）细调拨盘的读数乘以粗调旋钮倍数，得到被测接地体的接地电阻值。

现场测量接线示意图，见图 6-15。

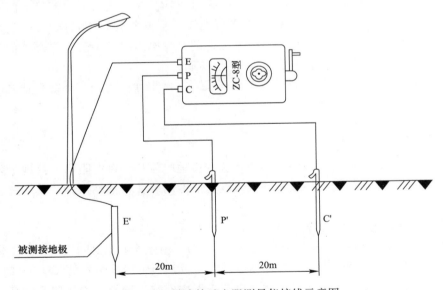

图 6-15　机械式接地电阻测量仪接线示意图

2. 数字接地电阻测量仪的测量方法

数字接地电阻测量仪摒弃传统的人工手摇发电工作方式，采用先进的中大规模集成电路，应用 DC/AC 变换技术，是新型的接地电阻测量仪。以 TES-1605 型为例，其工作原理为：电机内 DC/AC 变换器将直流变为交流的低频恒流，接线示意图如图 6-16 所示，经过辅助接地极（C′）和被测物（E′）组成回路，被测物上产生交流压降，经辅助接地极

（P′）送入交流放大器放大，再经过检波送入表头显示。借助倍率开关，可得到三个不同的量限：0～2Ω、0～20Ω、0～200Ω。其结构原理图，如图6-17所示。

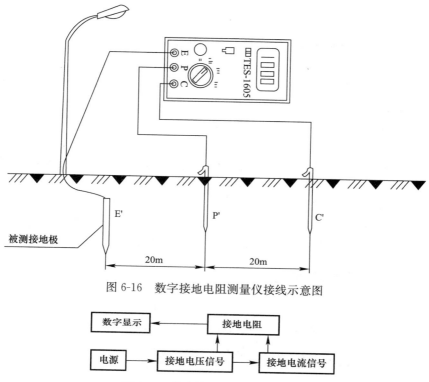

图 6-16 数字接地电阻测量仪接线示意图

图 6-17 数字接地电阻测量原理图

3. 现场测量时注意事项

（1）接地线路要与被保护设备断开，以保证测量结果的准确性。

（2）被测地极附近不能有杂散电流和已极化的土壤。

（3）下雨后和土壤吸收水分太多的时候，以及气候、温度、压力等急剧变化时不能测量。

（4）探测针应远离地下水管、电缆、铁路等较大金属体，其中电流极应远离10m以上，电压极应远离50m以上，如上述金属体与接地网没有连接时，可缩短距离1/3～1/2。

（5）连接线应使用绝缘良好的导线，以免有漏电现象。

（6）注意电流极插入土壤的位置，应使接地棒处于零电位的状态。

（7）测试宜选择土壤电阻率大的时候进行，如初冬或夏季干燥季节时进行。

（8）测试现场不能有电解物质和腐烂尸体，以免造成错觉。

（9）当接地电阻测试仪灵敏度过高时，可将电位探针电压极插入土壤中浅一些，当灵敏度不够时，可沿探针注水使其湿润。

（10）随时检查仪表的准确性。

（11）接地电阻测试仪应保存在室内，保持其环境温度0～40℃，相对湿度不超过80%，且在空气中不能含有足以引起腐蚀的有害物质。

（12）测试仪在使用、搬运、存放时应避免强烈震动。

4. 在测量接地电阻时，有些因素会造成接地电阻不准确，应综合进行处理，减小可能产生的误差

（1）周边土壤构成不一致，地质不一致，紧密、干湿程度不一样，具有分散性，地表面杂散电流、特别是架空地线、地下水管、电缆外皮等，对测量影响特别大。解决的方法是，取不同的点进行测量，取平均值。

（2）辅助接地极电阻过大。解决的方法是，在地桩处泼水或使用降阻剂降低电流极的接地电阻。

（3）测试夹与接地测量点接触电阻过大。解决的方法是，将接触点用锉刀或砂纸磨光，用测试线夹子充分夹好磨光触点。

（4）干扰影响。解决的方法，调整放线方向，尽量避开干扰大的方向，使仪表读数减少跳动。

接地电阻的测量值的准确性，是我们判断接地是否良好的重要因素之一。测值一旦不准确，要不就要浪费人力物力（测值偏大），要不就会给接地设备带来安全隐患（测值偏小）。所以在我们工作中一定要正确使用测量工具，科学制定测量方法。

6.3.5　脉冲式电缆故障探测仪

电缆故障测试仪能对电缆的高阻闪络故障，高低阻性的接地，短路和电缆的断线，接触不良等故障进行测试，若配备声测法定点仪，可准确测定故障点的精确位置。特别适用于测试各种型号、不同等级电压的电力电缆及通信电缆。

1. 测试前的准备工作

（1）仪器正常状态的检查

使用仪器前，可按以下步骤，检查仪器是否正常工作。

脉冲触发工作状态下，按下电源开键，液晶显示屏上将显示仪器主视窗口，显示屏上有故障距离、波速、测量范围、比例等字样及数据。

按面板"◀或▶"键，仪器中间位置的活动光标将会移动，此时，故障距离数据相应变动。

调节增益电位器，仪器屏上显示的波形幅度将会增大或减小。

按照前述范围菜单操作步骤，改变测量范围，仪器显示屏上测量范围和发射脉冲宽度将发生相应变化，至此，表明仪器工作正常。

（2）故障种类的初步判断

测试前对故障原因和种类的分析是很必要的。可选用通用仪表如欧姆表、兆欧表等结合现场情况和实际经验作初步分析判断。

（3）选择触发工作方式

如果是断线、接触不良、低阻接地与短路故障，应采用脉冲法。若为电力电缆的高阻闪络故障则应采用闪络法，并将触发工作方式选择开关置于相应的位置。

2. 仪器的使用和故障测试方法

（1）低压脉冲法

低压脉冲法的适用范围是通信和电力电缆的断线，接触不良，低阻性接地和短路故障以及电缆的全长和波速的测量。

一般步骤如下：

1）将面板上触发工作方式开关置于"脉冲"位置。

2）将测试线插入仪器面板上输入插座内，再将测试线的接线夹与被测电缆相连。若为接地故障应将黑色夹子与被测电缆的地线相连。

3）断开被测电缆线对的局内设备。

4）搜索故障回波及判断故障性质。使仪器增益最大，观察屏幕上有无反射脉冲，若没有，则改变测量范围，每改变一档范围并观察有无反射脉冲，一档一档地搜索并仔细观察，至搜索到反射脉冲时为止。故障性质由反射回波的极性判断。若反射脉冲为正脉冲，则为开路断线故障，若反射脉冲为负脉冲，则为短路或接地故障。

5）距离测试，按增益控制键"▲或▼"使反射脉冲前沿最陡。然后按光标移动键"◀或▶"三秒，光标自动移至故障回波的前沿拐点处自动停下，此时屏幕上方显示的距离即为故障点到测试端的距离。

（2）直流高压闪络法

1）检查触发工作方式选择开关位置于闪络位置，传播速度应为被测电缆的波速值。

2）适用范围：故障点阻很高，尚未形成稳定通道，在一定的直流高压作用下，可产生闪络放电故障的电力电缆（即高阻闪络性故障）。预防性进穿电压试验一般采用此法测试。

3）直流高压闪络故障持续时间有长有短，短的仅闪络几次即消失。直闪法波形简单，容易判断，故障测量的准确度较高，因此应珍惜该过程的测试。

4）在实际测试时利用高压设备和高压测试装置，按如图 6-18 所示线路连接。

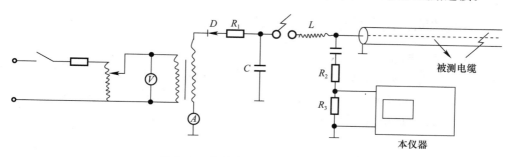

图 6-18　直流高压闪络法测试原理图

5）接通仪器电源，屏幕出现视窗。然后逐步调节调压器升高测试电压，当故障点产生闪络现象时，毫安表中电流突然增大，电压表指针抖动。显示屏上应出现波形图案，由此可知电缆故障距离。

6）高压直闪法的试验电压高几千伏至几十千伏，应遵守高压操作规程。应将高压试验设备的接地端，高压测试装置的地线端和仪器的地线直接接至电缆铅包，铅包要可靠地接大地。使用前应检查高压测试装置内的水阻及分压电阻是否正确。

（3）冲击高压闪络法

1）冲闪法的适用范围：故障电阻虽高但已形成稳定通道的电力电缆，高压设备受容量限制，直流电压加不上压，应改用冲闪法。其方法是通过放电球间隙向电压加冲击高压，使故障点击穿产生闪络。凡直闪法和脉冲法无法测出的故障原则上均可用此法测试，适应范围较大。

2）同样须先检查工作方式开关是否置于闪络位置，高压测试装置中水阴及分压电阻是否正确。

3）按图 6-18 所示线路连接设备。其中储能电容 C 要求大于 $1\mu F$，耐压应能满足试验要求。其他设备要求与直闪法相同。电感一般取高压测试装置中的 2 或 3，也可视被测电缆段的长度或根据反射波形适当增大或减小。

4）测试方法：调节调压器升高试验电压至故障能被击穿为止。高压测试装置放电调节器球间隙的距离应视故障电阻和试验电压能正常放电决定。冲击闪络故障点放电正常与否可由放电的全过程波形判断。

5）亦可由球间隙放电响声及电表指示判断是否出现故障点击穿闪络现象。若放电不好可适当提高试验电压，加大球间隙距离或加大储能电容器的容量。

6）故障距离的测试与前述方法相同。

3. 注意事项

（1）脉冲法测试时，注意要甩掉局内所有设备，在最外线上进行测量。

（2）使用闪络法测试时，必须将触发工作方式开关置于"闪络"位置。

（3）在使用直闪法或冲闪法测试时，要注意人身安全及设备安全，必须接好地线。

（4）在闪络法测试结束后，切断电源，拆除本仪器与高压测试装置的连接线，再对高压电容器和电缆的所贮电荷进行放电。

（5）在直闪法测试过程中，必须注意监视故障的泄漏电流，若电流突然增大，故障闪络现象未曾出现，应立即降低试验电压，改用冲闪法测试。

6.3.6 景观照明常用主控维护操作技能

1. DMX512 控制器的基本操作

DMX512 控制系统由演示效果设计软件（在计算机上使用）、主控器和 LED 灯具陈列组成，系统构架如图 6-19 所示。每个 DMX512 控制器最多驱动 512 路对象，对于多于 512 路控制对象的系统，可以采用多个控制器并联工作，控制器之间通过同步信息进行同步工作。

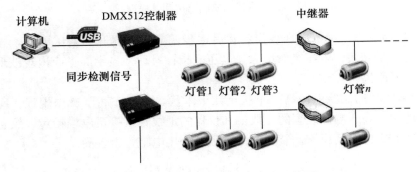

图 6-19 DMX512 控制器的基本连接图

（1）效果设计软件的主要功能

1）系统设置

根据规划好的灯具物理布局在计算机中编排灯具，包括灯具放置位置的确定，灯具分组以及灯具属性的设置。

2）设计演示效果

对于同一个灯具布局，可以根据需求设计多种演示效果。

3）效果仿真

每个效果设计完成后，是否合适，可以用效果仿真功能进行仿真。

4）演示效果数据管理

所有设计好的演示效果可以导入数据中进行管理。

5）演示效果数据下载

可从效果库中选择部分效果数据下载到 DMX512 控制器中，该过程需要将 DMX512 控制器与计算机进行连接。而操作其他的任何功能，DMX512 控制器与计算机是否连接不是必要条件。

（2）DMX512 控制器的主要功能

1）在与计算机连接的情况下，可以接收计算软件下达的指令，并完成相应的工作（主要为演示数据下载）。

2）最多连接 512 个控制对象，此对象并非灯具，一个灯具内可能具有多个控制对象，如一组 RGB 视为三个控制对象。

3）通过控制器上的按键进行节目选择，演示速度设置等。

4）根据设置，进行效果演示，即将效果数据发送给灯具陈列，实现演示效果。

5）多个控制器可以通过同步信号进行同步并联工作。

2. 解码器及灯具地址码的更新维护操作

本书以 MR-WT03e 解码器为例：

（1）连接解码器 ab 出线到灯具控制线。

（2）打开解码器选择写地址功能，如图 6-20（a）所示。

（3）选择类型和芯片，一般使用 UCS 和 UCS512C，设置灯具号 0001，通道 004，地址 0-所需地址，如图 6-20（b）所示。

（6）按下"写地址"按键，等待 10s 后写入成功，如图 6-20（c）所示。

6.3.7 控制系统相关设施操作技能

1. 网线钳使用操作

网线钳是用来压接网线或电话线与水晶头连接的工具，也称网络端子钳、网络钳、线缆压接钳、网线钳等。网线钳压制双绞线的具体操作如下：

（1）用双绞线剥线器或压线钳将双绞线的外皮除去 15mm 左右。

（2）将裸露的双绞线中的橙色对线拨向左方，棕色对线拨向右方，将绿色对线与蓝色对线放在中间位置。

（3）遵循 T568B 的标准，将线对的颜色按顺序排列好，左起依次为：白橙、橙、白绿、蓝、白蓝、绿、白棕、棕。

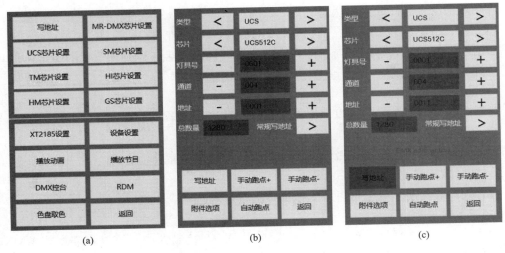

图 6-20　解码器及灯具地址码的更新维护操作图

（4）将排列好线序的双绞线用压线钳的剪线口剪下，剩约 12mm 的长度。确保各色线的线头整齐、长度一致。

（5）将双绞线的每一根线依序放入 RJ-45 水晶头的引脚内，第一只引脚内应该放白橙色的线，其余类推。

（6）确定双绞线的每根线已经正确放置之后，用 RJ-45 压线钳压接。

2. 光纤熔断器的使用操作

（1）将黑色保护外皮包裹的光纤从收容箱的后方接口放入光纤收容箱中，在光纤收容箱中将光纤环绕并固定好，防止日常使用时松动。

（2）将需要连接的光纤外表去皮，长度约 1.5m，铠甲层预留 25mm，中心加强钢丝绳预留 70mm。

（3）在熔接工作开始之前，必须对玻璃丝进行清洁。比较普遍的方法就是用纸巾沾上酒精，然后擦拭清洁每一小根光纤。

（4）清洁完毕后，给需要熔接的两根光纤分别套上光纤热缩套管，光纤热缩套管主要用于在玻璃丝对接好后套在连接处，经过加热形成新的保护层。

（5）将清洁完毕的玻璃丝放入垂直切割器切割，确保两端成垂直面，以达到最佳传输品质。

（6）将玻璃丝固定，按"SET"键开始熔接，等待几秒钟后就完成了光纤的熔接工作。可以通过光纤熔接器的显示屏观察到两端玻璃丝的对接情况。如果两根光纤中心轴有微小偏差仪器会自动调节对正，也可以通过按钮 X、Y 手动调节位置。

（7）熔接完的光纤玻璃丝还露在外头，很容易折断。使用刚刚套上的热缩套管进行固定，将套好光纤热缩套管的光纤放到加热器中，按"HEAT"键加热 10s，至此完成了一个线芯的熔接工作。

3. 使用光纤熔断器排查光纤断点的操作

把能够正常连接的光纤头插入光纤信号测量仪，就可验出光纤断点是在几百～几千米之间，然后采用目视的方法人工排查断点位置。

6.3.8　道路照明照度的测量方法

1. 测量的路段、范围和布点方法

（1）测量路段的选择：宜选择灯间距、高度、悬挑、仰角和光源一致性等方面典型的平坦路段。

（2）照度测量的路段范围：在道路纵向应为同一侧两根灯杆之间的区域，而在道路横向，当灯具采用单侧布灯时，应为整条路宽；对称布灯、中心对称布灯和双侧交错布灯时，只取 1/2 的路宽。

（3）照度测量的布点方法：应将测量路段划分为若干大小相等的矩形网格。当路面的照度均匀度比较差或对测量的精确度要求较高时，划分的网格数可多一些。当两灯杆间距小于或等于 50m 时，只沿道路（直道或弯道）纵向将间距 10 等分；当两灯杆间距离大于 50m 时，测点纵向间距小于 5m。在道路横向宜将每条车道二等分或三等分。当路面的照度均匀度较好或对测量的精确度要求较低时，划分的网格数可少一些。纵向网格边长可按上述的规定取值，而道路横向的网格边长可取每条车道的宽度。

（4）照明现场的电参数测量应包括以下内容：单个照明灯具的电气参数，如工作电流、输入功率、功率因数、谐波含量等；照明系统的电气参数，如电源电压、工作电流、线路压降、系统功率、功率因数、谐波含量等。测量宜采用有记忆功能的数字式电气测量仪表。

2. 路面照度的现场测量

路面照度概念，通常路面上某一点照度，有两层意思，一是指包含该点的小面元（由接收器尺寸所决定）上的平均照度；二是指除了特别指明外，一般照度是指该点在水平面上的照度，即水平照度。

测量时先把被测路面划分成许多小网格，并认为每块小网格的照度分布是均匀的；然后测出每块小网格上的照度；最后把各小网格上的照度值与其所对应的小网格的面积相乘并求和，再除以这些小网格面积的总和，便得出被测路面的平均照度。由此可见，测量某一段路面的平均照度时，首先要把该段路面划分成许多小网格（通常是面积相等的正方形或长方形），进而测出每个网格上的照度，然后进行数据计算，就可得出平均照度。实际上，平均照度是指射入路面的光通量与该路面面积的比值。

（1）道路照明主次干道的照度测量

进行照度测量时，要选择能够代表被测道路照明状况的地段，比如，有一条道路，灯具安装间距最小为 35m，最大为 40m，多数为 37m，则应选择间距为 37m 的地段作为测量场地；此外，光源的一致性，灯具安装（包括悬臂长度、仰角、安装高度等）的规整性也应予以考虑。测量场地在纵方向（沿道路走向）应包括同一侧的两个灯杆之间的区域，而在横方向，单侧布灯应考虑整个路宽，双侧交错和双侧对称布灯或中心对称布灯可考虑 1/2 路宽。当需考虑环境照明状况时，横方向测量区应从路缘向外扩展，应考虑 1.5 倍车道宽度。

照度测量方法。照度测量的测点高度应为路面，可选取四点法和中心点法两种照度测量方法。

1）四点法。把同一侧两灯杆间的测量路段划分成若干个大小相等的矩形网格，把测点设在每个矩形网格的四角。这种布点方法的基础是假定四个角上测得的照度的平均值代表了整个网格的照度。

2）中心点法。把同一侧两灯杆间的测量路段划分成若干个大小相等的矩形网格，把测点设在每个矩形网格的中心。这种布点方法的基础是假定网格中心测得的照度代表了整个网格的照度。

采用这两种布点方法，比较起来测量点数目相差不多，但从测量结果来看计算平均照度的繁简程度会稍有不同。实际布点时，无论采用哪一种方法都没有必要完整地先画好网格然后再去布点，可通过先丈量和计算，在路面上直接标出测量点。

（2）交会区的照度测量

交会区的测量测点可按车道宽度均匀布点，车道未经过的区域上的测点可由车道上的测点均匀外延形成，照度测量应测量地面水平照度。同一交会区同一种类照明光源的现场显色指数和色温测点不应少于9个。

（3）人行道的照度测量

人行道的照度测量应选择能代表该条道路的路段，根据照明布置测量两灯杆间距，当车行道的照明对人行道的照明有影响时，照度测量路段应关联考虑。照度测点宜在道路横向将道路两等分，在道路纵向将两灯杆间距10等分，但测点间距不应大于5m。

人行道的照明测量应测量地面水平照度和1.5m高度上的垂直照度、显色指数、色温和照明功率密度。同一测量路段的现场显色指数和色温测点不应少于9个。

半柱面照度通常用来衡量人行道和自行车道的照明效果。在行人较多的区域，夜间照明的主要目的是能够迅速识别前方地面上的障碍物和一定距离内的行人，如果只有水平照度，如要识别前方行人面部特征和垂直面上的目标，就没有足够的时间来辨识前方的行人和障碍物。从研究结果表明，辨别前方目标的最小距离约4m处离地面1.5m高度（人脸的平均高度）有0.8lx照度均能满足辨认要求。在10m处所需推荐的半柱面照度为2.7lx，为了确保在任何位置有足够高的辨认概率，CIE第92号出版物推荐了半柱面照度的概念，如图6-21所示。

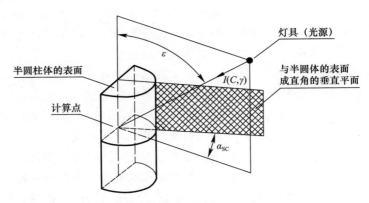

图 6-21 计算半柱面照度示意图

（4）人行地道的照度测量

人行地道的水平路段照明测量应测量地面水平照度和1.5m高度上的垂直照度，测点间距按 2～5m 选择均匀布点。上下台阶通道或坡道应测量台阶面水平照度和各台阶踢板垂直照度或坡道面的照度；测点在上下台阶通道或坡道横向两等分或三等分，纵向宜将上下台阶通道或坡道间距分成 5～10 等分。

照明功率密度的测量与照度测量区域相对应，现场显色指数和色温每个场所测点不应少于 9 个。

（5）广场照度测量

广场照明测量应选择典型区域或整个场地进行照度测量，对于完全对称布置照明装置的规则场地，可测量二分之一或四分之一的场地。照度测量的平面和高度应在已划分网格的测量场地地面上测量照度，也可根据广场实际情况确定所需要测量平面的高度。

广场场地宜划分为边长 5～10m 的矩形网格，网格形状宜为正方形，可在网格中心或网格四角上测量照度。

城市道路照明测量的计算方法：参见《城市道路照明设计》一书第 6 章 "道路照明现场测量"。

6.3.9 道路照明亮度测量方法

1. 亮度测量的路段范围和布点方法

亮度测量的路段范围：在道路纵向应当从一根灯杆起 60～160m 以内的区域（图 6-22），至少应包括同一侧两根灯杆之间的区域。对于交错布灯，应为观测方向右侧两根灯杆之间区域，在道路横向应为整条路宽。

亮度测量的布点方法：若仅用积分亮度计测量路面平均亮度时，不用布点；若用亮度计测量各测点亮度时，应布点。在道路纵向，当同一侧两灯杆间距小于或等于 50m 时，通常应在两灯杆间按等间距布置 10 个测点；当两灯杆间距大于 50m 时，应按两测点间距小于或等于 5m 的原则确定测点数；在道路横向，在每条车道横向应布置 5 个测点，中间一点应位于车道的中心线上，两侧最外面的两点应分别位于距每条车道两侧边界线的 1/10 车道宽处。当亮度均匀度较好或对测量的准确度要求较低时，在每条车道横向可布置 3 个点，其中间一点应位于每条车道中心线上，两侧的两个点应分别位于距每条车道两侧边界线的 1/10 车道宽处。

2. 亮度测量的路段范围和布点方法

路面亮度的实际测量和照度测量相比更为重要。这是因为：①CIE 及多数国家的道路照明标准都采用亮度值；②固然现在进行道路照明设计时，亮度可预先进行计算，但由于影响因素很多，而且计算时可供采用的各种基本参数可能不那么全，因此照明设施投入运行后路面的实际亮度和原先设计的可能有较大出入，有必要通过实测来确定汽车驾驶员所感受到的实际亮度值。

路面亮度概念。通常测量路面某一点的亮度和测量某一点的照度一样，是包含了该点在内的具有一定大小面积上的平均亮度。面积的大小取决于测量时所用的亮度计视场角的大小。当然无论所用的亮度计视场角有多小，围绕该点的面积比测量该点照度时围绕该点面积要大许多倍。这主要是因为测量路面上某点的照度时，是把照度计的接收器放在该点上，直接接收各灯具射入它上面的光；而测量该点的亮度时，要把亮度计放在距该点一定距离处，令亮度计瞄准该点，这时亮度计所接收到的就是包括了该点在内的比较大的一块面积上的反射光了。

　　测量路面亮度时，测量区域及测量点数量与路面宽度（车道数）及灯具的布置方式有关。观测点的高度和位置如图 6-22 所示，其观察者的观测点的高度为 1.5m，观测点的纵向位置距第一横排路灯 60m 处，观测点的横向位置位于道路右侧 1/4 路宽处。车道数量和灯具布置方式不同的几种道路在测量路面平均亮度、亮度均匀度时的观测点数量、位置、测量区域、观测方向及测点均布透视图详见《城市道路照明设计》一书第 6 章 "道路照明现场测量"。

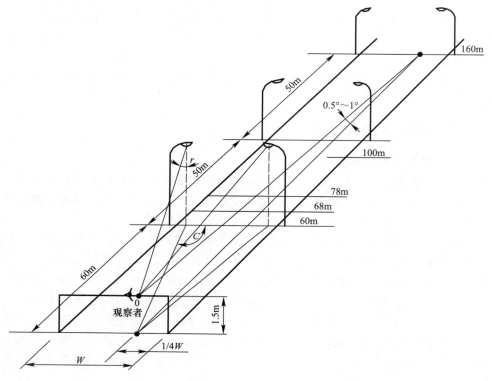

图 6-22　观察者前方 60～160m 路面透视图

6.3.10　建筑景观照明亮度检测方法

　　建筑景观照明亮度需要测得局部亮度或建筑整体亮度，才能正确评估是否达到设计效果。如通过不同构件间的亮度对比来表现层次，需要分别测得某个构件上的亮度，此时需要把其他非相关构件去除测量区域；而测量整体建筑的表面亮度时，需将天空、地面以及其他相邻建筑区分开。图 6-23（a）、（b）、（c）是三种常见景观照明方式：图 6-23（a）为宜春某建筑，采用顶中底三段式的照明方式，需要测试屋顶平均亮度、立柱平均亮度等；图 6-23（b）是上饶某建筑，采用局部泛光照明方式，需要测试一个单元的局部亮度；图 6-23（c）是上海外滩建筑，采用整体泛光照明方式，需要测试立面整体平均亮度。景观照明的特点决定了精确选定测试区域的亮度测试方法更具有实际使用意义。

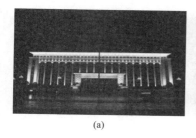  

(a) (b) (c)

图 6-23　三种常见的景观照明方式

（a）顶中底三段式的照明方式；（b）局部泛光的照明方式；（c）整体泛光的照明方式

　　目前，景观照明测量常用的有瞄点式亮度计、二维影像亮度计。瞄点式亮度计又称点式亮度计，通过光学成像系统将被测对象成像在探测器上，可通过视场角的改变选择测量范围，因视场角为圆形，只适用于测量圆形区域的平均亮度，无法测量非圆区域的平均亮度，而且所测的圆形区域得出的是覆盖范围内的整体亮度，无法区分视场内不同点的差异。当用于测量建筑立面时不能完全覆盖目标构件或覆盖构件之外的非测量区域，如图 6-24 所示。即使使用多个测点拼接的方法也不能得到准确的测量结果，测试数据难以得到实际应用。

　　二维影像亮度计，又称面亮度计，其基于图像解析技术，以面阵探测器代替单个探测器，能快速测量被测对象的亮度分布，导入计算机通过软件进行进一步处理。可根据需要选择相应区域计算平均亮度，如图 6-25 所示，有效地解决了瞄点式亮度计在景观照明检测方面受距离和视场角所限而无法完全覆盖被测建筑或无法单独测量局部细节的问题。但缺点是亮度数据不能实时得出，需要配备电脑从软件中得出，不够便捷；同时在不同的场景测量时，光圈、焦距、曝光时间等的设定、设置上由于自由度增加，也引出了如何设置更能体现建筑物的真实亮度的问题。总体来说，二维影像亮度计相对瞄点式亮度计突破了选区限制，已经开始在景观照明检测中发挥越来越重要的作用。

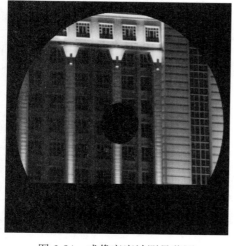 

图 6-24　成像亮度计测量范围　　　　　　图 6-25　影像亮度计测量范围

　　在实际测量前，需要对二维影像亮度计进行精确的校准，以确保其满足现行行业标准《亮度计检定规程》JJG 211 中对一级亮度计的详细计量特性要求。在校准过程中，应采用与现场测量相同的焦距、光圈和曝光时间组合模式，以保证校准结果的准确性和实用性。

在实际测量时，应在无雨雪、无雷电、无天光的夜间进行，同时确保照明设施处于稳定的工作状态。根据设计阶段设置的观赏位置，确定被测建筑立面的适宜测点。在测量过程中，应根据现场情况，调节二维影像亮度计的曝光时间、光圈和感光度，以获得清晰且接近人眼视感的图像。在数据处理阶段，需要根据情况选择不同建筑结构，获得建筑的平均亮度，建筑构件的平均亮度等。

在实际测量时，还应详细收集测量过程的相关信息。包括被测量建筑或构筑物的名称、地址、城市环境亮度分区、测量时的气象条件、照明设施的工况条件、测点位置、测量时间、测量时段、照片编号。

6.3.11　常用仪器仪表的保管及检定周期

（1）仪表应放在通风良好的室内货架或柜内保管，使用及保管时都不能使其受到敲击和剧烈震动。

（2）仪表应设专人保管，并有相应的管理制度，主要包括入库检查制度、借用制度、保养及校验制度、检定制度、报废制度等。

（3）仪表应定期保养及校验，保证正常使用。

（4）携带式电工仪表应定期送至国家技术监督部门核准的具有检定资格的单位进行检定。检定具有法律效力，检定周期如表 6-2 所示。

各类仪器的检定周期　　　　　　　　　　　　　　　　表 6-2

仪表名称	检定周期（年）	仪表名称	检定周期（年）
钳形表	1	电缆故障检测仪	1
万用表	1	照度计	1
绝缘电阻表	0.5	亮度计	1
接地电阻测试仪	0.5		

第7章　城市照明运行维护的安全管理

7.1　基本规定

7.1.1　维护安全生产管理

安全生产管理是生产经营单位管理的一个重要组成部分，是指经营管理者对安全生产工作进行的策划、组织、指挥、协调、控制和改进的一系列活动，目的是保证在生产经营活动中的人身安全、财产安全，促进生产的发展，保持社会的稳定。

1. 安全生产管理的主要任务

（1）贯彻落实国家安全生产法规，落实安全第一、预防为主、综合治理的安全生产、劳动保护方针。

（2）制定安全生产的各种规程、规定和制度，并认真贯彻实施。

（3）制定并落实各级全员安全生产责任制。

（4）采取各种劳动安全防护措施，不断改善劳动条件和环境，保障劳动者的身心健康。

（5）定期对单位的各级领导、特种作业人员及其他职工进行安全教育，强化安全意识，规范安全行为。

（6）进行安全现状评价，及时开展对各类事故的调查、处理和上报。

2. 安全生产管理的体制及制度

为适应社会主义市场经济的需要，1993年国务院将安全生产管理体制发展为"企业负责、行业管理、国家监察、群众监督"。

安全生产管理制度是根据国家法律、行政法规制定的，全体员工在生产经营活动中必须贯彻执行，同时，也是单位规章制度的重要组成部分。通过建立安全生产管理制度，可以把单位员工组织起来，围绕安全生产目标进行生产建设。

3. 安全生产管理机构

安全生产管理机构是指在建设工程项目中设置的负责安全生产管理工作的独立职能部门，它是建设单位安全生产的重要组织保证。

安全生产管理机构的主要职责：宣传和贯彻国家有关安全生产法律法规和标准；编制并适时更新安全生产管理制度并监督实施；组织或参与单位安全生产现状评价以及生产安全事故应急救援预案的编制及演练；组织开展安全教育培训与交流；协调配备专职安全生产管理人员；制定单位安全生产检查计划并组织实施；监督在建项目安全生产费用的使用；参与危险性较大工程安全专项施工方案专家论证会；通报在建项目违规违章查处情况；参加生产安全事故的调查和处理工作等。

4. 全员安全生产责任制

全员安全生产责任制度是生产经营单位根据"党政同责、一岗双责、失职追责"的原则，明确规定各级领导、各职能部门、岗位、各工种人员在生产活动中应承担的安全职责的管理制度。

全员安全生产责任制是各项安全管理制度的核心，是岗位责任制的一个重要组成部分，是一个单位安全管理中最基本的制度，是保障安全生产的重要组织措施。它是经过长期的安全生产、劳动保护管理实践证明的成功制度与措施。

5. 安全生产管理目标、要点及原则

（1）"管行业必须管安全，管业务必须管安全，管生产经营必须管安全"的原则

（2）"安全具有否决权"的原则

（3）"三同时"原则

基本建设项目中的职业安全、卫生技术和环境保护等措施和设施，必须与主体工程同时设计、同时施工、同时投产使用的法律制度的简称。

（4）"五同时"原则

生产组织及领导者在计划、布置、检查、总结、评比生产工作的同时，同时计划、布置、检查、总结、评比安全工作。

（5）"四不放过"原则

事故原因未查清不放过，当事人和群众没有受到教育不放过，事故责任人未受到处理不放过，没有制订切实可行的预防措施不放过。"四不放过"原则的支持依据是《国务院关于特大安全事故行政责任追究的规定》（国务院令第302号）。

（6）"三个同步"原则

安全生产与经济建设、深化改革、技术改造同步规划、同步发展、同步实施。

（7）"四不伤害"原则

在生产施工过程中，为保证安全生产减少人为事故而采取的一种互相监督的原则。即：不伤害自己，不伤害他人，不被别人伤害，保护他人不被伤害。

7.1.2　安全现状评价

1. 安全现状评价的目的

安全现状评价是针对生产经营单位安全现状进行的安全评价，通过评价查找其存在的危险、有害因素并确定危险程度，提出合理可行的安全对策措施及建议。

2. 安全现状评价的定义

安全现状评价是在系统生命周期内的生产运行期，通过对生产经营单位的生产设施、设备实际运行状况及管理状况的调查、分析，运用安全系统工程的方法，进行危险、有害因素的识别及其危险度的评价，查找该系统生产运行中存在的事故隐患并判定其危险程度，提出合理可行的安全对策措施及建议，使系统在生产运行期内的安全风险控制在安全、合理的程度内。

3. 安全现状评价的内容

安全现状评价是根据国家有关的法律、法规规定或者生产经营单位的要求进行的，应对生产经营单位生产设施、设备、贮存、运输及安全管理等方面进行全面、综合的安全评价。

主要内容包括：

（1）收集评价所需的信息资料，采用恰当的方法进行危险、有害因素识别。

（2）对于可能造成重大后果的事故隐患，采用科学合理的安全评价方法建立相应的数学模型进行事故模拟，预测极端情况下的影响范围、最大损失，以及发生事故的可能性或概率，给出量化的安全状态参数值。

（3）对发现的事故隐患，根据量化的安全状态参数值，进行整改优先排序。

（4）提出安全对策措施与建议。

生产经营单位应将安全现状评价的结果纳入生产经营单位事故隐患整改计划和安全管理制度，并按计划加以实施和检查。

4. 安全现状评价工程程序

安全现状评价工作程序一般包括：

（1）前期准备。

（2）危险、有害因素和事故隐患的识别。

（3）定性、定量评价。

（4）安全管理现状评价。

（5）确定安全对策措施及建议。

（6）确定评价结论。

（7）安全现状评价报告完成。

7.1.3 安全教育与培训

1. 安全教育意义

（1）安全教育培训工作可以提高各级人员的安全意识，增强全员安全生产责任制和自觉性，促使他们关心重视安全生产，积极参与安全管理工作。

（2）安全教育培训工作可以有效地遏止事故。违章是安全管理的一大难题。要遏止事故，杜绝事故，必须通过开展全方位、经常性、扎扎实实的安全教育培训，通过灌输各种各样的安全意识，逐渐在人的大脑中形成概念，才能对外界生产环境做出安全或不安全的正确判断。

（3）安全教育培训工作可以大大提高队伍安全素质。安全教育培训全面、全员、全过程地覆盖了生产现场，通过安全教育培训工作完成"要我安全"到"我要安全"最终到"我会安全"质的转变。

2. 安全教育的特点

（1）安全教育的全员性

安全教育的对象是所有从事生产活动的人员。因此，从单位领导、各部门负责人到一般管理人员、普通工人，都必须接受安全教育。安全教育是所有人员上岗前的先决条件，任何人不得例外。

（2）安全教育的长期性

安全教育是一项长期性的工作，主要体现在以下三个方面：

1）安全教育贯穿于每个职工工作的全过程

从新工人进入单位开始，就必须接受安全教育，这种教育尽管存在着形式、内容、要求、时间等的不同。但是，对个人来讲，在其一生的工作经历中，都在不断地、反复地接受着各种类型的安全教育，这种全过程的安全教育是确保职工安全生产的基本前提条件。

2）安全教育贯穿于每个维护工作的全过程

在维护人员进入作业现场前，就必须进行入场安全教育，使每个职工了解并掌握本工程施工的安全生产特点；在工程的每个重要节点，也要对职工进行施工转折时期的安全教育；在节假日前后，要对职工进行安全思想教育，稳定情绪；在突击加班赶进度或工程临近收尾时，更要针对麻痹大意思想，进行有针对性的教育等。

3）安全教育贯穿于维护单位生产的全过程

有生产就有安全问题，安全与生产是不可分割的统一体。哪里有生产，哪里就要讲安全；哪里有生产，哪里就要进行安全教育。单位的生存靠生产，没有生产就没有发展，就无法生存；而没有安全，生产也无法长久进行。因此，只有把安全教育贯穿于生产的全过程，把安全教育看成是关系到单位生存、发展的大事，安全工作才能做得扎扎实实，才能保障生产安全，促进单位和谐发展。

（3）安全教育的专业性

安全生产既有管理性也有技术性，两者结合使得安全教育具有专业性要求。因此，教育者既要有充实的理论知识，也要有丰富的实践经验，这样才能使安全教育做到深入浅出、通俗易懂，并且收到良好的效果。

3. 安全教育的形式

开展安全教育应当结合施工生产特点，采取多种形式，有针对性地进行，还要考虑到安全教育的对象大部分是文化水平不高的工人，需要采用比较浅显、通俗、易懂、易记、印象深、趣味性强的教材及形式。目前安全教育的形式主要有：

（1）广告宣传式。包括安全广告、安全宣传横幅、标语、宣传画、标志、展览、黑板报等形式。

（2）演讲式。包括教学、讲座、讲演、经验介绍、现身说法、演讲比赛等形式。

（3）会议式。包括安全知识讲座、座谈会、报告会、先进经验交流会、事故现场分析会、班前班后会、专题座谈会等。

（4）报刊式。包括订阅安全生产方面的书报杂志，企业自编自印的安全刊物及安全宣传小册子等。

（5）竞赛式。包括口头、笔头知识竞赛，安全、消防技能竞赛，其他各种安全教育活动评比等。

（6）声像式。用电影、录像等现代手段，使安全教育寓教于乐。主要有安全方面的广播、电影、电视、录像、影碟片、录音磁带等。

（7）现场观摩演示形式。如安全操作方法、消防演习、触电急救方法演示等。

（8）固定场所展示形式。如劳动保护教育室、安全生产展览室等。

（9）文艺演出式。以安全为题材编写和演出的相声、小品、话剧等文艺演出的教育形式。

4. 安全教育培训时间要求

根据《生产经营单位安全培训规定》及《安全生产法》相关要求，为提高从业人员安全素质，防范伤亡事故，减轻职业危害，生产经营单位需组织开展安全培训工作。

（1）生产经营单位主要负责人和安全生产管理人员初次安全培训时间不得少于32学

时。每年再培训时间不得少于 12 学时。

（2）生产经营单位主要负责人和安全生产管理人员的安全培训必须依照安全生产监管监察部门制定的安全培训大纲实施。

（3）生产经营单位应当根据工作性质对其他从业人员进行安全培训，保证其具备本岗位安全操作、应急处置等知识和技能。

（4）生产经营单位新上岗的从业人员，岗前安全培训时间不得少于 24 学时。

（5）从业人员在本生产经营单位内调整工作岗位或离岗一年以上重新上岗时，应当重新接受车间（工段、区、队）和班组级的安全培训。生产经营单位采用新工艺、新技术、新材料或者使用新设备时，应当对有关从业人员重新进行有针对性的安全培训。

（6）生产经营单位的特种作业人员，必须按照国家有关法律、法规的规定接受专门的安全培训，经考核合格，取得特种作业操作资格证书后，方可上岗作业。

5. 安全教育计划

单位必须制订符合安全培训指导思想的培训计划。安全培训的指导思想，是单位开展安全培训的总的指导理念，也是主动开展职业健康安全教育的关键。安全培训指导思想必须与职业健康安全方针一致。

单位必须结合实际情况，编制年度安全教育计划，每个季度应有教育重点，每月要有教育内容。培训实施过程中，要有相对稳定的教育培训大纲、培训教材和培训师资，确保教育时间和质量。严格按制度进行教育对象的登记、培训、考核、发证、资料存档等工作，考试不合格者禁止上岗。

6. 安全教育档案管理

培训档案的管理是安全教育与培训的重要环节，通过建立培训档案，在整体上对培训人员的安全素质作必要的跟踪和综合评估。培训档案可以使用计算机程序进行管理，并通过该程序完成以下功能：个人培训档案录入、个人培训档案查询、个人安全素质评价、安全教育与培训综合评价。

（1）建立《职工安全教育卡》

职工的安全教育档案管理由安全管理部门统一规范，为每位在职员工建立《职工安全教育卡》。

（2）教育卡的管理

1）分级管理。《职工安全教育卡》由职工所属部门负责保存和管理，安全管理部门进行监督。

2）跟踪管理。《职工安全教育卡》实行跟踪管理，职工调动部门时，交由职工本人带到新部门，由新部门的安全管理人员保存和管理。

3）职工日常安全教育。职工的日常安全教育由其所属部门负责组织实施，日常安全教育接受后，安全管理人员负责在职工的《职工安全教育卡》中做出相应的记录。

（3）新进职工安全教育规定

新进职工必须按规定经单位、部门、班组三级安全教育，分别由单位安全部门、部门安全管理人员、班组安全员在《职工安全教育卡》中做出相应的记录，并签名。

（4）考核规定

1）安全管理部门每月对《职工安全教育卡》抽查一次。

2）对丢失《职工安全教育卡》的部门进行相应考核。

3）对未按规定对本部门职工进行安全教育的进行相应考核。

4）对未按规定对本部门职工的安全教育情况进行登记的部门进行相应考核。

5）要经常监督检查，认真查处未经培训就上岗操作和特种作业人员无证操作的责任单位和责任人员。

7.2　维护作业的安全防护与文明施工

7.2.1　劳动防护用品

劳动防护用品，又称为个人防护用品、劳动保护用品，是指保护劳动者在生产过程中的人身安全与健康所必备的一种防御性装备，对于减少职业危害起着相当重要的作用。

1. 劳动防护用品的配备、使用与管理

(1) 劳动防护用品的配备，应该按照"谁用工、谁负责"的原则，由使用劳动保护用品的单位按照国家现行标准《个体防护装备配备规范　第1部分：总则》GB 39800.1 和《建筑施工作业劳动防护用品配备及使用标准》JGJ 184 以及有关规定，为作业人员按作业工种免费配备劳动防护用品。使用单位应当安排用于配备劳动防护用品的专项经费，不得以货币或其他物品替代应当按规定配备的劳动防护用品。

(2) 使用单位应建立健全劳动防护用品的购买、验收、保管、发放、使用、更换、报废等管理制度，并应按照劳动防护用品的使用要求，在使用前对其防护功能进行必要的检查。

(3) 使用单位应选定劳动防护用品的合格供货方，为作业人员配备的劳动防护用品必须符合国家标准或者行业标准，应具备生产许可证、产品合格证等相关资料。经本单位安全生产管理部门审查合格后方可使用。

(4) 使用单位采购、配备和使用的特种劳动防护用品必须具有安全生产许可证、产品合格证和安全鉴定证。

(5) 劳动防护用品的使用年限应按现行国家标准《个体防护装备配备规范　第1部分：总则》GB 39800.1 执行。劳动防护用品达到使用年限或报废标准的应由单位统一回收报废。劳动防护用品有定期检测要求的应按照其产品的检测周期进行检测。

(6) 使用单位应督促、教育本单位劳动者按照安全生产规章制度和劳动防护用品使用规则及防护要求，正确佩戴和使用劳动防护用品。未按规定佩戴和使用劳动防护用品的，不得上岗作业。

(7) 建筑维护企业应对危险性较大的施工作业场所及具有尘毒危害的作业环境设置安全警示标志及安全防护服务器标志牌。

(8) 使用单位没有按国家规定为劳动者提供必要的劳动防护用品的，按《中华人民共和国劳动合同法》和《劳动保障监察条例》有关条款处罚；构成犯罪的，由司法部门依法追究有关人员的刑事责任。

2. "安全三宝"的使用要求

(1) 正确佩戴劳动防护用品的必要性

由于建筑行业的特殊性，高处作业中发生高处坠落、物体打击事故的比例最大。许多事故案例都说明，正确佩戴安全帽、安全带可避免伤亡事故的发生。安全帽、安全带、安全网是减少和防止高处坠落、物体打击这类事故发生的重要措施，常称之为"安全三宝"。

（2）安全帽的作用及使用注意事项

1）作用

① 安全帽的防尘作用。

② 安全帽的防触电作用。

③ 安全帽的防止人体头部受外力伤害（如物体打击）作用。

2）使用注意事项

① 选用经有关部门检验合格，其上有"安监"标志的安全帽。

② 戴帽前先检查外壳是否破损，有无合格帽衬，帽带是否齐全，如果不符合要求立即更换。

③ 调整好帽箍、帽衬（4~5cm），系好帽带。

④ 严禁将安全帽当凳子坐。

⑤ 安全帽不要直接用水清洗，应用湿手巾或布擦洗。

（3）安全带的作用及使用注意事项

1）作用

安全带是高处作业人员预防坠落伤亡的防护用品。安全带的作用在于：通过束缚人的腰部，使高空坠落的惯性得到缓冲，减轻和消除高空坠落所引起的人身伤亡事故的发生，可以有效地提高操作工人的安全系数。

2）使用注意事项

① 选用经有关部门检验合格的安全带，并保证在使用有效期内。

② 安全带严禁打结、续接。

③ 使用中，要可靠地挂在牢固的地方，高挂低用，且要防止摆动，避免明火和刺割。

④ 2m以上的悬空作业，必须使用安全带。

⑤ 在无法直接挂设安全带的地方，应设置挂安全带的安全拉绳、安全栏杆等。

（4）安全网的作用及使用注意事项

1）作用

安全网的作用在于防止人、物坠落或避免、减轻坠落及物体打击伤害。

2）使用注意事项

① 要选用有合格证的安全网，使用前必须按规定到有关部门检测、检验合格，方可使用。

② 安全网若有破损、老化应及时更换。

③ 安全网与架体连接不宜绷得太紧，系结点要沿边分布均匀、绑牢。

④ 立网不得作为平网使用。

⑤ 立网必须选用密目式安全网。

3. 电力常用劳动防护用品的使用注意事项

（1）防护眼镜和面罩

1）物质的颗粒碎屑、火花热流、耀眼的光线和烟雾都会对眼镜造成伤害，所以应根据对象不同选择和使用防护眼镜。

2）防护眼镜和面罩的作用

① 防止异物进入眼睛。

② 防止化学性物品的伤害。

③ 防止强光、紫外线和红外线的伤害。

④ 防止微波、激光和电离辐射的伤害。

3）防护眼镜和面罩使用注意事项

① 要选用经产品检验机构检验合格的产品。

② 护目镜的宽窄和大小要适合使用者的脸型。

③ 护目镜要专人使用，防止传染眼病。

④ 焊接护目镜的滤光片要按规定作业需要选用和更换。

⑤ 防止重摔重压，防止坚硬的物体摩擦镜片和面罩。

（2）防护手套

对手的安全防护主要靠手套。使用防护手套时，必须对工作、设备及作业情况分析之后，选择适当材料制作的、操作方便的手套，方能起到保护作用。

1）防护手套的作用

① 防止火与高温、低温的伤害。

② 防止电磁与电离辐射的伤害。

③ 防止电、化学物质的伤害。

④ 防止撞击、切割、擦伤、微生物侵害以及感染。

2）防护手套使用注意事项

① 绝缘手套应定期检验电绝缘性能，不符合规定的不能使用。

② 橡胶、塑料等类防护手套用后应冲洗干净、晾干，保存时避免高温，并在制品上撒上滑石粉以防粘连。

③ 操作旋转机床禁止戴手套作业。

（3）防护鞋

防护鞋的功能主要针对工作环境和条件而设定，一般都具有防滑、防刺穿、防挤压的功能，另外就是具有特定功能，比如防导电、防腐蚀等。

1）防护鞋的作用

① 防止物体砸伤或刺割伤害。如高处坠落物品及铁钉、锐利的物品散落在地面，这样就可能引起砸伤或刺伤。

② 防止高低温伤害。冬季在室外施工作业，可能发生冻伤。

③ 防止滑倒。在摩擦力不大，有油的地板可能会滑倒。

④ 防止酸碱性化学品伤害。在作业过程中接触到酸碱性化学品，可能发生足部被酸碱灼伤的事故。

⑤ 防止触电伤害。在作业过程中接触到带电体造成触电伤害。

⑥ 防止静电伤害。静电对人体的伤害主要是引起心理障碍，产生恐惧心理，引起从高处坠落等二次事故。

2）绝缘鞋（靴）的使用及注意事项

① 必须在规定的电压范围内使用。

② 绝缘鞋（靴）胶料部分无破损，且每半年做一处预防性试验。

③ 在浸水、油、酸、碱等条件下不得作为辅助安全用具使用。

④ 穿用绝缘靴时，应将裤管套入靴筒内。穿用绝缘鞋时，裤管不宜长及鞋底外沿条高度，更不能长及地面，保持布面干燥。

7.2.2 安全色标

1. 安全色概念

安全色（safety colour），是传递安全信息含义的颜色，包括红、蓝、黄、绿四种颜色。根据现行国家标准《安全色》GB 2893 的规定，安全色适用于工矿企业、交通运输、建筑业以及仓库、医院、剧场等公共场所，但不包括灯光、荧光颜色和航空、航海、内河航运所用的颜色。为了使人们对周围存在不安全因素的环境、设备引起注意，需要涂以醒目的安全色，提高人们对不安全因素的警惕。统一使用安全色，能使人们在紧急情况下，借助所熟悉的安全色含义，识别危险部位，尽快采取措施，提高自控能力。采用安全色可以使人的感官适应能力在长期生活中形成和固定下来，以利于生活和工作，目的是使人们通过明快的色彩能够迅速发现和分辨安全标志，提醒人们注意，防止事故发生。

2. 电力工作安全色

在电力系统中相当重视色彩对安全生产的影响，因色彩标志比文字标志明显，不易出错。在变电站工作现场，安全色更是得到广泛应用。例如：各种控制屏特别是主控制屏，用颜色信号灯区别设备的各种运行状态，值班人员根据不同色彩信号灯可以准确地判断各种不同运行状态。

在实际中，安全色常采用其他颜色（即对比色）做背景色，使其更加醒目，以提高安全色的辨别度。如红色、蓝色和绿色采用白色作对比色，黄色采用黑色作对比色。黄色与黑色的条纹交替，视见度较好，一般用来标示警告危险，红色和白色的间隔常用来表示"禁止跨越"等。

电力工业有关法规规定，变电站母线的涂色 L1 相涂黄色，L2 相涂绿色，L3 相涂红色。在设备运行状态，绿色信号闪光表示设备在运行的预备状态，红色信号灯表示设备正投入运行状态，提醒工作人员集中精力，注意安全运行等。实践证明，安全色在变电生产工作中非常重要，为了您和他人的安全，请牢记这些安全色的含义，并在实际工作中正确应用。

3. 安全标志

安全标志是用以表达特定安全信息的标志，由图形符号、安全色、几何形状（边框）或文字构成。

制定安全标志的目的是引起人们对不安全因素的注意，预防事故的发生。因此要求安全标志含义简明，清晰易辨，引人注目。安全标志应尽量避免过多的文字说明，甚至不用文字说明，也能使人们一看就知道它所表达的信息含义。安全标志不能代替安全操作规程和保护措施。

（1）安全标志类型

安全标志可分为禁止标志、警告标志、指令标志、提示标志四类，另外还有补充标志。

1）禁止标志

禁止标志的含义是不准或制止人们的某些行动。

禁止标志的几何图形是带斜杠的圆环，其中圆环与斜杠相连，用红色；图形符号用黑色，背景用白色。

我国规定的禁止标志共有 28 个，其中与电力相关的有：禁放易燃物、禁止吸烟、禁止通行、禁止烟火、禁止用水灭火、禁带火种、启机修理时禁止转动、运转时禁止加油、禁止合闸、禁止跨越、禁止乘车、禁止攀登等。

2）警告标志

警告标志的含义是警告人们可能发生的危险。

警告标志的几何图形是黑色的正三角形、黑色符号和黄色背景。

我国规定的警告标志共有 30 个，其中与电力相关的有：注意安全、当心触电、当心爆炸、当心火灾、当心腐蚀、当心中毒、当心机械伤人、当心伤手、当心吊物、当心扎脚、当心落物、当心坠落、当心车辆、当心弧光、当心冒顶、当心瓦斯、当心塌方、当心坑洞、当心电离辐射、当心裂变物质、当心激光、当心微波、当心滑跌等。

3）指令标志

指令标志的含义是必须遵守。

指令标志的几何图形是圆形，蓝色背景，白色图形符号。

指令标志共有 15 个，其中与电力相关的有：必须戴安全帽、必须穿防护鞋、必须系安全带、必须戴防护眼镜、必须戴防毒面具、必须戴护耳器、必须戴防护手套、必须穿防护服等。

4）提示标志

提示标志的含义是示意目标的方向。

提示标志的几何图形是方形，绿、红色背景，白色图形符号及文字。

提示标志共有 13 个，其中一般提示标志（绿色背景）6 个，如：安全通道、太平门等；消防设备提示标志（红色背景）7 个，如：消防警铃、火警电话、地下消火栓、地上消火栓、消防水带、灭火器、消防水泵结合器。

5）补充标志

补充标志是对上述四种标志的补充说明，以防误解。

补充标志分为横写和竖写两种。横写的为长方形，写在标志的下方，可以和标志连在一起，也可以分开；竖写的写在标志杆上部。

补充标志的颜色：竖写的，均为白底黑字；横写的，用于禁止标志的用红底白字，用于警告标志的用白底黑字，用于指令标志的用蓝底白字。

（2）安全标志的安装

1）防止危害性事故的发生。因此，所有标志的安装位置都不可存在对人的危害。

2）可视性。标志安装位置的选择很重要，标志上显示的信息不仅要正确，而且对所有的观察者要清晰易读。

3）安装高度。通常标志应安装于观察者水平视线稍高一点的位置，但有些情况置于其他水平位置则是适当的。

4）危险和警告标志。危险和警告标志应设置在危险源前方足够远处，以保证观察者在首次看到标志及注意到此危险时有充足的时间，这一距离随不同情况而变化。例如，警告不要接触开关或其他电气设备的标志，应设置在它们近旁，而大厂区或运输道路上的标志，应设置于危险区域前方足够远的位置，以保证在到达危险区之前就可观察到此种警告，从而有所准备。

5）安全标志不应设置于移动物体上。例如门，因为物体位置的任何变化都会造成对标志观察变得模糊不清。

6）已安装好的标志不应被任意移动，除非位置的变化有益于标志的警示作用。

（3）安全标志的维护与管理

为了有效地发挥标志的作用，应对其定期检查、定期清洗，发现有变形、损坏、变色、图形符号脱落、亮度老化等现象存在时，应立即更换或修理，从而使之保持良好状况。安全管理部门应做好监督检查工作，发现问题，及时纠正。

另外要经常性地向工作人员宣传安全标志使用规程，特别是那些必须要遵守预防措施的人员，当设立一个新标志或变更现存标志位置时，应提前通告员工，并且解释其设置或变更的原因。只有综合考虑了这些问题，设置的安全标志才有可能有效地发挥安全警示的作用。

7.2.3 安全文明施工概述

1. 安全文明施工意义

安全文明施工，就是施工项目在施工过程中科学地组织安全生产，规范化、标准化管理现场，使施工现场按现代化施工的要求保持良好的施工环境和施工秩序，这是一项基础性的管理工作。

（1）确保施工安全，减少人员伤亡。施工行业是高危行业，危险系数高，事故发生率高，如若发生安全生产事故，常常伴随有人员伤亡，对个人、单位、社会造成巨大的损失。

（2）规范施工程序，保证工程质量。工程质量是施工单位生存的根本，是其在激烈市场竞争中胜出的保证。安全文明施工提供了良好的施工环境和施工秩序，规范了施工程序和施工步骤，为工程质量达到优良打下了基础。

（3）增强施工队伍信心，提高工作效率。安全文明施工为每一个参加工程建设的施工人员提供了保护伞，使得施工队伍能够安心生产，打消个人安全顾虑，增强信心，集中精力搞好本职工作，提高工作效率。

（4）提升形象，提高市场竞争力。安全文明施工在视觉上反映了单位的精神面貌，在产品上凝聚了单位的文化内涵。安全文明施工展示了单位的生存能力、生产能力、管理能力，提高了市场竞争能力。

（5）提高盈利能力，增加经济效益。安全文明施工减少了安全生产事故，间接增加了经济效益；规范了施工程序和步骤，提高产品一次合格率，减少成本，从而提高了盈利能力。

2. 施工现场文明施工的要求

（1）建设工程现场文明施工的要求

依据我国相关标准，文明施工的要求主要包括现场围挡、封闭管理、施工场地、材料堆放、现场住宿、现场防火、治安综合治理、施工现场标牌、生活设施、保健急救、社区服务等11项内容。总体上应符合以下要求：

1）有整套的施工组织设计或施工方案，施工总平面布置紧凑，施工场地规划合理，符合环保、市容、卫生的要求。

2）有健全的施工组织管理机构和指挥系统，岗位分工明确；工序交叉合理，交接责任明确。

3）有严格的成品保护措施和制度，大小临时设施和各种材料构件、半成品按平面布置堆放整齐。

4）施工场地平整，道路畅通，排水设施得当，水电线路整齐，机具设备状况良好，使用合理，施工作业符合消防和安全要求。

5）搞好环境卫生管理，包括施工区、生活区环境卫生和食堂卫生管理。

6）文明施工应贯穿施工结束后的清场。

7）实现文明施工，不仅要抓好现场的场容管理，而且还要做好现场材料、机械、安全、技术、保卫、消防和生活卫生等方面的工作。

（2）维护作业现场文明施工的措施

1）加强现场文明施工的组织措施

① 建立文明施工的管理组织

应确立维护作业负责人为现场文明施工的第一责任人，以施工质量、安全、材料、保卫、后勤等现场人员为成员的维护作业现场文明管理组织，共同负责现场文明施工工作。

② 健全文明施工的管理制度

包括建立各级文明施工岗位责任制、将文明施工工作考核列入经济责任制，建立定期的检查制度，实行自检、互检、交接检制度，建立奖惩制度，开展文明施工立功竞赛，加强文明施工教育培训等。

2）落实现场文明施工的各项管理措施

① 施工平面布置

施工总平面图是现场管理、实现文明施工的依据。施工总平面图应对施工机械设备设置、材料和构配件的堆场、现场加工场地，以及现场临时运输道路、临时供水供电线路和其他临时设施进行合理布置，并随工程实施的不同阶段进行场地布置和调整。

② 现场围挡、标牌

沿作业场地四周宜连续设置围挡或隔离材料，围挡或隔离材料要求坚固、稳定、统一、整洁、美观。

作业现场应合理设置安全警示标记，特别是主要施工部位、作业点和危险区域以及主要通道口都必须有针对性地悬挂醒目的安全警示牌。

③ 作业场地

作业现场应道路畅通、排水畅通，不积水，严禁泥浆、污水、废水外流或堵塞下水道和排水河道。

④ 材料堆放、周转设备管理

建筑材料、构配件、料具等必须布置合理，做到安全、整齐堆放（存放），不得超高。作业现场做到工完料净场地清，垃圾及时清运，临时存放现场的也应集中堆放整齐，不用的施工机具和设备应及时出场。

⑤ 现场消防、防火管理

定期对有关人员进行消防教育，落实消防措施。施工现场用明火做到严格按动用明火规定执行，审批手续齐全。

⑥ 医疗急救的管理

准备必要的急救措施、急救器材和保健医药箱。

⑦ 治安管理

按照治安管理条例和作业现场的治安管理规定搞好各项管理工作，严禁无证人员和其他闲杂人员进入施工现场。

（3）建立检查考核制度

对于建设工程文明施工，国家和各地大多制定了标准或规定，也有比较成熟的经验。在实际工作中，项目应结合相关标准和规定建立文明施工考核制度，推进各项文明施工措施的落实。

（4）抓好文明施工建设工作

1）建立宣传教育制度。现场宣传安全生产、文明施工、国家大事、社会形势、企业精神、好人好事等。

2）坚持以人为本，加强管理人员和班组文明建设。教育职工遵纪守法，提高企业整体管理水平和文明素质。

3）主动与有关单位配合，积极开展共建文明活动，树立企业良好的社会形象。

3. 作业现场环境保护的要求

建设工程项目必须满足有关环境保护法律法规的要求，在施工过程中注意环境保护对企业发展、员工健康和社会文明有重要意义。

环境保护是按照法律法规、各级主管部门和企业的要求，保护和改善作业现场的环境，控制现场的各种粉尘、废水、废气、固体废弃物、噪声、振动等对环境的污染和危害。环境保护也是文明施工的重要内容之一。

（1）国家对建设工程施工现场环境保护的要求

根据《中华人民共和国环境保护法》和《中华人民共和国环境影响评价法》的有关规定，建设工程项目对环境保护的基本要求如下。

1）涉及依法划定的自然保护区、风景名胜区、生活饮用水水源保护区及其他需要特别保护的区域时，应当符合国家有关法律法规及该区域内运行维护的环境管理的规定，不得抛弃污染环境的光源电器等设施；运行维护中的污染物排放不得超过规定的排放标准。

2）开发利用自然资源的项目，必须采取措施保护生态环境。

3）应满足项目所在区域环境质量、相应环境功能区划和生态功能区划标准或要求。

4）拟采取的污染防治措施应确保污染物排放达到国家和地方规定的排放标准，满足污染物总量控制要求；涉及可能产生放射性污染的，应采取有效预防和控制放射性污染措施。

5）尽量减少运行维护中所产生的干扰周围生活环境的噪声。

6）应采取生态保护措施，有效预防和控制生态破坏。

7）对环境可能造成重大影响、应当编制环境影响报告书的运行维护项目，可能严重影响项目所在地居民生活环境质量的运行维护项目，以及存在重大意见分歧的运行维护项目，环保部门可以举行听证会，听取有关单位、专家和公众的意见，并公开听证结果，说明对有关意见采纳或不采纳的理由。

8）建设工程项目中防治污染的设施，必须与主体工程同时设计、同时施工、同时投产使用。防治污染的设施必须经原审批环境影响报告书的环境保护行政主管部门验收合格后，该建设工程项目方可投入生产或者使用。

（2）运行维护作业现场环境保护的措施

照明设施维护过程中的污染主要包括对施工场界内的污染和对周围环境的污染。施工场界内的污染防治属于职业健康安全问题，而对周围环境的污染防治是环境保护的问题。

运行维护作业环境保护措施主要包括大气污染的防治、水污染的防治、噪声污染的防治、固体废弃物的处理以及文明施工措施等。防治措施主要有：

1）作业现场垃圾渣土要及时清理出现场，带汞钠光源等应回收处理。

2）对于细颗粒散体材料（如水泥、粉煤灰、白灰等）的运输、储存要注意遮盖、密封，防止和减少飞扬。

3）车辆开出工地要做到不带泥砂，基本做到不撒土、不扬尘，减少对周围环境污染。

4）除设有符合规定的装置外，禁止在施工现场焚烧油毡、橡胶、塑料、皮革、树叶、枯草、各种包装物等废弃物品以及其他会产生有毒、有害烟尘和恶臭气体的物质。

5）机动车都要安装减少尾气排放的装置，确保符合国家标准。

6）禁止将有毒有害废弃物作土方回填。

7）化学用品、外加剂等要妥善保管，库内存放，防止污染环境。

8）尽量采用低噪声设备和加工工艺代替高噪声设备与加工工艺，如低噪声电动空压机、电锯等，在声源处安装消声器消声，即在压缩机等各类排气放空装置等进出风管的适当位置设置消声器。

9）严格控制人为噪声，进入施工现场不得高声喊叫、无故甩打模板、乱吹哨，最大限度地减少噪声扰民。

10）回收利用是对固体废物进行资源化、减量化的重要手段之一，对于灯具、灯杆和电缆等废旧材料做好回收利用工作。

11）禁止将有毒有害废弃物现场填埋，如无法做无害化处理，则填埋场地应利用天然或人工屏障，尽量使需处置的废物与环境隔离；并注意废物的稳定性和长期安全性。

7.3　维护作业的安全检查与措施

7.3.1　安全检查内容及方法

为了切实做好运行维护安全生产工作，在开展安全生产隐患排查治理的基础上，关键在于管理措施的健全和落实，从讲政治、保稳定、促发展的高度来抓安全生产工作。安全生产工作应当以人为本，坚持"安全第一、预防为主、综合治理"的方针，强化和落实安全生产主体责任，从源头抓起，认真组织、周密部署、狠抓落实，防患于未然，同时加强督查，扎实开展各项安全隐患排查活动。

1. 安全检查的内容

（1）安全检查的目的

1）了解安全生产的状态，为分析研究、加强安全管理提供信息依据。

2）发现问题、暴露隐患，以便及时采取有效措施，消除事故隐患，保障安全生产。

3）发现、总结及交流安全生产的成功经验，推动地区乃至行业和企业安全生产水平的提高。

4）利用检查进一步宣传、贯彻、落实安全生产方针、政策和各项安全生产规章制度。

5）增强领导和群众安全意识，制止违章指挥，纠正违章作业，提高安全生产的自觉性和责任感。安全检查是主动性的安全防范。

（2）现场安全检查的主要内容

现场安全检查是以查安全思想、安全责任、安全制度、安全措施、安全防护、设备设施、教育培训、操作行为、劳动防护用品使用和伤亡事故处理等为主要内容。安全检查要根据作业特点，具体确定检查的项目和检查的标准。

1）查安全思想主要是检查以项目经理为首的项目全体员工（包括分包作业人员）的安全生产意识和对安全生产工作的重视程度。

2）查安全责任主要是检查现场全员安全生产责任制度的建立；安全生产责任目标的分解与考核情况；全员安全生产责任制与责任目标是否已落实到了每一个岗位和每一个人员，并得到了确认。

3）查安全制度主要是检查现场各项安全生产规章制度和安全技术操作规程的建立和执行情况。

4）查安全措施主要是检查现场安全措施计划及各项安全专项维护方案的编制、审核及实施情况；重点检查方案的内容是否全面，措施是否具体并有针对性，现场的实施运行是否与方案规定的内容相符。

5）查安全防护主要是检查现场临边、洞口等各项安全防护措施是否到位，有无安全隐患。

6）查设备设施主要是检查现场投入使用的设备设施的购置、租赁、安装、验收、使用、过程维护保养等各个环节是否符合要求；设备设施的安全装置是否齐全、灵敏、可靠，有无安全隐患。

7）查教育培训主要是检查现场教育培训岗位、教育培训人员、教育培训内容是否明确、具体、有针对性；三级安全教育制度和特种作业人员持证上岗制度的落实情况是否到位；教育培训档案资料是否真实、齐全。

8）查操作行为主要是检查现场作业过程中有无违章指挥、违章作业、违反劳动纪律的行为发生。

9）查劳动防护用品的使用主要是检查现场劳动防护用品、用具的购置、产品质量、配备数量和使用情况是否符合安全与职业卫生的要求。

10）查伤亡事故处理主要是检查现场是否发生伤亡事故，对发生的伤亡事故是否已按照"四不放过"的原则进行了调查处理，是否已有针对性地制定了纠正和预防措施；制定的纠正与预防措施是否已得到落实并取得实效。

2. 安全检查的形式

现场安全检查的主要形式一般可分为日常巡查，专项检查，定期安全检查，经常性安全检查，季节性安全检查，节假日安全检查，开工、复工安全检查，专业性安全检查和设备设施安全验收检查等。

安全检查的组织形式应根据检查的目的、内容而定，因此参加检查的组成人员也就不完全相同。

（1）定期安全检查

维护企业应建立定期分级安全检查制度，定期安全检查属全面性和考核性的检查，至少每旬开展一次安全检查工作。

（2）经常性安全检查

维护作业应经常开展预防性的安全检查工作，以便于及时发现并消除事故隐患，保证施工生产正常进行，施工现场经常性的安全检查方式主要有：现场专（兼）职安全生产管理人员及安全值班人员每天例行开展的安全巡视、巡查；现场项目监理、责任工程师及相关专业技术管理人员在检查生产工作的同时进行的安全检查；作业班组在班前、班中、班后进行的安全检查。

（3）季节性安全检查

季节性安全检查主要是针对气候特点（如：暑假、雨期、风季等）可能给安全生产造成的不利影响或带来的危害而组织的安全检查。

（4）节假日安全检查

在节假日、特别是重大或传统节假日（如：元旦、春节、"五一"、"十一"等）前后和节日期间，为防止现场管理人员和作业人员思想麻痹、纪律松懈等进行的安全检查。节假日加班，更要认真检查各项安全防范措施的落实情况。

（5）开工、复工安全检查

针对工程项目开工、复工之前进行的安全检查，主要是检查现场是否具备保障安全生产的条件。

（6）专业性安全检查

由有关专业人员对现场某项专业安全问题或在维护作业过程中存在的比较系统性的安全问题进行的单项检查。这类检查专业性强，主要应由专业工程技术人员、专业安全管理人员参加。

（7）设备设施安全验收检查

针对现场塔式起重机等起重设备、外用施工电梯、龙门架及井架物料提升机、电气设备、脚手架、现浇混凝土模板支撑系统等设备设施在安装、搭设过程中或完成后进行的安全验收、检查。

3. 安全检查的要求

（1）根据检查内容配备力量，抽调专业人员，确定检查负责人，明确分工。

（2）应有明确的检查目的和检查项目、内容及检查标准、重点、关键部位。对大面积或数量多的项目可采取系统的观感和一定数量的测点相结合的检查方法。检查时尽量采用作业行为，用数据说话。

（3）对现场管理人员和操作工人不仅要检查是否有违章指挥和违章作业行为，还应进行"应知应会"的抽查，以便了解管理人员及操作工人的安全素质。对于违章指挥、违章作业行为，检查人员可以当场指出、进行纠正。

（4）认真、详细进行检查记录，特别是对隐患的记录必须具体，如隐患的部位、危险性程度及处理意见、违章性程度及处理意见等。采用安全检查评分表的，应记录每项扣分的原因。

（5）检查中发现的隐患应进行登记，并发出隐患整改通知书，引起整改单位的重视，并作为整改的备查依据。对即发性事故危险的隐患，检查人员应责令其停工，被查单位必须立即整改。

（6）尽可能系统、定量地做出检查结论，进行安全评价，以利受检单位根据安全评价研究对策进行整改，加强管理。

（7）检查后应对隐患整改情况进行跟踪复查。查被检单位是否按"三定"原则（定人、定期限、定措施）落实整改，经复查整改合格后，进行销案。

4. 安全检查的方法

工程安全检查在正确使用安全检查表的基础上，可以采用"听""问""看""量""测""运转试验"等方法进行。

（1）"听"

听取基层管理人员或维护现场安全员汇报安全生产情况，介绍现场安全工作经验、存在的问题、今后的发展方向。

（2）"问"

主要是指通过询问、提问，对以项目经理为首的现场管理人员和操作工人进行应知应会抽查，以便了解现场管理人员和操作工人的安全意识和安全素质。

（3）"看"

主要是指查看维护现场安全管理资料和对维护现场进行巡视。例如：查看项目负责人、专职安全管理人员、特种作业人员等的持证上岗情况；现场安全标志设置情况；劳动防护用品使用情况；现场安全防护情况；现场安全设施及机械设备安全装置配置情况等。

（4）"量"

主要是指使用测量工具对维护现场的一些设施、装置进行实测实量。例如：对脚手架各种杆件间距的测量；对现场安全防护栏杆高度的测量；对电气开关箱安装高度的测量；对在建工程与外电边线安全距离的测量等。

（5）"测"

主要是指使用专用仪器、仪表等监测器具对特定对象关键特性技术参数的测试。例如：使用漏电保护器测试仪对漏电保护器漏电动作电流、漏电动作时间的测试；使用接地电阻测量仪对现场各种接地装置接地电阻的测试；使用兆欧表对电机绝缘电阻的测试；使用经纬仪对塔式起重机、外用电梯安全垂直度的测试等。

（6）"运转试验"

主要是指由具体专业资格的人员对机械设备进行实际操作、试验、检验其运转的可靠性或安全限位装置的灵敏性。例如：对塔式起重机力矩限制器、变幅限位器、起重限位器等安全装置的试验；对施工电梯制动器、限速器、上下极限限位器、门联锁装置等安全装置的试验；对龙门架超高限位器、断绳保护器等安全装置的试验等。

7.3.2 高处作业安全

1. 一般注意事项

（1）凡在坠落高度基准面 2m 及以上的高处进行的作业，都应视作高处作业。

（2）高处作业人员应经专业培训并取得高处作业证方可登高作业。

（3）凡参加高处作业的人员，应每年进行一次体检。

（4）高处作业均应先搭设脚手架、使用高空作业车或采取其他防止坠落措施，方可进行。

（5）在没有脚手架或者在没有栏杆的脚手架上工作，高度超过 1.5m 时，应使用安全带，或应采取其他可靠的安全措施。

（6）安全带和专作固定安全带的绳索在使用前应进行外观检查。安全带应定期抽查检验，不合格的不准使用。

（7）在电焊作业或其他有火花、熔融源等场所使用的安全带或安全绳应有隔热防磨套。

（8）高空作业须正确佩戴安全带。安全带的挂钩或绳子应挂在结实牢固的构件上或专为挂安全带用的钢丝绳上，并应采用高挂低用的方式。禁止挂在移动或不牢固的物件上。

（9）高处作业人员在作业过程中，应随时检查安全带是否拴牢。高处作业人员在转移作业位置时不得失去安全保护。

（10）高处作业使用的脚手架应经验收合格后方可使用。上下脚手架应走斜道或梯子，作业人员不准沿脚手架或栏杆等攀爬。

（11）高处作业应一律使用工具袋。较大的工具应用绳拴在牢固的构件上，工件、边角余料应放置在牢靠的地方或用铁丝扣牢并有防止坠落的措施，不准随便乱放，以防止从高空坠落发生事故。

（12）在进行高处作业时，除有关人员外，不准他人在工作地点的下面通行或逗留，工作地点下面应有围栏或装设其他保护装置，防止落物伤人。

（13）禁止将工具及材料上下投掷，应用绳索拴牢传递，以免打伤下方工作人员或击毁脚手架。

（14）在六级及以上的大风以及暴雨、雷电、冰雹、大雾、沙尘暴等恶劣天气下，应停止露天高处作业。

2. 梯子上作业

（1）梯子应坚固完整，有防滑措施。梯子的支柱应能承受作业人员及所携带的工具、材料攀登时的总重量。

（2）硬质梯子的横档应嵌在支柱上，梯阶的距离不应大于 40cm，并在距梯顶 1m 处设限高标志。使用单梯工作时，梯与地面的斜角度应为 60°。

（3）梯子不宜绑接使用。人字梯应有限制开度的措施。

（4）人在梯子上时，禁止移动梯子。

3. 登高及杆上作业

（1）登高前，维护作业人员需确认杆身是否牢固、完好，如有隐患，禁止攀登。

（2）登杆前要明确工作任务，确定登杆位置，详细检查杆根和登杆工具，并带好安全用品。

（3）登杆作业人员必须衣着灵便，严禁穿着短衣、短裤和汗衫，不得穿硬底或钉上铁掌的鞋。上下杆必须使用登高工具，禁止空手爬杆和顺杆溜下或跳下。攀登铁塔时，要手抓支架，脚踏牢固的部位，禁止手拉撑脚、弯脚、三角水泥杆的边缘和绳子登杆。

（4）脚扣和混凝土杆的直径要配合适当，带齿脚扣禁爬混凝土杆，潮湿的混凝土杆禁止使用脚扣。

（5）上杆后在工作之前，应先系好安全带，扣好小保险，手拉混凝土杆试一下安全带，才能开始工作，改变操作方向时，应站稳后才能改变身姿。

（6）正在工作的灯杆根部禁止无关人员停留。

（7）杆上工作必须带工具包，工具和材料上下必须用绳子传递，严禁抛投，利用横担吊挂物件时，必须检查横担是否牢固，工作必须谨慎细致，严防物件掉落。

（8）杆上工作应站在登高工具或牢固的横担上。

（9）特殊高空作业，高空与地面应设联系信号或通信设备，并有专人负责。

（10）地勤人员应戴安全帽，杆下应设置围护，并应有专人看护。

4. 架线、拆线工作

（1）放线、拆线工作，均应由现场负责人统一指挥、统一信号，并事先检查拖、放线滑轮等工具及设备是否良好，必要时在现场设置临时警示牌。

（2）放线时要注意行人和车辆，穿越低压线路、广播线、电话线，应事先与有关部门联系互相配合，确保安全。在登杆开断导线时，应防止混凝土杆和相邻杆倾倒，断开的导线应绑在灯柱上。

（3）在不停电的环境中放线时，必须在两端设备和导线的指定位置上装设临时接地线，每根杆下都要有人，并用绳子带着，防止导线弹起，保证导线与带电导线间的最小距离不小于 1m。

（4）在放线过程中，如因故停工时，应先将导线锚固好，再将牵引张力放松，但不得使导线触地，并保证对跨越物的安全距离。

（5）拆线应根据具体情况，决定是否加扳线，严禁突然剪断导线和骤然松线的做法，在转角杆拆松导线时，严禁工作人员站在内角侧。凡有跨越建筑物或导线时，必须采取有效安全措施，并有专人负责看管。

（6）紧线前应做好下列准备工作：根据导线的型号、规格选择紧线工具，并做好现场布置；紧线段各电杆的部件和螺栓应齐全、紧固；耐张杆必须调整好永久拉线，并做好临时拉线和各项补强措施。

（7）紧线前应指派专人检查下列工作：导线是否被障碍卡住；交叉跨越处的安全措施是否妥当。

（8）紧线段内的跨越线档、交通要道、树木、河塘、建筑物等处附近应设专人护线。

（9）在紧线过程中，工作人员应遵守下列要求：不得在悬空的导线下方停留。

（10）牵引的导线即将离地时，人员不得横跨；展放余线时护线人员不得站在线盘和线弯内侧；在未取得指挥人同意之前，不得离开岗位。

（11）导线收紧并绑扎牢固后，缓慢放松牵引绳，边松边调整永久拉线和临时拉线，并观测电杆有无变形。

（12）紧线器应定期（每年一次）进行静荷载（允许荷载的 200%）试验，并满足试验标准要求。

7.3.3　高空升降作业安全操作

1. 液压升降车安全操作

（1）凡是驾驶升降车的作业人员，都要学习熟悉和应用操作程序知识和技能，做到持证上岗。

（2）操作前应检查升降臂架、拉杆、工作斗的各部件连接装置是否紧固可靠，工作斗轴是否卡死，各液压传送机构是否有失灵和漏油现象。

（3）升高作业前应先检查工作斗的安全可靠情况，确认无妨碍安全，一切完好后才能上斗作业。

（4）升高作业前，必须将支腿平稳撑地后才能升臂作业，先上后下，待作业完毕后，应将上下臂放回托架上后再收起支腿。

（5）严禁工作斗超员超重作业，以免发生意外事故。

（6）严禁使用工作斗当作起吊物件和利用臂架敲击电杆和灯柱，以免损坏液压机件。

（7）严禁在高空作业时不撑支腿，移动车辆，必须先将上下臂放回托架后才能行驶车辆。

（8）升高作业时必须佩戴安全带和安全帽，严禁维护作业人员自行攀爬上下作业斗。

（9）升降作业时，地面人员应与高空人员密切配合，在下面操作时应听从高空作业人员的指挥，动作准确无误。操作时上下臂升降，左右旋转应缓和平稳，不准剧烈冲撞晃动。

（10）升降作业时，维护作业人员应随时加强瞭望周边树木、建筑物有无障碍，特别要注意保持与高压线有足够的安全间隔距离，确保人身安全。

（11）驾驶员在升降作业过程中，禁止离开各自的位置，并打开车窗随时密切关注升降动静，以便在发生意外时，可迅速及时采取应急措施。

（12）液压升降车操作禁令

1）严禁违反液压升降作业车的使用说明书的有关规定进行操作。

2）严禁带有故障的病车进行作业。

3）严禁水平支腿和垂直支腿不伸出（支撑）的情况下进行回转作业。

4）严禁工作斗超员作业。

5）严禁工作斗内有人的情况下行驶车辆。

6）严禁在取力齿轮未脱离的状态下行驶车辆。

7）严禁臂架、作业斗未放至平行状态及水平支腿垂直支腿未收付的情况下行驶车辆。

2. 高空吊篮作业

（1）进入吊篮必须戴好安全帽、穿防滑鞋、戴好安全带、钩牢保险锁（拴在安全保险绳上）。

（2）上吊篮人员必须身体健康，无高血压病、贫血病、心脏病、癫痫病或其他不适合高空作业的疾病，严禁酒后操作，禁止在吊篮内玩笑嬉闹。

（3）吊篮的搭设必须派专人指挥，组装或拆除时应 3 人配合操作，严格按照搭设程序作业，每拆除重新安装时必须重新验收一次，否则不得使用。

（4）吊篮的负载不得超过 $120kg/m^2$，吊篮上不得超过 2 人，吊篮上的材料和人员要对称分布，不得集中在一头，保持吊篮负载平衡。

（5）承重钢丝绳与挑梁连接必须牢靠，并应有预钢丝绳受检的保护措施。

（6）每班第一次升降吊篮前，必须先检查电源、钢丝绳、屋面悬臂架、悬臂架配重是否符合要求，检查安全锁和升降电机是否完好。

（7）严禁将吊篮作为运输材料和人员的电梯使用，严格控制吊篮内的荷载。

（8）上吊篮作业人员必须在上、下午离开吊篮前，对安全锁、升降机及钢丝绳等沾污的水泥浆等杂物垃圾做清除，以确保机械的安全。

（9）上吊篮人员在操作前必须做到以下几点：

1）检查电源线连接点，观察指示灯。

2）按启动按钮，检查平台是否水平。

3）检查限位开关。

4）检查提升器与平台的连接处。

5）检查安全绳与安全锁连接是否可靠，动作是否正常。

（10）吊篮严禁用作垂直运输机械，不得有垂直交叉作业。

（11）晚间禁止吊篮作业，五级风以上及雨雪天气禁止使用吊篮作业。

（12）每次使用前，使用人员应对吊篮及楼顶的悬挂构件、配重数量进行检查，并在距离地面 1m 左右上下升降数次，确定无误后方可使用。

（13）维护作业人员及物料上下吊篮应在地面进行或采取措施使吊篮与墙面固定，严禁维护作业人员从 2 层以上的楼层进入吊篮，必须从地面进入吊篮，严禁维护作业人员从一台吊篮直接翻入另一台吊篮。

（14）每天收工时应关闭电源，用防雨布遮盖好电机、电控箱；开工前应打开遮盖物，严禁异物卷入；维护作业人员不得随意拆除吊篮部件，特别是安全装置，当吊篮在使用过程中，提升机出现异常情况，电箱出现电器元件烧毁等情况时，应马上停止使用，并及时与现场维修人员和管理人员取得联系。

（15）每天停用吊篮时，应将吊篮下降到一层处，并用拉杆将吊篮拉牢，不使吊篮随风飘动。

7.3.4 配电线路和设备运维安全

配电线路和电气设备运维必须贯彻"安全生产，预防为主"的方针。各级单位（部门）的负责人是该单位（部门）安全用电第一责任人。

1. 低压配电线路停送电安全措施

（1）配电线路停电顺序

1）停电

应先断开断路器，再拉开隔离开关。禁止白天检修时不停电或只断开断路器而不拉开隔离开关。

2）验电

验电时须用电压等级适合且合格的验电器，在检测设备进出线两侧各分相分别验电。

高压验电时应戴绝缘手套，并有专人监护。

3）悬挂标示牌

在隔离开关上悬挂"禁止合闸，线路有人工作"的标示牌，严禁工作人员在工作中移动或拆除标示牌。

（2）配电线路送电工作票制度、适用条件及安全措施

1）配电线路送电必须执行送电工作票和许可制度。

2）单位维护部门的故障处理、线路运行调试等需送电的工作在当日工作实施前必须填写送电工作票，并应明确填写工作票编号、送电原因、送电点位置、送电范围、预计送电起止时间、安全措施、操作人及监护人姓名等，审核通过后备案。

3）所有由分包单位维护的工程需送电的，由分包单位按规定填写送电工作票，由总包核实后备案，并安排运行人员按送电工作票制度要求送电操作。

4）送电作业应严格控制送电范围及时间，完成维护作业后立即恢复。

5）送电许可人应充分掌握送电线路的情况，未经调查不得许可送电，调查应有记录。

（3）低压线路带电作业

1）低压带电工作应设专人监护，使用绝缘柄的工具工作时应站在干燥的绝缘物上或穿低压绝缘鞋进行，并戴绝缘手套和安全帽，必须穿长袖衣工作服，严禁使用锉刀、金属尺和带有金属物的毛刷、毛掸等工具，并应随身携带低压验电笔。

2）高、低压同杆架设在低压带电线路上工作时应先检查与高压线的距离，采取防止误碰带电高压设备的措施；在低压带电导线未采取绝缘措施时，工作人员不得穿越；在带电低压配电装置上工作时，应采取防止相间短路和单相接地的隔离措施。

3）杆上带电作业时，上杆前应分清火、地线，选好工作位置，断开导线时应先断开火线后断开地线，复杂的工作应先做好相位记录，搭接导线时顺序相反，应先将两个线头接实后缠绕，人体不得同时接触两根线头。

（4）各种电动工具及发电机使用前，均应进行严格检查，其电源线不应有破损、老化现象，电动工具及发电机上附带的开关必须安装牢固，动作灵敏可靠，插头、插座符合标准。

2. 现场高压试验工作

（1）安全工作程序

1）工作安排：班组长分解工作任务，指定工作小组。

2）出工前的准备：填写工作票及检修卡，召开班前会，准备仪器及工具。

3）途中乘车安全：不影响驾驶员安全行驶，不互相打闹，器具装车可靠不致颠坏。

4）办理工作票：检查现场设备安全措施。

5）进入工作现场：宣读工作票，交代工作任务和安全事项，进行现场分工和提问。

6）试验中的安全：工作负责人全过程监护，工作成员互相监督，按规范进行操作。

7）撤离工作现场：正确恢复拆开的接头，清理工作现场，清点工器具和仪器设备并妥善装车。

8）结束工作票：填写验收记录及检修卡。

9）召开班后会：总结当日工作，提出存在的问题和改进措施。

10）返回：安全乘车，工器具和仪器设备入库归位。

（2）高压试验现场安全行为规范

1）进入工作现场必须戴好安全帽并系紧扣带，戴线手套，穿绝缘鞋，穿工作服，登高中应有人扶梯，高处作业将安全带系在牢固部位。

2）试验现场装设临时围栏，并向外悬挂"止步，高压危险！"的标示牌。安全警示灯接于电源盘刀闸出口并放在醒目的位置。

3）大电容量被试品在未充分放电前不得直接接触，升压设备的高压部分在未加压时应临时接地。

4）直流试验中应注意感应电是否危及邻近设备检修人员，试验后应对邻近检修的大电容量设备放电。

5）打开的二次接头应做好标记、一次接头绑扎牢固并可靠接地，与加压部分保持足够的安全距离。

6）加压过程中全体人员集中精力，监护人认真监护，呼唱时声音应洪亮，做到有呼有应。呼唱中应使用标准术语，如："准备完毕""检查接线""检查完毕""开始加压""可以加压""读数""降压""换线""换线完毕"等。

7）加压过程中操作人员应站在绝缘垫上，其他人员应与高压部分保持足够的安全距离并互相监护。

8）试验间断或结束时由操作人员用放电棒进行放电并将升压设备的高压部分接地。

9）全体人员随时警戒异常情况的发生，换线人员密切注视安全警示灯及电源盘刀闸的状态。换线时用自带的接地线将高压部分接地后方能换线。

10）工作现场器具布置合理、摆放整齐，所有人员不得闲谈，举止文明，听从指挥，统一行动。

3. 高压继电保护及二次回路现场工作

凡是现场工作有可能接触到运行二次设备及其回路的生产运行维护人员和调试人员，除必须遵守《电业安全工作规程》《电气工作票技术规范》等外，还必须遵守本规定。

（1）维护单位、定检（缺陷处理）工作部门

1）工作前工作人员应进行明确分工，并要求能够熟悉各自任务和安全注意事项。

2）全体工作人员应对工作现场一、二次设备的运行情况进行了解，熟悉所进行的工作与运行设备是否有直接联系，是否需要其他班组配合等。

3）根据工作内容要求和现场实际，负责制定完整的二次安全技术措施，填写二次设备及回路工作安全技术措施单。

二次安全技术措施应包括：为防止发生人身安全事故、设备事故或可能引起有关二次运行设备（如继电保护、安稳、远动自动化装置等）工作异常所需采取的二次回路断开、封接、防碰触等措施，要求将有关的跳闸回路、启动失灵回路、电流电压二次回路、与其他运行设备的联跳或闭锁回路等实施隔离，应详细列出需采取安全技术措施的位置、回路号、端子号、压板编号等具体内容。

4）负责将制定的二次安全技术措施纳入维护方案、新设备启动试运行方案，并交由运行单位技术管理部门审核。

（2）运行单位技术管理部门

1）应全面考虑检修工艺和所执行的技术标准是否满足要求，以及对运行设备安全运

行的影响，对维护单位提交的二次安全技术措施、竣工资料进行审核。

2）负责对工作过程中工作人员或运行人员提出的技术问题进行解答或组织分析解决。

（3）现场运维和值班人员

1）应确认施工单位提交的竣工图及二次安全技术措施与本设备型号规格相符，严禁随意更改，擅自扩大工作范围。

2）应仔细审核工作票所列的安全措施是否正确。如发现疑问，及时指出并向工作票签发人询问清楚，必要时要求重新办理工作票签发手续。

3）正确完成工作票所列的安全措施。

安全措施主要包括退出有关保护出口压板、启动失灵压板，在工作屏柜、端子箱的正、背面设置"在此工作"标志牌，相邻运行屏柜标挂红布帘，锁紧工作地点附近运行屏柜、端子箱的前后门等。对工作屏柜内的其他运行设备及其对应端子排、空气开关、切换把手等，设置醒目标示或用红布帘遮盖，防止工作过程中误碰运行设备。

4）向运维工作负责人进行安全措施交底，填写安全措施交底单，在值（班）长记录本上做好详细记录，并签署许可工作。

安全措施交底应详细说明与工作范围有关的一、二次设备运行状态情况，特别应交代清楚工作中严禁触及的回路、设备及区域。

5）监督运维人员在工作开始前完成二次安全技术维护措施。

（4）运维人员、定检（缺陷处理）工作人员

1）检查工作票所列的安全措施已按要求进行设置。

2）完成二次设备及回路工作安全技术措施。

3）工作负责人向全体成员和运行值班员进行二次安全技术措施交底，交代安全注意事项，并将其中一份二次设备及回路工作安全技术措施单交由运行值班员保管。

（5）其他运维安全要求

1）运维人员在运行设备上及有联系的二次回路上工作时必须有两人以上参加，其中由技术经验水平较高，对回路熟悉者负责监护。

2）日常运行维护工作现场发生断路器跳闸时，不管是否与本身工作有关，现场全体工作人员应立即停止工作，离开工作地点，听候指令。严禁更改接线等破坏现场的行为发生。

3）二次设备及其回路上的所有工作必须按图工作，严禁凭记忆工作。工作过程中如发现图纸与现场实际不符，应查明原因。

4）二次设备及其回路上的所有工作必须使用合格的仪器仪表，不得使用表针和表线已经破损的仪器仪表。

5）二次设备及其回路上的所有工作使用的工具器，要求其绝缘把手必须完好，其导体外露部分不得过长，对于外露导电部分较长的工具器，应用绝缘胶带进行包扎处理。

6）工作间断，应办理工作间断手续，工作负责人应向运行值班人员进行安全注意事项交底。

7）重新开始工作，工作负责人应会同值班负责人检查现场安全措施是否满足要求，检查二次安全技术措施是否完善。

8）工作结束，工作负责人应会同值班负责人（工作许可人）检查核对所有临时拆、

接线等安全技术措施已复原。

（6）巡视及检查

1）运行值班员应每天对工作现场进行巡视检查，如发现工作人员违反安全规程或任何危及人身及设备安全的情况，应向工作负责人提出改正意见，必要时有权下令停止工作。

2）运行单位安监部门应不定期对工作现场进行巡视检查，加强对工作流程的监督，如发现工作人员或运行人员违反安全规程的情况，应及时进行制止并勒令改正，必要时有权下令停止工作。

3）巡视检查所发现的违章行为，按其生产区域管理单位的违章管理规定进行处理。

7.3.5 带电作业

1. 带电作业基本规定

（1）带电作业是在带电设备上进行检修或改进的一种特殊工作。

（2）带电作业人员应身体健康，经过专业知识培训并取得带电作业合格证，熟悉和遵守《电业安全工作规程》带电作业部分，熟悉和遵守本规程，学会紧急救护法、触电解救法和人工呼吸法。

（3）凡是重大作业项目，或新项目，或比较复杂的带电作业项目，应先进行模拟操作试验（新工具应经过机械和电气性能试验），订出操作规程（新工具应具备局级以上单位主持的鉴定会通过），经总工程师批准后，才能在带电设备上作业。

（4）任何带电作业人员发现有违反规程的操作，危及人身或设备安全者，应立即制止。

（5）对认真执行安全操作规程者，应给予表扬和奖励；对违反规程或造成事故者，视情节轻重给予必要的处理。

2. 带电作业组织措施

（1）带电作业应有严密的组织措施，明确的现场分工，严格的现场纪律，并有完善的现场勘查制度、工作票制度、工作联系制度、工作监护制度及工作间断转移与终结制度。

（2）现场勘查制度

1）在进行带电作业之前，根据工作情况，应派有实践经验的人员进行现场查勘。在满足带电作业安全距离的设备上进行一般或常用项目的带电作业可不现场勘查。

2）现场查勘应注意结线方式、设备特性、工作环境、间隙距离、交叉跨越等情况。根据现场查勘情况作出能否带电作业判断，并确定采用的方法及必要的安全技术措施。

（3）工作票制度

1）带电作业应填写带电作业工作票。工作票经工作票签发人签发后生效。

2）填写带电作业工作票的工作必须按《电业安全工作规程》中有关规定执行。事故紧急处理时，可不填写工作票，但应履行许可手续并采取必要的安全措施。

3）工作票应由工作负责人或由他委托的人员填写。工作票中所列各项措施应正确清楚，不得任意涂改。如有个别错、漏字要修改时，应字迹清楚。工作票一式两份，其中一份由工作负责人执存（或专门保存），另一份由工作票签发人保存（或专门保存）。

4）一个工作负责人只能发给一张工作票。一张工作票适用于同一电压等级、同类型项目的作业。在工作期间，工作票应始终保证在工作负责人手中，工作票用后应保存半年。

　　（4）工作联系制度

　　1）在进行带电作业时，应与调度联系，其联系内容包括：电压等级、设备名称、工作内容、作业范围、工作负责人及工作时间等。

　　2）带电作业时，中性点有效接地的系统中有可能引起单相接地的作业、中性点非有效接地的系统中有可能引起相间短路的作业、复杂的作业以及推广项目，工作前应向调度申请停用重合闸，并不得强送电。

　　3）带电作业时，需要现场挂保护间隙或改变运行结线方式时，应事先向调度部门申请（口头或书面的），在批准的时间内进行作业。

　　4）在变电站进行带电作业时，应与值班员联系，并经其许可。

　　（5）工作监护制度

　　1）凡是带电作业必须有专人监护。对复杂的工作和高杆塔、多回路上的工作，在杆塔（或构架）上应增设监护人。

　　2）在复杂的作业项目中，工作领导人（工作票签发人）应在场加强领导。工作领导人应对以下事项负责：

　　审查工作是否必要；审查工作是否安全；审查工作票上的安全措施是否正确完备；所派工作负责人和工作班成员是否合适和充足。

　　3）工作负责人是作业现场的主要监护人，在作业期间，不得离开现场，不得直接进行操作，其主要职责是：正确安全地组织工作；结合实际进行安全思想教育，必要时进行补充现场安全措施，保证作业安全顺利地进行；工作前向全体人员交代工作任务、作业方法和安全措施，明确分配工作岗位；检查工器具、材料、设备是否齐全合格；正确发布一切操作命令，对工作人员不断进行监护，督促工作人员遵守规程，及时纠正违反规程的行为以及习惯性违章动作。

　　4）在带电作业中，工作班（组）成员，应互相监护，紧密配合；认真执行规程和现场安全措施，对违反规程、危及人身和设备安全的错误命令或行为，有权提出意见或制止；必须按各自的责任，完成分配的工作，以保证安全地完成整个作业。

　　（6）工作间断、转移与终结制度

　　1）工作间断时，对使用中的工器具应固定牢靠并派人看守现场。恢复工作时，应派人详细检查各项安全措施，确认安全可靠，方可开始工作。工作进行中，当天气突然变化（如雷雨、暴风等），应立即暂停工作。如此时设备不能及时恢复，工作人员必须撤离现场，并与调度取得联系，采取强迫停电措施。

　　2）工作转移时，应拆除所有工器具并仔细检查，使被检修的设备、现场恢复正常。

　　3）工作结束后，工作负责人应向调度或变电站值班员汇报，对停用了的重合闸应及时恢复。

　　3. 安全技术措施

　　（1）带电作业应在良好的天气条件下进行，如遇雨、雪、雷、雾，风力大于五级、气温超过＋38℃或低于－12℃等异常情况时，均应停止工作。夜间进行带电抢修应有足够的照明。

（2）在带电设备上进行作业前，应对设备的机械强度和固定情况进行认真细致的检查，如发现有裂纹、锈蚀或烧伤等情况，应采取补救（如补强）措施后，方可在设备上作业。

（3）绝缘架空地线是属于有电设备，不允许人身直接接触。

（4）在进行更换绝缘子作业时，当导线尚未脱离绝缘子串前，绝缘子串与横担的挂点不许解开。需要拆解第一片绝缘子串时，必须穿屏蔽服（或加短接线，短接线长度以短接一个瓷瓶的长度为限），才允许拆挂操作第1片绝缘子串的作业。

（5）带电作业人员应熟悉带电作业专用工具的组装、使用方法、使用范围及允许工作荷载，不允许使用不合格的或非专用的工具进行作业。作业应戴干净的棉线手套和安全帽，使用绝缘安全带和绝缘保险绳。

（6）带电作业时，一般不使用非绝缘绳索（如钢丝绳）。

（7）带电移动导线时，应采取可靠的安全措施。

（8）在处理接头发热或加装载流阻波器时，应接好能满足负荷电流要求的分流线，防止发热。在短接开关时，先检查开关是否合好，应停用跳闸保护，将跳闸机构锁住。

（9）进行主变带电加油和滤油的作业时，应停用重瓦斯保护。

（10）在转动横担上或在用释放线夹的线路上，进行移动导线的作业，应将转动横担或释放线夹先行固定，然后才能移动导线。

（11）在中性点不接地的系统带电处理单相接地故障时，应采取下列措施：必须经总经理批准，得到调度部门的同意；采取可靠的重复接地措施和消弧装置；测试接地电容电流的大小，必要时采取消弧线圈过补偿的措施来限制接地电容电流；接地电阻不大于10Ω；接地相上的残压不大于60V；所有作业人员应穿上绝缘靴、屏蔽服的均压手套；线路和变电设备其他两相绝缘良好；继电保护处于无时限跳闸位置；接地运行时限不得超过2h。

（12）用一组绝缘滑车组更换悬式绝缘子串时，应加装有足够强度的绝缘保护绳。

（13）采用高架绝缘车作业时，除应满足各项安全距离要求外，尚应注意以下几点：

1）绝缘臂有效长度应能满足各级电压等级条件下的作业要求。

2）绝缘斗中的作业人员应穿好屏蔽服、拴好安全带。

3）操作台的专业司机应经过专业培训，熟悉带电作业。

4）绝缘臂在传动、回转、升降过程中，应操作灵活，速度均匀缓慢，刹闸和制动可靠。

5）高架车在工作过程中要良好接地，在交通要道要设围栏。

6）一切操作、升降、回转的命令，由工作负责人发出，斗中人员与地面监护人要密切联系。操作人不得将物体放置在接地构架上。

7）绝缘臂不许超过厂家设计规定的荷载起吊重物。

8）高架车的金属臂在仰起、回转过程中，应符合相关规定。

4. 带电作业工具的保管与试验

（1）带电作业所使用的工具，都要按规定进行机械和电气强度试验。禁止使用不合格的工具。

（2）带电作业绝缘工具应专库保管，列册登记。要求库内通风良好，经常保持清洁干燥。

（3）使用或传递绝缘工具的人员应戴干净线手套。工具运输时应装在工具套内。工具放在现场时，应置于工具架或帆布上。工具传递时应防止碰撞。

（4）在使用绝缘工具前，应用 2500V 摇表测量绝缘电阻。绝缘电阻不低于 700mΩ（极间距离 2cm，电极宽 2cm）。

（5）屏蔽服应放在专用的工具包内，防止折断铜丝。屏蔽服要有良好的屏蔽性能，要求穿透率不大于 1.5%。在使用前应用万用表检查连接情况，其各部位的接触电阻值不得大于 8Ω。对于汗水浸湿后的屏蔽服，应用 50～100 倍的屏蔽服重量的温水（60℃）清洗，待晾干后使用，洗涤过程中严禁揉搓。

（6）带电作业工具应定期进行试验，试验记录应由专人保管。

电气试验：预防性试验每年一次，检查性试验每年一次，两次试验间隔半年。

机械试验：绝缘工具每年一次，金属工具每两年一次。

（7）带电作业工具应有试验卡片，并有专人保管，按期进行试验。

7.3.6　其他运行维护土建施工安全

1. 隐蔽项目

（1）杆坑、电缆沟槽开挖

1）电缆线路更换、电杆重挖基坑等土建施工，施工前必须事先与有关单位联系，查明地下是否有其他管线设施及其确切位置再行施工。

2）铁杆、铁冲子和长柄铁铲使用时，应阻止行人在旁围观，注意行人的安全。不用时应平放在地上，不得靠在电杆、树身或墙上，以防倒下伤人。

3）扛长柄铁杆等工具时，背后部分应高于头部，并随时注意来往车辆和行人安全，在松软土地的房屋墙脚边开挖杆坑、沟槽，应有防止塌方的安全措施，禁止由下部掏挖土层。

4）路边挖好的杆洞过夜时要加盖板。影响交通的沟槽要盖上有足够强度的钢板，夜间有红灯警示标志。

5）二人同时挖掘基坑，不得面对面或互相靠近工作，向坑外抛土时，应防止土石块回落伤人。任何人不得在坑内休息。

6）水坑和流砂坑的开挖可采用挡土板支撑或其他防止塌方的施工方法。采用特殊方法施工时，应制定专项安全方案，经批准方可进行。

7）挡土板和支撑的规格应根据计算确定，在挖掘过程中应经常检查挡土板有无变形或断裂等现象。

8）更换支撑应先装后拆，挡土板的拆除应待基础施工结束后，与回填土同时进行。

（2）配电箱（柜）基础施工

1）混凝土浇筑前，必须检查基础模板是否牢固可靠。手推车行驶的路面应垫平。

2）浇筑工作应满足下列要求：

① 距坑口 0.8m 之内不得堆放任何物件，坑口附近不得乱丢物品。

② 电动振捣器应采用绝缘良好的橡套软电缆，振捣器运转过热或暂停工作时，应将电源切断。

③ 拆模、维护时，维护人员不得沿支撑或易塌落的坑边走动，拆除的木模板和支撑应集中堆放，外露的圆钉应拔掉或打弯。

（3）接地系统施工

1）未作现场交底或交底不清不得实施接地棒的施工。

2）接地装置施工作业面下方有既有管线，施工时须派员到现场监管，如发现既有设施影响接地棒施工的，应立即停止施工，通知监理、业主单位，重新确定施工方案或做设计变更。

2. 电缆敷设及终端头、中间头制作

（1）电缆敷设施工须严格执行《安全用电管理制度》中"配电线路停电检查顺序及安全措施"条款内容。

（2）电缆中间头、终端头在防火重点部位或场所以及禁止明火区不得采用热缩工艺施工。

（3）采用热缩工艺的工序施工前，应由施工部门编制专项施工方案，列明动火施工预计起止时间、动火操作人、现场安全员、消防设备配置清单，批准后方能施工。施工过程中，安全员应在现场检查并做好消防准备。施工后，操作人、安全员应确认火源已灭、气瓶阀门已关，填写图文记录并共同签字备查。

3. 照明设备吊装作业安全

（1）所有汽车起重机操作人员及现场指挥人员必须经市有关部门专业知识的学习培训，考核合格后，领取特殊工作操作证方能操作，做到持证上岗。凡参与起吊作业人员必须戴好安全帽。

（2）驾驶汽车起重机前应检查支腿、吊臂是否复位，吊钩与钢丝绳是否拉紧，有无磨损、断丝、断股现象，绳卡必须牢固。

（3）应检查操纵机构各部件的连接装置是否完好，螺丝钉有无松动，液压油管等部位是否漏油。

（4）起吊前应先对场地、空间高度、周边环境观察好，在确认无妨碍安全的原则下方可作业，起吊物件下不准站人，不准经过操纵处或驾驶室上方。施工现场严禁行人通行或逗留。

（5）作业时必须平稳撑好四条支腿，使轮胎离地，遇有松软土质或高低不平的地面，应加垫块加以调整。严禁不撑支腿进行作业。

（6）起吊时，操作员应集中思想，并与现场施工人员配合默契，听从现场指挥。物件在上下起吊、左右转动时，应保持平稳和匀速，以免物件在空中摇晃发生危险。

（7）起吊重量应在额定荷载范围内，不准超荷起吊，不准起吊不明情况的地下埋设物件。如起吊杆根有松动迹象，应终止起吊。

（8）掌握起吊物件的重心套索，捆扎要做到牢、稳、妥。对超过 9m 的超高、超长或大件物品应加保险绳，以防滑脱，发生意外。

（9）拔杆时，事先应查明杆根底部有无浇筑混凝土或四周有无石块填实，如有类似情况，即不能一次起吊，应将吊钩带紧杆子后，由施工班组将杆子四周挖空后才能起吊。

（10）拔杆时，操纵操作杆要逐步加力，不准猛拉操作杆，进行冲击拔杆。起重臂升起时，不准带荷动车，作业完毕，应将起重臂放回托架上收起支腿，巡视四周，安然无恙后才能离开施工现场。

（11）在雨天、雪天，制动器易失效，所以落钩要慢，遇有大雾、大雨、六级以上大风等恶劣天气，不得进行起吊作业。

（12）地面指挥手势或信号，应明确、清晰、响亮，操作员未听清、看清或不明确情况下，应大声询问，待弄清楚后才能作业。

（13）起吊之前，必须看清与高压线的安全距离，安全距离不足时，严禁起吊。

（14）驾驶员、操作员在起吊作业过程中，禁止离开各自的位置，并打开车窗，随时密切关注起吊及周边动静，以便在发生意外时，可迅速及时采取应急措施，防止事故的发生。

（15）起重机工作前，必须将所有操作杆放在空挡位置，并应对传动部分试运一次，检查各部分工作是否正常，制动器和保险装置是否灵敏可靠。

（16）起重机工作时，禁止无关人员进入操作室。起吊时，吊臂的仰角不得超过制造厂规定。

（17）操作人员应按指挥人员的哨音和旗语或手势进行操作。如指挥信号不清楚或发现事故隐患时，操作人员可拒绝执行，并立即通知指挥人员，但对任何人发出的危险信号均应听从。

（18）遇到大雾、夜间照明不足，指挥人员看不清工作地点或操作人员看不清指挥人员，不得进行起吊工作。

（19）雨雪天工作，除应保持良好视线外，还应防止各部制动器受潮失效，工作前应检查各部制动器，并进行试吊（吊起重物离地面 10cm 左右，连续上下数次）确认可靠后，方能进行工作。

（20）通过滑轮和卷扬机滚筒的钢丝不得有接头。严禁钢丝绳和带电导线相碰。如钢丝绳有断股、压扁损伤，表面严重起毛刺、腐蚀的，或受过严重火灾或局部电弧烧伤者应报废或截除。

（21）起重机不得吊物行驶。工作完毕后，起腿和回转臂杆不得同时进行。行驶时，应将臂杆放在支架上，并将钢丝绳拉紧。

（22）立、拔混凝土杆要防止突然倾倒事故。混凝土杆立好后，必须将杆坑填平夯实后，才能撤除拉绳。拔混凝土杆时，应先绑好拉绳，挖土后禁止登杆。

（23）起吊灯杆在离地 0.3m 左右时，要检查各个受力部位，确无问题再继续起吊，起立至 60°后要减缓速度，注意各侧拉绳。

（24）电力变压器吊装作业时，不得发生严重冲击和振动，牵引时的牵引点应在重心以下，卸车时要注意核对高低压侧的方向并与安装方向一致，干式变压器要有防雨措施，千斤顶顶升变压器时要置于油箱下部的专用部位，油枕、瓷绝缘子端子不得触及吊索，起吊钢索应系在专门的吊耳上，吊心检查时，铁心及器身不得与箱壁碰击，油浸式变压器应直立搬运。

（25）电气盘柜吊装作业时，应采取防震、防潮、防止框架变形和漆面受损受摩擦的措施，必要时应卸下易损器件，吊索装设必须可靠，禁止在作业中发生滑脱、倾翻等故障，产品对吊装有要求的应严格按说明书进行。

（26）电缆吊装作业时，不得使电缆及电缆盘受到损伤，严禁将电缆盘直接由车上滚下，任何时候电缆轴必须立放而不准平放。滚动电缆盘时必须先检查电缆盘的牢固性，其滚动方向应与缠绕的方向相反，地面上凸起的异物不得触及电缆。吊装时必须由穿入钢管轴与吊索钩挂，钢索不得穿入轴心吊装。

7.3.7 施工现场交通、消防安全

1. 车辆停靠及施工围护

（1）车辆需停靠时，驾驶员应打转向灯靠边行车，停车时注意两边车辆与行人，持续开启危险报警闪光灯（俗称双闪灯或双跳灯），设立施工围护。

车辆施工围护要求为：在封闭的小区内施工时，车后应至少放置"前方施工"反光警示标识牌及三处反光警示标志锥桶；在非主干道、快速路或高架桥路段施工时，车后应至少放置"前方施工""限速20"反光警示标识牌及三处反光警示标志锥桶，并应至少放置在50m之外；车辆在非主干道、快速路或高架桥路段道路交叉口时须设立"前方施工"反光警示标识牌及六处警示标志锥桶；车辆在主干道、快速路或高架桥路段施工时，车后应放置"前方施工""限速40""限速20""禁止超车"等四处反光警示标识牌，并应至少放置在100m之外，之间用反光警示标志锥桶连接，连接间距不超过5m。

（2）放置标志牌方法

车辆靠边停车，打开双闪、爆闪灯，施工人员靠边下车，在车辆后依次放下"前方施工""限速40""限速20""禁止超车"等警示标志牌，车辆随开随放随停，直至维修点；然后施工人员在警示标志牌到车辆的施工维护范围内放置安全锥筒。

（3）回收标志牌方法

施工作业结束后，先清理好现场，车辆倒车，随开随收随停，施工人员随车回收安全锥筒及警示标志，回收最后放的"前方施工"警示标志牌后，施工人员靠边上车，车辆关闭双闪开走。

（4）车辆在高速公路或有特殊管理要求的路段施工时，应根据管理部门规定提前制定特定施工安全方案，经相关部门审核后方能施工。

2. 施工现场消防安全

根据国家有关法律法规、规章之要求，依据安全生产评价之内容，为确保施工生产安全防范责任制的落实，坚持"谁主管、谁负责"的原则，建立施工现场消防制度，规定如下：

（1）施工现场消防管理

1）项目部成立以项目经理为首的消防管理小组，组建义务消防队。消防队员要定期进行教育训练，熟悉掌握防火、灭火知识和消防器材的使用方法，做到能防火检查和扑救火灾。

2）现场要有明显的防火宣传标志，项目经理部每半年对施工人员进行一次防火教育，定期组织防火检查，建立防火工作档案。

3）现场设置消防车道，特别是通往仓库、生活区的道路其宽度不得小于3.5m，消防车道不能环行的应在适当地点修建回转车辆场地。

4）现场要配备足够的消防器材，并做到布局合理，经常维护、保养，采取足够防冻保温措施，保证消防器材灵敏有效。

5）现场进水管直径不小于 100mm，消火栓处要设有明显标志，配备足够的水龙带，周围 3m 内，不准存放任何物品。

6）电工、焊工从事电气设备安装和电、气焊切割作业，要有操作证和动火证。动火前要清除附近易燃物，配备看火人员和灭火用具。动火地点变换，要重新办理动火证手续。

7）因施工需要搭设临时建筑，应符合防火要求，不得使用易燃材料。

8）项目部安全员对施工材料的存放、保管，应符合防火安全要求，库房应用非燃材料支搭。安全员要熟悉库存材料的性质，因施工需要进入工程内的可燃材料，要根据工程计划限量进入并应采取可靠的防范措施。易燃易爆物品，应专库储存，分类单独存放，库内严禁吸烟。

9）施工现场和生活区，未经项目部批准不得使用电热器具。

10）氧气瓶、乙炔瓶工作间距不小于 5m，两瓶同明火作业距离不小于 10m。

（2）坚持防火月检查制度，消除火灾隐患。检查的内容主要包括：

1）火灾隐患的整改情况以及防范措施的落实情况。

2）灭火器材配置及有效情况。

3）用火、用电有无违章情况。

4）重点工种人员以及其他员工消防知识的掌握情况。

5）消防安全重点部位的管理情况。

6）易燃易爆危险物品和场所防火防爆措施的落实情况以及其他重要物资的防火安全情况。

7）消防（控制室）值班情况和设施运行、记录情况。

8）防火巡查情况。

9）消防安全标志的设置情况和完好、有效情况。

10）其他需要检查的内容。

（3）建立消防安全灭火和应急预案制度，至少每年进行一次演练，并结合实际，不断完善预案。预案应当包括下列内容：

1）组织机构和职责分配，包括：灭火行动组、通信联络组、疏散引导组、安全防护救护组等。

2）报警和接警处置程序。

3）应急疏散的组织程序和措施。

4）扑救初起火灾的程序和措施。

5）通信联络、安全防护救护的程序和措施。

6）后勤保障程序和措施，包括设施、各类物资、饮食的保障。

7）医疗救护保障程序和措施。

8）演练评审程序。定期检验人员、设施、措施的实施配合协调状况，并作出评审报告。

9）各人员集中和封闭场所有疏散图和导向标志。

（4）建立动火须知制度，从源头上杜绝责任不清、职责不明的现象发生，确保"谁动火、谁负责"的消防安全管理制度的落实。

一级动火

1）禁止区域内：油罐、油箱、油槽车和储存过可燃气体，易燃液体的容器以及连接

在一起的辅助设备；各种受压设备；比较密封的室内，容器内、地下室等场所。

2）一级动火作业由所在施工队主管消防工作的领导在作业一周前提出动火申请，并附上安全技术措施，报项目部主管消防的领导和当地消防部门审批后方可动火。

二级动火

1）在具有一定危险因素的非禁火区域内进行临时焊割等动火作业；小型油箱等容器、登高焊接等动火作业属于二级动火。

2）二级动火作业由所在施工队主管消防工作的领导在作业四天前提出动火申请，并附上安全技术措施方案，报项目部主管消防的领导审批后方可动火。

三级动火

在非固定的，无明显危险因素的场所进行动火作业，属于三级动火。三级动火作业由所在班组在作业三天前提出动火申请，经施工队和项目部主管消防的领导审批后方可动火。

7.3.8 网络、数据安全

网络安全主要包括网络软件安全、网络设备安全以及网络信息数据安全，通过各种措施保护网络系统中的硬件、软件和数据不受意外或恶意原因的更改、破坏或泄露，系统能够可靠、连续、正常地运行，不间断地提供服务。为确保网络、数据的安全，基本要求如下：

（1）定期开展网络安全等级保护测评。

（2）制定完善的责任制度，明确职责与责任。

（3）完善基础设施建设，优化网络通信，根据数据信息重要程度等级划分区域并建立分级保护，重要区域与其他区域通过防火墙进行访问控制隔离，特别重要的数据和网络进行物理隔离保护。

（4）新建、维修、维护等所采购产品均须符合国家的有关规定，并具有销售许可证。

（5）新建完成的设施、系统需进行测试并验收合格后方能投入使用，并要求开发单位制定详细的系统设备交付清单，对系统交付材料进行清点，并提供建设过程文档与运行维护文档。

7.3.9 突发公共事件期间的维护作业安全

突发公共事件指突然发生，造成或可能造成重大人员伤亡、财产损失、生态环境破坏和严重社会危害，危及公共安全的紧急事件。主要包括自然灾害、事故灾难、公共卫生事件、社会安全事件等。为确保突发公共事件期间维护作业的正常有序开展，需做到以下几点：

（1）建立健全组织机构。成立相应工作领导小组，配备相关人员，制定相关工作流程制度。

（2）建立完善应急预案体系。根据不同突发公共事件制定对应应急预案并进行日常演练。相关人员需熟悉应急预案的预警报告、应急启动、保障措施等。

（3）做好物资保障。根据应急预案提前采购储备相关物资，建立储备物资轮换更新制度。

7.3.10 特殊天气维护作业要求

（1）汛期、暑天、雪天等恶劣天气巡视，必要时由两人进行。单人巡视时，禁止攀登灯杆。

（2）地震、台风、洪水、泥石流等灾害发生时，禁止巡视灾害现场；灾害发生后，如需对设备进行巡视时，应制定必要的安全措施，得到设备管理单位批准，并至少两人一组，巡视人员与派出部门之间保持通信联络。

（3）雨雪、大风天气或事故巡视，巡视人员应穿绝缘鞋或绝缘靴，夜间巡视应携带足够的照明工具。

（4）大风巡视应沿设备上风侧前进，以免碰触段落有电设备。

（5）雷电时，禁止进行倒闸操作和更换熔丝工作。

（6）在恶劣天气下或者风力达到六级以上时应停止作业。

7.4　安全事故的救援

7.4.1　安全事故的分类

1. 事故的定义

事故是指人们在进行有目的的活动过程中，发生了违背人们意愿的不幸事件，使其有目的的行动暂时或永久地停止。

事故可能造成人员的死亡、疾病、伤害、损坏、财产损失或其他损失。事故通常包含的含义：

（1）事故是意外的，它出乎人们的意料，是不希望看到的事情。

（2）事件是引发事故，或可能引发事故的情况，主要是指活动、过程本身的情况，其结果尚不确定，若造成不良结果则形成事故，若侥幸未造成事故也应引起注意。

（3）事故涵盖的范围是：死亡、疾病、工伤事故；设备、设施破坏事故；环境污染或生态破坏事故。

2. 安全事故的分类

根据我国有关法规和标准，目前应用比较广泛的伤亡事故分类主要有以下几种。

（1）按安全事故伤害程度分类

根据现行国家标准《企业职工伤亡事故分类》GB 6441 规定，按伤害程度分类为：

1）轻伤，指损失 1 个工作日至 105 个工作日以下的失能伤害。

2）重伤，指损失工作日等于和超过 105 个工作日的失能伤害，重伤的损失工作日最多不超过 6000 工日。

3）死亡，指损失工作日超过 6000 工日，这是根据我国职工的平均退休年龄和死亡与伤亡事故者平均年龄计算出来的。计算公式：$N=P(L_退-L_亡)$。式中：N 为损失工作日数，$L_退$ 为平均退休年龄（取 55），$L_亡$ 为死亡与伤亡事故平均年龄。

（2）按安全事故类别分类

根据现行国家标准《企业职工伤亡事故分类》GB 6441 规定，将事故类别划分为 20 类，即物体打击、车辆伤害、机械伤害、起重伤害、触电、淹溺、灼烫、火灾、高处坠落、坍塌、冒顶片帮、透水、放炮、瓦斯爆炸、火药爆炸、锅炉爆炸、容器爆炸、其他爆炸、中毒和窒息、其他伤害。

（3）按安全事故受伤性质分类

受伤性质是指人体受伤的类型，实质上是从医学的角度给予创伤的具体名称，常见的有：电伤、挫伤、割伤、擦伤、刺伤、撕脱伤、扭伤、倒塌压埋伤、冲击伤等。

（4）按生产安全事故造成的人员伤亡或直接经济损失分类

中华人民共和国国务院令第 493 号《生产安全事故报告和调查处理条例》第三条规定：根据生产安全事故（以下简称事故）造成的人员伤亡或者直接经济损失，事故一般分为以下等级：

1）特别重大事故，是指造成 30 人以上死亡，或者 100 人以上重伤（包括急性工业中毒，下同），或者 1 亿元以上直接经济损失的事故；

2）重大事故，是指造成 10 人以上 30 人以下死亡，或者 50 人以上 100 人以下重伤，或者 5000 万元以上 1 亿元以下直接经济损失的事故；

3）较大事故，是指造成 3 人以上 10 人以下死亡，或者 10 人以上 50 人以下重伤，或者 1000 万元以上 5000 万元以下直接经济损失的事故；

4）一般事故，是指造成 3 人以下死亡，或者 10 人以下重伤，或者 1000 万元以下 100 万元以上直接经济损失的事故（其中 100 万元以上，是中华人民共和国建设部《关于进一步规范房屋建筑和市政工程生产安全事故报告和调查处理工作的若干意见》（建质〔2007〕257 号）中规定的）。

7.4.2 事故应急救援预案

应急预案是对特定的潜在事件和紧急情况发生时所采取措施的计划安排，是应急响应的行动指南。编制应急预案的目的，是防止一旦紧急情况发生时出现混乱，按照合理的响应流程采取适当的救援措施，预防和减少可能随之引发的职业健康安全和环境影响。

应急预案的制定。首先必须与重大环境因素和重大危险源相结合，特别是与这些环境因素和危险源一旦控制失效可能导致的后果相适应，其次要考虑在实施应急救援过程中可能产生新的伤害和损失。

1. 应急预案体系的构成

生产经营单位应急预案分为综合应急预案、专项应急预案和现场处置方案。生产经营单位应依据有关法律、法规和相关标准，结合本单位组织管理体系、生产规模和可能发生的事故特点，科学合理确立本单位的应急预案体系，并注意与其他类别应急预案相衔接。

（1）综合应急预案

综合应急预案是生产经营单位为应对各种生产安全事故而制定的综合性工作方案，是本单位应对生产安全事故的总体工作程序、措施和应急预案体系的总纲。

（2）专项应急预案

专项应急预案是生产经营单位为应对某一种或者多种类型生产安全事故，或者针对重要生产设施、重大危险源、重大活动防止生产安全事故而制定的专项工作方案。专项应急预案和综合应急预案中的应急组织机构、应急响应程序相近时，可不编写专项应急预案，将相应的应急处置措施并入综合应急预案。

（3）现场处置方案

现场处置方案是生产经营单位根据不同生产安全事故类型，针对具体场所、装置或者设施所制定的应急处置措施。现场处置方案的重点是事故风险描述、应急工作职责、应急处置措施和注意事项，应体现自救互救、信息报告和先期处置的特点。事故风险单一、危险性小的生产经营单位，可只编制现场处置方案。

2. 应急预案编制的要求

（1）符合有关法律、法规、规章和标准的规定。

（2）结合本地区、本部门、本单位的安全生产实际情况。

（3）结合本地区、本部门、本单位的危险并分析情况。

（4）应急组织和人员的职责分工明确，并有具体的落实措施。

（5）有明确、具体的事故预防措施和应急程序，并与其应急能力相适应。

（6）有明确的应急保障措施，并能满足本地区、本部门、本单位的应急工作要求。

（7）预案基本要素齐全、完整，预案附件提供的信息准确。

（8）预案内容与相关应急预案相互衔接。

3. 应急预案编制内容

（1）总则

1）适用范围

2）响应分级

（2）应急组织机构及职责

（3）应急响应

1）信息报告

① 信息接报

② 信息处置与研判

2）预警

① 预警启动

② 响应准备

③ 预警解除

3）响应启动

4）应急处置

5）应急支援

6）响应终止

（4）后期处置

（5）应急保障

1）通信与信息保障

2）应急队伍保障

3）物资装备保障

4）其他保障

（6）专项应急预案内容

1）适用范围

2）应急组织机构及职责

3）响应启动

4）处置措施

5）应急保障

（7）现场处置方案内容

1）事故风险描述

2）应急工作职责

3）应急处置

4）注意事项

（8）应急预案附件

1）生产经营单位概况

2）风险评估的结果

3）预案体系与衔接

4）应急物资装备的名录或清单

5）有关应急部门、机构或人员的联系方式

6）格式化文本

7）关键的路线、标识和图纸

8）有关协议或者备忘录

4. 应急预案的备案

地方各级安全生产监督管理部门的应急预案，应当报同级人民政府和上一级安全生产监督管理部门备案。

其他负有安全生产监督管理职责的部门的应急预案，应当抄送同级安全生产监督管理部门。

中央管理的总公司（总厂、集团公司、上市公司）的综合应急预案和专项应急预案，报国务院国有资产监督管理部门、国务院安全生产监督管理部门和国务院有关主管部门备案；其所属单位的应急预案分别抄送所在地的省、自治区、直辖市或者设区的市人民政府安全生产监督管理部门和有关主管部门备案。

上述规定以外的其他生产经营单位中涉及实行安全生产许可的，其综合应急预案和专项应急预案，按照隶属关系报所在地县级以上地方人民政府安全生产监督管理部门和有关主管部门备案；未实行安全生产许可的，其综合应急预案和专项应急预案的备案，由省、自治区、直辖市人民政府安全生产监督管理部门确定。

5. 应急预案的实施

各级安全生产监督管理部门、生产经营单位应当采取多种形式开展应急预案的宣传教育，普及生产安全事故预防、避险、自救和互救知识，提高从业人员安全意识和应急处置技能。

生产经营单位应当制订本单位的应急预案演练计划，根据本单位的事故预防重点，每年至少组织一次综合应急预案演练或者专项应急预案演练，每半年至少组织一次现场处置方案演练。

有下列情形之一的，应急预案应当及时修订：

（1）生产经营单位因兼并、重组、转制等导致隶属关系、经营方式、法定代表人发生变化的。

（2）生产经营单位生产工艺和技术发生变化的。

（3）周围环境发生变化，形成新的重大危险源的。

（4）应急组织指挥体系或者职责已经调整的。

（5）依据的法律、法规、规章和标准发生变化的。

（6）应急预案演练评估报告要求修订的。

（7）应急预案管理部门要求修订的。

生产经营单位应当及时向有关部门或者单位报告应急预案的修订情况，并按照有关应急预案报备程序重新备案。

7.4.3　事故报告

1. 安全事故报告的顺序

根据《安全生产法》第 83～85 条的规定，生产安全事故的报告应当遵守以下规定：

（1）生产经营单位发生生产安全事故后，事故现场有关人员应当立即报告本单位负责人。

（2）单位负责人接到事故报告后，应当迅速采取有效措施，组织抢救，防止事故扩大，减少人员伤亡和财产损失，并按照国家有关规定立即如实报告当地负有安全生产监督管理职责的部门，不得隐瞒不报、谎报或者迟报，不得故意破坏事故现场、毁灭有关证据。对于实行施工总承包的建设工程，根据《建设工程安全生产管理条例》第 50 条的规定，由总承包单位负责上报事故。

（3）负有安全生产监督管理职责的部门接到事故报告后，应当立即按照国家有关规定上报事故情况。负有安全生产监督管理职责的部门和有关地方人民政府对事故情况不得隐瞒不报、谎报或者迟报。

（4）有关地方人民政府和负有安全生产监督管理职责部门的负责人接到重大生产安全事故报告后，应当按照生产安全事故应急救援预案的要求立即赶到事故现场，组织事故抢救。

案例：某施工现场发生了安全生产事故，堆放石料的料堆坍塌，将一些正在工作的工人掩埋，最终导致了 3 名工人死亡。工人李某在现场目睹了整个事故的全过程，于是立即向本单位负责人报告。由于李某看到的是掩埋了 4 名工人，他就推测这 4 名工人均已经死亡。于是向本单位负责人报告说 4 名工人遇难。此数字与实际数字不符，你认为该工人是否违法？

答：不违法。依据《安全生产法》，事故现场有关人员应当立即报告本单位负责人，但并不要求如实报告。因为在进行报告的时候，报告人未必能准确知道伤亡人数。所以，即使报告数据与实际数据不符，也并不违法。

但是，如果报告人不及时报告，就会涉嫌违法。因为可能由于其报告不及时而使得救援迟缓，伤亡扩大。

2. 安全事故逐级报告

在《安全生产法》的基础上，《生产安全事故报告和调查处理条例》作出了进一步的详细规定。

（1）事故单位的报告

事故发生后，事故现场有关人员应当立即向本单位负责人报告；单位负责人接到报告后，应当于 1 小时内向事故发生地县级以上人民政府安全生产监督管理部门和负有安全生产监督管理职责的有关部门报告。

情况紧急时，事故现场有关人员可以直接向事故发生地县级以上人民政府安全生产监督管理部门和负有安全生产监督管理职责的有关部门报告。

（2）监管部门的报告

生产安全事故的逐级报告

安全生产监督管理部门和负有安全生产监督管理职责的有关部门接到事故报告后，应当依照下列规定上报事故情况，并通知公安机关、劳动保障行政部门、工会和人民检察院：

① 特别重大事故、重大事故逐级上报至国务院安全生产监督管理部门和负有安全生产监督管理职责的有关部门。

② 较大事故逐级上报至省、自治区、直辖市人民政府安全生产监督管理部门和负有安全生产监督管理职责的有关部门。

③ 一般事故上报至设区的市级人民政府安全生产监督管理部门和负有安全生产监督管理职责的有关部门。

安全生产监督管理部门和负有安全生产监督管理职责的有关部门依照前款规定上报事故情况，应当同时报告本级人民政府。国务院安全生产监督管理部门和负有安全生产监督管理职责的有关部门以及省级人民政府接到发生特别重大事故、重大事故的报告后，应当立即报告国务院。

必要时，安全生产监督管理部门和负有安全生产监督管理职责的有关部门可以越级上报事故情况。

安全生产监督管理部门和负有安全生产监督管理职责的有关部门逐级上报事故情况，每级上报的时间不得超过 2 小时。

3. 事故单位的报告内容

（1）事故发生单位概况。

（2）事故发生的时间、地点以及事故现场情况。

（3）事故的简要经过。

（4）事故已经造成或者可能造成的伤亡人数（包括下落不明的人数）和初步估计的直接经济损失。

（5）已经采取的措施。

（6）其他应当报告的情况。

事故报告后出现新情况的，应当及时补报。自事故发生之日起 30 日内，事故造成的伤亡人数发生变化的，应当及时补报。道路交通事故、火灾事故自发生之日起 7 日内，事故造成的伤亡人数发生变化的，应当及时补报。

7.4.4 事故现场的保护

在实施事故救援过程中，事故现场状况比较复杂。事故现场的真实状况，对于事故调查取证、确定事故责任以及责任追究十分重要。在事故应急救援中存在的突出问题之一就是事故现场保护的义务主体和要求不明确，过失或者故意破坏事故现场和损毁证据的现象时有发生，给事故调查带来了很大困难。对此，《生产安全事故报告和调查处理条例》分别对事故单位的保护和现场物件的保护作出了明确规定。

1. 事故现场的保护

《生产安全事故报告和调查处理条例》第十六条规定："事故发生后，有关单位和人员应当妥善保护事故现场以及相关证据，任何人不得破坏事故现场、毁灭相关证据。"这里明确了两个问题，一是保护事故现场以及相关证据是有关单位和人员的法定义务。所谓"有关单位和人员"是事故现场保护的义务主体，既包括在事故现场的事故发生单位及其有关人员，也包括在事故现场的有关地方人民政府安全生产监管部门、负有安全生产监管职责的有关部门、事故应急救援组织等单位及其有关人员。只要是在事故现场的单位和人员，都有妥善保护现场和相关证据的义务。二是禁止破坏事故现场、毁灭有关证据。不论是过失还是故意，有关单位和人员均不得破坏事故现场、毁灭相关证据。有上述行为的，将要承担相应的法律责任。

有时为了便于抢险救灾，需要改变事故现场某些物件的状态。

《生产安全事故报告和调查处理条例》第十六条第二款规定，在采取相应措施的前提下，因抢救人员、防止事故扩大以及疏通交通等原因，需要移动事故现场物件的，应当做出标记，绘制现场简图并做出书面记录，妥善保护现场重要痕迹、物证。

2. 事故犯罪嫌疑人的控制

一些企业发生事故后，有的犯罪嫌疑人为逃避法律制裁，销毁、隐匿证据或者逃匿，给事故调查处理带来困难。为了加强对事故犯罪嫌疑人的控制，保证事故调查处理工作的顺利进行，《生产安全事故报告和调查处理条例》第十七条规定："事故发生地公安机关根据事故的情况，对涉嫌犯罪的，应当依法立案侦查，采取强制措施和侦查措施。犯罪嫌疑人逃匿的，公安机关应当迅速追捕归案。"

依照我国《刑事诉讼法》的有关规定，公安机关具有除人民法院审理的自诉案件、人民检察院立案侦查和提起公诉的贪污罪、侵犯公民民主权利罪、渎职罪等案件以外的其他刑事案件的立案侦查的刑事管辖权。对于事故发生单位中涉嫌安全生产犯罪的嫌疑人，公安机关有权依法采取追捕和刑事拘留等强制措施；有权讯问犯罪嫌疑人、证人，对有关场所、物品、人身、尸体进行勘验、检查，搜查犯罪嫌疑人的住所和物品，扣押相关物证、书证，实施刑事鉴定，通缉在逃犯罪嫌疑人等侦查措施。

7.4.5　事故的调查处理

为了规范生产安全事故的报告和调查处理，落实生产安全事故责任追究制度，防止和减少生产安全事故，根据《安全生产法》和有关法律规定，事故调查处理应当按照科学严谨、依法依规、实事求是、注重实效的原则，及时、准确地查清事故原因，查明事故性质和责任，评估应急处置工作，总结事故教训，提出整改措施，并对事故责任单位和人员提出处理建议。事故调查报告应当依法及时向社会公布。事故调查和处理的具体办法由国务院制定。

1. 事故调查

（1）特别重大事故由国务院或者国务院授权有关部门组织事故调查组进行调查。重大事故、较大事故、一般事故分别由事故发生地省级人民政府、设区的市级人民政府、县级人民政府负责调查。省级人民政府、设区的市级人民政府、县级人民政府可以直接组织事故调查组进行调查，也可以授权或者委托有关部门组织事故调查组进行调查。未造成人员伤亡的一般事故，县级人民政府也可以委托事故发生单位组织事故调查组进行调查。

（2）事故调查组有权向有关单位和个人了解与事故有关的情况，并要求其提供相关文件、资料。有关单位和个人不得拒绝。事故发生单位的负责人和有关人员在事故调查期间不得擅离职守，并应当随时接受事故调查组的询问，如实提供有关情况。事故调查中发现涉嫌犯罪的，事故调查组应当及时将有关材料或者其复印件移交司法机关处理。

（3）现场勘察

事故发生后，调查组应迅速到现场进行及时、全面、准确和客观的勘察，包括现场笔录、现场拍照和现场绘图。

（4）分析事故原因

通过调查分析，查明事故经过，按受伤部位、受伤性质、起因物、致害物、伤害方法、不安全状态、不安全行为等，查清事故原因，包括人、物、生产管理和技术管理等方面的原因。通过直接和间接地分析，确定事故的直接责任者、间接责任者和主要责任者。

（5）制定预防措施

根据事故原因分析，制定防止类似事故再次发生的预防措施。根据事故后果和事故责任者应负的责任提出处理意见。

（6）提交事故调查报告

事故调查组应当自事故发生之日起 60 日内提交事故调查报告；特殊情况下，经负责事故调查的人民政府批准，提交事故调查报告的期限可以适当延长。但延长的期限最长不超过 60 日。事故调查报告应当包括下列内容：

1）事故发生单位概况。

2）事故发生经过和事故救援情况。

3）事故造成的人员伤亡和直接经济损失。

4）事故发生的原因和事故性质。

5）事故责任的认定以及对事故责任者的处理建议。

6）事故防范和整改措施。

2. 事故处理

重大事故、较大事故、一般事故，负责事故调查的人民政府应当自收到事故调查报告之日起 15 日内做出批复；特别重大事故，30 日内做出批复，特殊情况下，批复时间可以适当延长，但延长的时间最长不超过 30 日。

有关机关应当按照人民政府的批复，依照法律、行政法规规定的权限和程序，对事故发生单位和有关人员进行行政处罚，对负有事故责任的国家工作人员进行处分。

事故发生单位应当按照负责事故调查的人民政府的批复，对本单位负有事故责任的人员进行处理。

负有事故责任的人员涉嫌犯罪的，依法追究刑事责任。

事故发生单位应当认真吸取事故教训，落实防范和整改措施，防止事故再次发生。防范和整改措施的落实情况应当接受工会和职工的监督。

安全生产监督管理部门和负有安全生产监督管理职责的有关部门应当对事故发生单位

落实防范和整改措施的情况进行监督检查。

事故处理的情况由负责事故调查的人民政府或者其授权的有关部门、机构向社会公布，依法应当保密的除外。

国家对发生事故后的"四不放过"处理原则，其具体内容如下。

（1）事故原因未查清不放过

要求在调查处理伤亡事故时，首先要把事故原因分析清楚，找出导致事故发生的真正原因，未找到真正原因决不轻易放过。并搞清各因素之间的因果关系才算达到事故原因分析的目的，避免今后类似事故的发生。

（2）事故责任人未受到处理不放过

这是安全事故责任追究制的具体体现，对事故责任者要严格按照安全事故责任追究的法律法规的规定进行严肃处理；不仅要追究事故直接责任人的责任，同时要追究有关负责人的领导责任。当然，处理事故责任者必须谨慎，避免事故责任追究的扩大化。

（3）事故责任人和周围群众没有受到教育不放过

使事故责任者和广大群众了解事故发生的原因及所造成的危害，并深刻认识到搞好安全生产的重要性，从事故中吸取教训，提高安全意识，改进安全管理工作。

（4）事故没有制定切实可行的整改措施不放过

必须针对事故发生的原因，提出防止相同或类似事故发生的切实可行的预防措施，并督促事故发生单位加以实施。只有这样，才算达到了事故调查和处理的最终目的。

第8章 城市照明设施维护常用电器技术性能

8.1 变配电装置

8.1.1 变压器

变压器是利用电磁感应的原理来改变交流电压的装置，主要构件由初级线圈、次级线圈和铁芯（磁芯）组成，线圈有两个或两个以上的绕组，其中接电源的绕组叫初级线圈，其余的绕组叫次级线圈。

变压器是变换交流电压、交变电流和阻抗的器件，当初级线圈中通有交流电流时，铁芯（或磁芯）中便产生交流磁通，使次级线圈中感应出电压（或电流）。

1. 变压器的类型

（1）按用途分为电力变压器、调压变压器、试验变压器、整流变压器、各种小型电源变压器、仪表变压器、自耦变压器和各种专用变压器。

（2）按相数分为单绕组变压器、双绕组变压器、三绕组变压器和多绕组变压器。

（3）按冷却方式分为油浸变压器、干式变压器、充气变压器、风冷变压器和强迫油循环变压器。

（4）按调压方式分为无载调压变压器和有载调压变压器。

（5）按铁芯形式分为壳式变压器和芯式变压器。

（6）按中心点绝缘分为全绝缘变压器和半绝缘变压器。

2. 组成部件

变压器组成部件包括：器身（铁芯、绕组、绝缘、引线）、变压器油、油箱和冷却装置、调压装置、保护装置（吸湿器、安全气道、气体继电器、储油柜及测温装置等）和出线套管。

（1）铁芯：铁芯是变压器中主要的磁路部分。通常由含硅量较高，厚度分别为0.35mm、0.3mm、0.27mm，由表面涂有绝缘漆的热轧或冷轧硅钢片叠装而成。铁芯分为铁芯柱和横片两部分，铁芯柱套有绕组；横片是闭合磁路之用。铁芯结构的基本形式有芯式和壳式两种。

（2）绕组：绕组是变压器的电路部分，它是用双丝包绝缘扁线或漆包圆线绕成。

3. 主要功能和用途

按主要功能可以分为：电压变换、电流变换、阻抗变换、隔离、稳压（磁饱和变压器）等变压器。

按用途可以分为：配电变压器、全密封变压器、组合式变压器、干式变压器、油浸式变压器、单相变压器、电炉变压器、整流变压器等。

4. 主要参数

主要技术数据一般都标注在变压器的铭牌上，包括：额定容量、额定电压及其分接、额定频率、绕组联结组以及额定性能数据（阻抗电压、空载电流、空载损耗和负载损耗）等。

（1）额定容量（kVA）：额定电压。额定电流下连续运行时，能输送的容量。

（2）额定电压（kV）：变压器长时间运行时所能承受的工作电压。为适应电网电压变化的需要，变压器高压侧都有分接抽头，通过调整高压绕组匝数来调节低压侧输出电压。

（3）额定电流（A）：变压器在额定容量下，允许长期通过的电流。

（4）空载损耗（kW）：当以额定频率的额定电压施加在一个绕组的端子上，其余绕组开路时所吸取的有功功率。与铁芯硅钢片性能及制造工艺和施加的电压有关。

（5）空载电流（%）：当变压器在额定电压下二次侧空载时，一次绕组中通过的电流，一般以额定电流的百分数表示。

（6）负载损耗（kW）：把变压器的二次绕组短路，在一次绕组额定分接位置上通入额定电流，此时变压器所消耗的功率。

（7）阻抗电压（%）：把变压器的二次绕组短路，在一次绕组慢慢升高电压，当二次绕组的短路电流等于额定值时，此时一次侧所施加的电压，一般以额定电压的百分数表示。

（8）相数和频率：三相开头以 S 表示，单相开头以 D 表示。中国国家标准频率 f 为 50Hz，国外有 60Hz 的国家（如美国）。

（9）温升与冷却：变压器绕组或上层油温与变压器周围环境的温度之差，称为绕组或上层油面的温升。油浸式变压器绕组温升限值为 65K、油面温升为 55K。冷却方式也有多种：油浸自冷、强迫风冷、水冷，管式、片式等。

（10）绝缘水平：有绝缘等级标准。绝缘水平的表示方法举例如下：高压额定电压为 35kV 级，低压额定电压为 10kV 级的变压器绝缘水平表示为 LI200AC85/LI75AC35，其中 LI200 表示该变压器高压雷电冲击耐受电压为 200kV，工频耐受电压为 85kV，低压雷电冲击耐受电压为 75kV，工频耐受电压为 35kV。

8.1.2 箱式变电站

箱式变电站，又叫预装式变电所或预装式变电站。是一种由高压开关设备、配电变压器和低压配电装置，按一定接线方案排成一体的工厂预制户内、户外紧凑式配电设备，即将变压器降压、低压配电等功能有机地组合在一起，安装在一个防潮、防锈、防尘、防鼠、防火、防盗、隔热、全封闭、可移动的钢结构箱，特别适用于城网建设与改造。箱式变电站适用于城市照明建设、矿山、工厂企业。

1. 工作原理

箱式变电站（简称箱变）是一种把高压开关设备配电变压器、低压开关设备、电能计量设备和无功补偿装置等按一定的接线方案组合在一个或几个箱体内的紧凑型成套配电装置。它适用于额定电压 10/0.4kV 三相交流系统中，作为线路和分配电能之用。

与同容量的欧式箱变相比较，美式箱变的结构更为合理。由于欧式箱变是将变压器及普通的高压电器设备装于同一个金属外壳箱体中，变压器室温很高，引起散热困难，影响出力；另一方面在箱体中采用普通的高压负荷开关和熔断器、低压开关柜，所以欧式箱变体积较大。美式箱变与欧式箱变结构上不一样。从布置上看，其低压室、变压器室、高压室不是目字形布置，而是品字形布置。从结构上看，这种箱变分为前、后两部分，前面为高、低压操作间隔，操作间隔内包括高低压接线端子，负荷开关操作柄，无载调压分节开关，插入式熔断器，油位计等；后部为注油箱及散热片，将变压器绕组、铁芯、高压负荷开关和熔断器放入变压器油箱中。

箱式变电站用于高层住宅、豪华别墅、广场公园、居民小区、中小型工厂、矿山、油田，以及临时施工用电等场所，作配电系统中接受和分配电能之用。本产品应符合现行《高压/低压预装式变电站》GB/T 17467 的标准。

2. 使用环境条件

（1）海拔高度：1000m 及以下。

（2）环境温度：－25～＋40℃。

（3）风速：不超过 35m/s。

（4）空气相对湿度：不超过 90％（＋25℃）。

（5）地震水平加速度：不大于 0.4m/s，垂直加速度：不大于 0.2m/s。

（6）使用地点：不应有导电灰尘及对金属、绝缘物有害的腐性、易燃、易爆的危险物品。

（7）安装地点无剧烈震动，垂直斜度不大于 3°。

8.1.3 地埋式箱变

地埋式箱变是一种新型的紧凑型配电设备。主要由地埋式变压器和户外开关设备组成，安装在地坑中，不占用地表空间，而且能在一段时间内浸没在水中运行。户外开关设备为集广告灯箱及户外开关设备于一体的混合结构，安装在地面。箱体内部为户外高低压配电柜，两侧为广告灯箱，具有极佳的视觉效果。

1. 主要结构见图 8-1

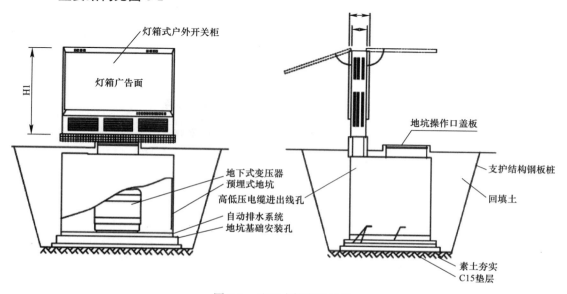

图 8-1 地埋式箱变的结构

2. 使用环境要求

（1）海拔高度：≤1000m。

（2）环境温度：−40～＋40℃。

（3）最高月平均气温：＋30℃。

（4）最高年平均气温：＋20℃。

（5）安装环境：无爆炸性、腐蚀性液体、气体和粉尘，安装场所无剧烈震动冲击。

（6）地震引发的地面加速度：水平方向低于 $3m/s^2$，垂直方向低于 $1.5m/s^2$。

8.1.4　开关箱

开关箱属于一种低压成套设备，是由一个或多个低压开关电器和与之相关的控制、测量、信号、保护、调节等设备，以及所有内部的电气和机械的连接及结构部件构成的组合体。开关箱一般控制回路不超过 6 个，应用场所主要是安装在户外地面上。

8.1.5　景观照明配电箱

主要用于景观照明灯具供电与控制，箱体宜采用壁挂式安装，箱体防护等级不低于 IP65，见图 8-2。所有箱体门锁材质选用安全防控等级高的材料，宜采用玻璃纤维加强聚酰胺。

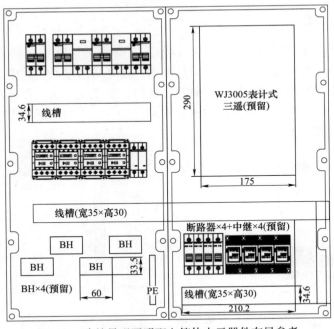

图 8-2　建筑景观照明配电箱体内元器件布局参考

1. 主要技术参数

（1）箱体燃烧性能符合 UL 50/UL746℃，阻燃等级 UL 94 V2。

（2）箱体材质应不含卤素、硅素，箱体应符合抗紫外线、阻燃、自熄等要求。

（3）箱体抗冲击强度应达到 IK08 等级。

（4）配电系统超过 4 个配电回路时，箱体应能拼接拓展，拓展部分的电器元件满足出现回路要求。

（5）在加载额定绝缘电压 AC 1000V 或 DC 500V 的情况下，无闪络、绝缘击穿等现象出现。

2. 使用环境及寿命要求

（1）箱体使用寿命可达 15 年。

（2）箱体适合安装在恶劣环境和裸露的外部区域，可在工作湿度 50%～95%，工作温度－35～80℃的极限环境下长期使用。

8.1.6 断路器

1. 断路器的作用及分类

断路器是变电所中比较重要的电力控制设备。当系统正常运行时，它能切断和接通线路及各种电气设备的空载和负载电流；当系统发生故障时，它和继电保护配合，能迅速切除故障电流，以防止事故范围扩大。

断路器的种类繁多，但其主要结构相似，一般结构包括：①导电回路；②灭弧室；③绝缘部分；④操作机构和传动部分；⑤外壳及支持部分。

根据灭弧的不同原理，断路器分为：

（1）油断路器：是利用油来灭弧的；采用变压器油作为灭弧介质和触头开断后的弧隙绝缘介质的断路器称为少油式断路器；采用变压器油作为灭弧介质和触头开断后的弧隙绝缘介质以及带电部分与接地外壳之间绝缘介质的断路器称为多油式断路器。

（2）空气断路器：是利用压缩空气来灭弧的；采用压缩空气作为灭弧介质和触头开断后的弧隙绝缘介质的断路器。其灭弧能力强、动作迅速，但结构复杂、耗材较多。

（3）六氟化硫断路器：采用具有优良灭弧和绝缘性能的 SF_6 气体作为灭弧介质的断路器。其开断能力强、体积小，但结构复杂、耗材多。

（4）磁吹断路器：是利用磁场来灭弧的。

（5）真空断路器：是利用真空的高介质强度来灭弧的断路器，其灭弧速度快、寿命长、体积小。

2. 断路器的主要技术数据

（1）额定电压：指断路器所工作的某一级系统的额定电压。在三相系统中指的是线间电压，在单相系统中则是相电压。它表明了断路器所具有的绝缘水平及它的灭弧能力。

（2）额定电流：指断路器在额定电压下可以长时期通过的最大工作电流，此时导体部分的温升不超过规定的允许值。

（3）额定开断电流：指断路器在额定电压下能正常开断的最大短路电流，它表示了断路器的开断能力。

（4）额定断流容量：是断路器开断能力的另一个综合表示值。它和额定电压值、开断电流值这两个因素密切相关。

（5）热稳定电流：指断路器在承受短路电流时的热稳定能力。即在规定的时间内（取4～10s）通过此短路电流时，触头不因过热而被熔焊。

（6）动稳定电流：指断路器的导电部分在短路电流通过时所产生的电动力冲击下，仍能保护机械上的稳定性，不致发生损坏或变形。电动力与电流的峰值有关，所以这个参数是以峰值来表示，一般是以额定开路电流（有效值）的 2.55 倍来计算。

（7）全开断时间：指断路器操作机构的分闸线圈从开始通电时起到断路器各相中电弧全部熄灭为止的这段时间，这段时间应越短越好。

（8）合闸时间：指断路器操作机构的合闸线圈从开始通电时起到断路器主电路触头刚接触时为止的这段时间。

3. 高压断路器的运行规定

（1）断路器的运行电压不应经常超过其额定电压的 110%。

（2）断路器的负荷电流一般不应超过其额定开断容量。

（3）断路器安装地点的系统短路容量不应大于其额定开断容量。

（4）严禁将拒绝跳闸的断路器投入运行。禁止用杠杆或千斤顶将电磁机构的断路器进行带电合闸。

（5）严禁对运行中的断路器进行慢分或慢合试验。

（6）断路器无论是什么样的机构均应经常保持足够的操作能源。

（7）液（气）压机构的断路器或 SF₆ 压力异常而分、合闸闭锁时，不准擅自解除闭锁进行操作。在机构储压过程中不宜进行分、合闸操作。

（8）断路器的分、合闸指示器应易于观察，指示正确，金属外壳及底座应有明显的接地标志并可靠接地。

8.1.7　高压隔离开关

1. 高压负荷开关

高压负荷开关是一种功能介于高压断路器和高压隔离开关之间的电器，高压负荷开关常与高压熔断器串联配合使用；用于控制电力变压器。高压负荷开关具有简单的灭弧装置，因为能通断一定的负荷电流和过负荷电流。但是它不能断开短路电流，所以它一般与高压熔断器串联使用，借助熔断器来进行短路保护。

户内型负荷开关具有明显的断开点，因此在断开电路后，它又具有隔离开关的作用。与户内型负荷开关配合使用的高压熔断器（RN1 型）作为保护元件，是用来切除电路中出现的过电流或短路故障的。

FN5-10RT 型负荷开关是和高压熔断器串联使用的，继电保护应按要求调整：当故障电流大于负荷开关的开断能力时，必须保证熔断器先熔断，然后负荷开关才能分闸；当故障电流小于负荷开关的开断能力时，则负荷开关开断，熔断器不动作。

户外型负荷开关（俗称柱上油开关），它没有明显断开点，三相触头装于同一个油桶内，依靠油介质灭弧。它广泛使用在 10kV 架空配电线路中，作为分、合电路之用。

2. 隔离开关

隔离开关又称隔离刀闸，简称刀闸，是高压开关电器的一种。它是一种没有专门灭弧装置的开关设备，因此它不能接通和切断负荷电流和故障电流，应与开关配合使用。

隔离开关能使停电工作的设备与带电部分可靠隔离，即具有明显的断开点，确保工作人员的安全。

（1）隔离开关的主要作用

1）隔离电源，利用隔离开关的拉开状态形成明显的断开点，以保证检修人员的人身安全。

2）倒换母线的运行方式，在双母线和母线带旁路绕线的电路中，可用隔离开关改变母线的运行方式。

3）拉、合空载电路，操作隔离开关可操作带电设备，如拉、合电压互感器等。

（2）隔离开关常见的类型

1）按绝缘支柱的数目可分为单柱、双柱、三柱式和 V 形。

2）按极数可分为单极、三极式。

3）按隔离开关的运行方式可分为水平旋转、垂直旋转、摆入式、插入式。

4）按操动机构可分为手动、电动、液压式。

5）按使用地点可分为户内、户外式。

其中：户内式有单极和三极式，其可动触头装设得与支持绝缘的轴垂直，并且大多为线接触。

户内式一般用于 6～35kV，采用手动操作机构，轻型的采用杠杆式手动机构，重型的（额定电流在 3000A 及以上）采用蜗轮式手动机构。

户外式由于工作条件恶劣，绝缘和机械强度要求高，有单柱、双柱、三柱式和 V 形。V 形一般用于 35～110kV，采用手动操作机构；单柱、双柱、三柱或单极式一般用于220kV 及以上，采用手动或电动操作机构。

（3）隔离开关的运行规定

1）隔离开关允许在额定电压、电流下长期运行。

2）各相与导体的连接头在运行中的温度不应超过 70℃。

3）带有接地刀闸的隔离开关应有可靠的机械闭锁。

8.1.8 电容器组

电力电容器是一种无功补偿装置。电力系统的负荷和供电设备如变压器、互感器等，除了消耗有功电力以外，还要"吸收"无功电力。如果这些无功电力都由发电机供给，必将影响它的有功出力，不但不经济，而且会造成电压质量低劣，影响用户使用。

1. 电容器的种类

电容器包括：移相电容器、电热电容器、均压电容器、耦合电容器、脉冲电容器等。移相电容器主要用于补偿无功功率，以提高系统的功率因数；电热电容器主要用于提高中频电力系统的功率因数；均压电容器一般并联在断路器的断口上作均压用；耦合电容器主要用于电力送电线路的通信、测量、控制、保护；脉冲电容器主要用于脉冲电路及直流高压整流滤波。

2. 电容器的作用

电容器在交流电压作用下能"发"无功电力（电容电流），如果把电容器并接在负荷（如气体放电灯）、供电设备（如变压器）上运行，那么，负荷或供电设备要"吸收"的无功电力，正好由电容器"发出"的无功电力供给，这就是并联补偿。并联补偿减少了线路能量损耗，可改善电压质量，提高功率因数，提高系统供电能力。

如果把电容器串联在线路上，补偿线路电抗，改变线路参数，这就是串联补偿。串联补偿可以减少线路电压损失，提高线路末端电压水平，减少电网的功率损失和电能损失，提高输电能力。

3. 电容器的运行要求

（1）电容器应在额定电压下运行，一般不超过额定值的 5%，允许在 110% 额定值的情况下运行 4h。

（2）电容器的运行电流最高不超过额定电流的 1.3 倍。

（3）电容器的室温为 40℃时，每只外壳的温度不超过 55℃。

（4）三相不平衡电流不宜超过额定电流的 5%，最大不得超过 10%。

8.1.9　成套配电装置

成套配电装置是成套供应的设备，也称开关柜，由制造厂成套生产。开关配电柜是把一个电气回路的所有开关电气、测量仪表、保护装置、辅助设备都装配在封闭式的"柜"中，这些设备在制造厂生产中已经装配好，在现场施工时仅剩下少量的组装工作，这样有利于加快变（配）电所的施工进度。其中，高压开关柜的一个柜就构成一个回路（有时也使用两个柜），所以一个柜就是一个间隔，制造厂生产各种一次接线方案的开关柜，应用时只要按设计的电气主接线方案，选用各种接线方案的开关柜，组合起来结合低压配电柜即可构成整个屋内配电装置。

1. 开关柜的特点

（1）开关柜分为封闭式和半封闭式，对电器元件及辅助件起保护作用，能有效地防止灰尘、雨水、动物随意进入而影响供电质量。

（2）开关柜独立性好，能有效地防止电路的故障使事故扩大。

（3）开关柜联锁比较可靠、全面，安全性能高。

（4）便于运输和安装。

（5）能与计算机结合，实现自动化管理。

（6）开关柜为金属外壳，从强度和刚度都能满足要求，而且壳体都可确保安全可靠接地。

2. 开关柜分类

（1）按柜体的结构特点分为开启式和封闭式两种。开启式柜体结构简单，一次元件之间一般不隔开，母线外露。封闭式的则将一次元件用隔板分隔成不同的小室，较开启式的安全，可防止事故的扩大，但造价要高。

（2）按一次元件固定的特点分为固定式和手车式。固定式柜体一次元件安装完后，位置是不动的，但检修较为方便，而手车式的柜体熔断器及操动机构全部在手车上（有时包括互感器、仪表等），检诊断路器及机构等元件时，可将手车推出柜外，所以比较安全、方便，缺点是增加活动触头使回路电阻增加。

（3）按电压等级分为低压及高压开关柜。

（4）按使用环境可分为户外式和户内式，以及一般环境型和特殊环境型。

8.2　常用低压电器

凡是对电能的生产、运输、分配和应用能起到切换、控制、调节、检测及保护等作用的电工器械均称为电器。低压电器通常是指在交流电 1200V 及以下、直流电 1500V 及以下的电路中使用的电器。

8.2.1 按用途和控制对象不同分类

城市照明配电线路上都是采用低压电器，低压电器种类繁多，按其结构、用途及所控制的对象不同，有不同的分类方式。

1. 按用途不同分类

（1）低压配电电器

低压配电电器包括隔离开关、组合开关、熔断器、断路器等，主要用于低压配电系统及动力设备中接通与分断。

（2）低压控制电器

低压控制电器包括接触器、启动器和各种控制继电器等，用于电力拖动与自动控制系统中。

2. 按动作方式不同分类

（1）自动切换电器

自动切换电器是依靠电器本身参数的变化或外来信号的作用，自动完成电路的接通或分断等操作，如接触器、继电器等。

（2）非自动切换电器

非自动切换电器依靠外力（如人力）直接操作来完成电路的接通、分断、启动、反转和停止等操作，如隔离开关、转换开关和按钮等。

8.2.2 低压电器主要技术指标

1. 额定电压

额定电压分为额定工作电压和额定绝缘电压。额定工作电压指电器长期工作承受的最高电压；在任何情况下，最大额定工作电压不应超过额定绝缘电压；额定绝缘电压是电器承受的最大额定工作电压。

2. 额定电流

额定电流是指在规定的环境温度下，允许长期通过电器的最大工作电流，此时电器的绝缘和载流部分长期发热温度不超过规定的允许值。

3. 额定频率

国家标准规定的交流电额定频率为 $50Hz$。

4. 额定接通和分断能力

在规定的接通和分断条件下，电器能可靠接通或分断的电流值。

5. 额定工作制

正常条件下额度工作制分为八小时工作制、不间断工作制、断续周期工作制和断续工作制、短时工作制。

6. 使用类别

根据操作负载的性质和操作的频繁程度将低压电器分为 A 类和 B 类，A 类为正常使用的低压电器；B 类则为操作次数不多的，如只用隔离开关使用的低压电器。

8.2.3 开关电器中的电弧

1. 开关电弧的危害

电路的接通和开断是靠开关电器实现的，开关电器是用触头来分断电路的。开关电器中的电弧如果不能及时熄灭，将产生严重的后果。首先，电弧的存在使电路不能断开，开关电器不能分断电路；其次，电弧的高温可能会烧坏触头或触头周围的其他部件，造成设备损坏。如果电弧长时间不能熄灭，将使触头周围的空气迅速膨胀形成巨大的爆炸力，会烧毁开关电器并严重影响周围设备的安全运行。

2. 开关电器电弧的产生和熄灭

开关电器开断电路时，在动、静触头刚分离的瞬间，触头间隙距离很小，触头间的电场强度很高。当电场强度达到一定值时，触头间因强电场发射而产生热电子发射，温度升高，在外加电压的作用下，触头间介质被击穿，形成电弧。虽然开关触头距离逐渐拉开，但由于两触头之间绝缘能力降低，只要两触头之间存在一定的电压将可以使电弧继续存在，致使开关不能切断电路。

要使开关断开电路，就必须使电弧熄灭，目前主要采取的办法：①将电弧拉长，使电源电压不足以维持电弧燃烧，从而使电弧熄灭，断开电路；②有足够的冷却表面，使电弧与整个冷却表面接触而迅速冷却；③限制电弧火花喷出的距离，防止造成相间飞弧。

低压开关广泛采用狭缝灭弧装置，它一般由采用绝缘及耐热的材料制成的灭弧罩和磁吹装置组成。触头间产生电弧以后，磁吹装置产生的电磁力，将电弧拉入由灭弧片组成的狭缝中，使电弧拉长和利用自然产生的气体吹弧，将电弧分割成短弧，可有利于电弧的快速熄灭，保证开关电器有效地断开。对额度电流较大的开关电器也采用灭弧罩加磁吹线圈的结构，利用磁场力拉长电弧，增强了灭弧效果，提高了分断能力。

8.2.4 低压配电电器

1. 低压隔离开关和低压隔离器（刀开关）

低压隔离开关的含义是低压电路中，当处于断开位置时能满足隔离要求的开关。

隔离开关和隔离器在实际使用中一般与低压断路器串联，为使通断操作安全可靠，要求由断路器承担通断负载的作用。主要有以下类别：

(1) 按刀的级数分为：单极、双极和三极。

(2) 按灭弧装置分：带灭弧装置和不带灭弧装置。

(3) 按刀的转换方向分为：单掷和双掷。

(4) 按接线方式分为：板前接线和板后接线。

(5) 按操作方式分为：手柄操作和远距离联杆操作。

(6) 按有无熔断器分为：带熔断器和不带熔断器。

城市照明运行维护中常用的有：

(1) 开关板用刀开关（不带熔断器式刀开关）。

用于不频繁地手动接通、断开电路和隔离电源，如图8-3所示。

(2) 带熔断器式刀开关——用作电源开关、隔离开关和应急开关，并作电路保护用。

图8-3 开关板用刀开关
示意图及图形符号

（3）开启式负荷开关和封闭式负荷开关。

开启式负荷开关和封闭式负荷开关是一种手动电器，常用于电气设备中隔离电源，有时也用于直接启动小容量的鼠笼式异步电动机。

2. 低压组合开关

组合开关又称转换开关，一般用于交流380V、直流220V以下的电气线路中，供手动不频繁地接通或分断电路，以及小容量感应电动机的正、反转和星—三角降压启动的控制。它具有触头数量多、接线方式灵活、操作方便等特点。

（1）结构特点

常用的HZ10系列组合开关结构如图8-4所示。开关的动、静触头都安装在数层胶木绝缘座内，胶木绝缘座可以一个接一个地组装起来，多达六层。动触头由两片铜片与具有良好的灭弧性能的绝缘纸板铆合而成，其结构有90°和180°两种。动触头连同与它铆合一起的隔弧板套在绝缘方轴上，两个静触头则分置在胶木板边沿的两个凹槽。动触头分断时，静触头一端插在隔弧板内；当动触头接通时，静触头一端则夹在动触头的两片铜片当中，另一端伸出绝缘座外部以便接线。当绝缘方轴转过90°时，触头便接通或分断一次，而触头分断时产生的电弧，则在隔离板中熄灭。

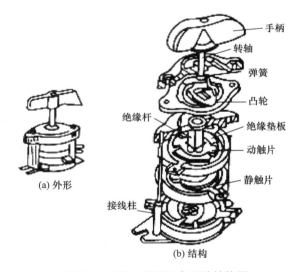

图8-4　HZ10系列组合开关结构图

（2）使用注意事项

组合开关的操作不要过于频繁。每小时应少于300次，否则会缩短组合开关寿命。

不允许接通或开断故障电流。用作电动机控制时，必须在电动机完全停转后，才允许反向接通。组合开关的接线方法很多，要注意规格性能。

当功率因数低时，组合开关要降低容量运行，否则会影响寿命。

要经常维护，注意清除开关内的尘埃、油垢，始终保持三相动静触头接触良好。

3. 低压断路器

低压断路器又称自动空气开关、自动开关，是低压配电网和电力拖动系统中常用的一种配电电器。低压断路器的作用是在正常情况下，不频繁地接通或开断电路；在故障情况下，切除故障电流，保护线路和电气设备。低压断路器具有操作安全、安装使用方便、分断能力较强等优点，在各种低压电路中得到广泛应用。

（1）低压断路器基本结构及工作原理

常用低压断路器由传动机构、触头系统、保护装置（各种脱扣器）、灭弧装置和外壳等组成。

低压断路器的工作原理如图 8-5 所示。低压断路器的主触点是靠手动操作或电动合闸的。主触点闭合后，自由脱扣机构将主触点锁在合闸位置上。过电流脱扣器的线圈和热脱扣器的热元件与主电路串联，欠电压脱扣器的线圈和电源并联。当电路发生短路或严重过载时，过电流脱扣器的衔铁吸合，使自由脱扣机构动作，主触点断开主电路。当电路过载时，热脱扣器的热元件发热使双金属片上弯曲，推动自由脱扣机构动作。当电路欠电压时，欠电压脱扣器的衔铁释放，也使自由脱扣机构动作。分励脱扣器则作为远距离控制用，在正常工作时，其线圈是断电的，在需要距离控制时，按下启动按钮，使线圈通电，衔铁带动自由脱扣机构动作，使主触点断开。

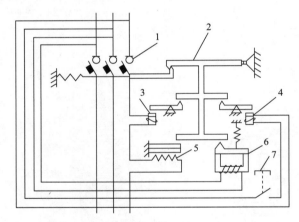

图 8-5　低压断路器原理图

1—主触头；2—自由脱扣器；3—过电流脱扣器；4—分励脱扣器
5—热脱扣器；6—欠电压脱扣器；7—按钮

（2）漏电断路器

漏电断路器见图 8-6，是一种具有漏电保护功能的电气设备，当线路中的漏电电流超过提前所设置的阈值，漏电断路器就会自动断开，防止触电事故的发生。根据漏电断路器接线图可知，没有漏电的时候，火线和零线方向相反、电流相等；当有漏电的时候，会产生磁力，电流不等，这样就会断开漏电断路器，达到保护的作用。此外，还有一些漏电断路器中设置了其他元件，使得漏电断路器兼有短路、过载功能。

（3）低压断路器的定期检查与维护

1）定期检查各部位的完整性和清洁程度，特别是触头表面应清除污垢，保持触头原有形状，烧伤严重的应进行更换。

2）检查触头弹簧的压力有无过热失效现象，各传动部件动作是否灵活、可靠、无锈蚀和松动现象。

3）各机构的摩擦部分应定期涂注润滑油。

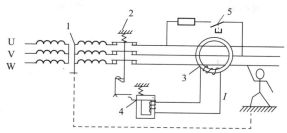

图 8-6　三相漏电断路器结构示意图

1—电源变压器；2—主开关；3—电流互感器；4—脱扣器；5—测试回路按钮

4）断路器每次检查完毕后应做几次操作试验，确认其工作正常。

4. 交流接触器

接触器按触头控制电流的种类可分为交流接触器和直流接触器两类。城市照明应用中常使用交流接触器，在此主要介绍交流接触器。

交流接触器是一种广泛使用的开关电器，在正常条件下可以用来实现控制和频繁地接通、断开主电路。交流接触器具有一个套着线圈的静铁芯，一个与触头固定在一起的动铁芯。当线圈通电时，静铁芯产生电磁吸力，将动铁芯吸合，主触点闭合，和主触点机械相连的辅助常闭触点断开，辅助常开触点闭合，从而接通电源。当线圈断电时，吸力消失，动铁芯联动部分依靠弹簧的反作用力而分离，使主触头断开，和主触点机械相连的辅助常闭触点闭合，辅助常开触点断开，从而切断电源。

（1）交流接触器的主要结构

1）触头

交流接触器的触头分为主触头和辅助触头两类，每一对触头包含一个动触头和静触头。主触头用来接通或断开负载电路，由于它允许通过较大的电流（一般大于 10A），故触头较大；而辅助触头包括常开触头和常闭触头两种。辅助触头用于接通和断开控制电路，辅助触头额定电流一般为 5A。常用的 CJ 系列交流接触器有四对辅助触头，两对常闭，两对常开。

2）电磁系统

电磁系统是由静铁芯、动铁芯和线圈组成，线圈套在静铁芯中。通过控制线圈得电或断电，达到控制负载电路通断的目的。线圈的额定电压通常有两种：380V 和 220V。线圈的额定电压决定了控制电路所需的电源电压，通常按通过主触头的电流大小和线圈额定电压来选择接触器。

3）灭弧装置

接触器在断开大电流电路时，在断开瞬间触头处将产生电弧，实质上是动触头和静触头之间的气体在电场作用下出现的放电现象。它会烧坏触头，有时还会烧熔触头而使动、静触头焊在一起，使电路不能切断，甚至会引起相间短路。因此，通断电流较大的交流接触器常带有灭弧装置，使在触头断开时能迅速熄灭电弧。

交流接触器结构图如图 8-7 所示。

（2）交流接触器的选用原则

1）根据电路中负载电流的种类选择接触器的类型。

2）接触器的额定电压应大于或等于负载回路的额定电压。

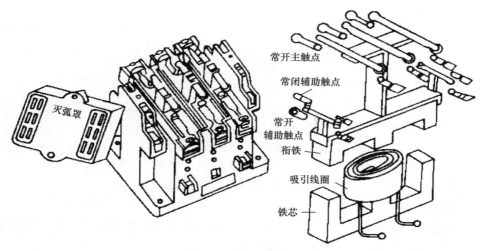

图 8-7　交流接触器结构图

3）吸引线圈的额定电压应与所接控制电路的额定电压等级一致。

4）额定电流应大于或等于被控主回路的额定电流。

5）接触器的触头数量和种类应满足主电路和控制线路的要求。

5. 交流真空接触器

目前城市照明配电用的接触器许多选用真空接触器（图 8-8），真空接触器熄弧能力强，耐压性能好，操作频率较高，寿命长，触头部分在真空状态下开断，无电弧外喷，体积小、重量轻、维修周期较长。与普通交流接触器相比，真空接触器利用真空灭弧室灭弧，用以频繁接通和切断正常工作电流。

(a) 单相交流真空接触器

(b) 三相交流真空接触器

图 8-8　交流真空接触器外形图

交流真空接触器结构及工作原理由控制电路、电磁操作机构、真空开关管等部分组成，见图 8-8。控制电源接通后，电磁操作机构衔铁与铁芯吸合真空开关管动、静触头闭合，接通主电路；当控制电源断电后，电磁操作机构铁芯失去激磁，在反力弹簧的作用下，衔铁与铁芯分开，真空开关管动、静触头分开，主电路断开。真空接触器在日常运行中可能会出现一些机械故障的问题，主要有以下方面：

（1）真空接触器铁芯释放缓慢或者不能释放

出现这一问题的根源是反作用弹簧坏了，或者是机械的动作机构被卡住或者生锈了，也有可能是机械的铁芯端面有油污等，在出现这些问题时我们要及时地给予解决，这样才能避免问题的扩大化。

处理办法：安装一个新的反作用装置，将动作机构拆开，更换坏的零件，并对立面的杂物或者锈迹进行清理。

（2）真空接触器的铁芯吸合不上

出现这一问题的原因在于电源的电压低了，电路出现故障或是线圈出现了损坏，另外一种可能是机械的磁铁不灵活或者有卡住现象。

解决办法：首先需要将电源的电压调整到正常的范围内，然后需要检查机械的各部分器件，对于已损坏的零件进行更换，当线圈出现问题时也需要及时地更换，同时对于出现故障的机械也要做好及时的修理工作。

6. 中间继电器

中间继电器是将一个输入信号变成一个或多个输出信号的继电器。它的输入信号为线圈的通电或断电。它的输出是触头的动作（所带常开点闭合，常闭点打开），它的触点接在其他控制回路中，通过触点的变化导致控制回路发生变化（例如导通或截止）。中间继电器的特点是触头数目较多，可完成多回路的控制；触头容量较大，一般为 220V，5A；动作灵敏，动作时间不大于 0.05s；它与接触器不同之处是触头无主、辅之分，所以当电动机额定电流不超过 5A 时，也可用它来代替接触器使用。常见的中间继电器结构外形如图 8-9 所示。

在控制电路中，中间继电器主要用来使信号得到放大（实现用较弱的电流去控制额定电流较大的接触器的电磁线圈），增加信号数量（使同一个信号能同时控制多个电磁线圈）。

7. 热继电器

热继电器是利用电流的热效应进行工作的一种保护电器，主要适用于长期工作或间断工作的一般交流电动机及其他电气设备的过负荷保护。图 8-10 是主要热继电器的外形图。

图 8-9 中间
继电器外形

（1）热元件的额定电流一般应略大于负荷电流，在负荷电流的 0.95～1.05 倍，整定值应在可调的范围之内，并据此确定热继电器的规格。

图 8-10 热继电器外形图

（2）热继电器在使用中，不能自行变动热元件的安装位置或随意更换热元件。

（3）热继电器因故障动作后，必须认真检查热元件及触点是否有烧坏现象，其他部件无损坏，才能投入使用。

（4）具有反接制动及通断频繁的电动机，不宜采用热继电器保护。

（5）热继电器动作后"自动复位"可在5min内复位；手动复位时，则在2min后，按复位键复位。

8. 驱动电源

（1）恒流型驱动电源

无论负载大小如何变化，输出电流不变。若将电流表串入负载并将电压表并联负载测量时，会发现负载内阻越大，输出电压越高，同时电流表指示不变。实际的恒流电源是有输出电压范围（功率范围）限制的，如果由于负载的变化使得输出电压低于低限，或高于高限，电源就会自动保护或停止输出并报警。

（2）恒压型驱动电源

无论负载大小如何变化，输出电压不变。若将电流表串入负载并将电压表并联负载测量时，会发现负载内阻越大，输出电流越小，同时电压表指示不变。实际的恒压电源是有输出电流范围（功率范围）限制的，如果由于负载的变化使得输出电流高于额定电流，电源就会自动保护或停止输出并报警。

（3）恒压恒流驱动电源

直流电源有两种工作状态，一种是恒压状态，按照恒压电源的特征工作；另一种是恒流状态，按照恒流电源的特征工作，这种电源内部有两个控制单元，一个是稳压控制单元，在负载发生变化的情况下，输出电压保持稳定，前提是输出电流必须小于预先设定的恒流值。另一个是恒流控制单元，实际上在恒压状态时，恒流控制单元处于休止状态，它不干扰输出电压和输出电流。当负载电阻逐步减小，使得负载电流增加到预先设定的恒流值时，恒流控制单元开始工作，它的任务是在负载电阻继续减小的情况下，使输出电流按预定的恒流值保持不变，为此需要使输出电压随着负载电阻的减小而随之降低，在极端情况下，负载电阻阻值降为零（短路状态），输出电压也随之降到零，以保持输出电流的恒定。这些都是恒流部件的功能。在恒流部件工作时，恒压部件亦处于休止状态，它不再干预输出电压的高低。这种既具有恒压控制部件，又具有恒流控制部件的电源就叫作恒压恒流电源。

9. 智能继电器模块

智能继电器模块是智能照明控制系统组成的最基本的单元模块，见图8-11。是用弱电（常用的为12V、24V、36V）控制强电，强电控制照明灯具，弱电作为通信，进而实现多种控制方式，比如定时控制、场景控制、远程控制、感应控制、电脑集中控制等方式。

8.2.5 保护电器类及控制继电器

1. 低压熔断器

熔断器俗称保险丝，它是一种最简单的保护电器，它串联于电路中。当电路发生短路或过负荷时，熔体熔断自动切断故障电路，使其他电气设备免遭损坏，其主要作用是短路保护。

（1）种类及结构

熔断器一般由金属熔体、连接熔体的触头装置和外壳组成。常用的产品系列有RL系列螺旋管式熔断器，RT系列有填料密封管式熔断器，RM系列无填料封闭管式熔断器，NT（RT）系列高分断能力熔断器，RLS、RST、RS系列半导体保护用快速熔断器，HG系列熔断器式隔离器等。各种熔断器外形如图8-12所示。

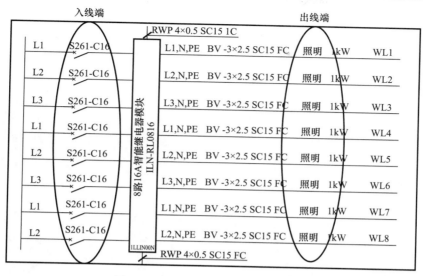

图 8-11 智能继电器模块配电系统图

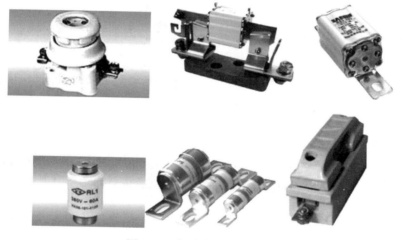

图 8-12 各种熔断器外形图

（2）熔断器的选用和安全使用

1）熔断器选用时应首先考虑对熔体额度电流的选择，同时满足正常负荷电流和启动尖峰电流两个条件。

2）熔体熔断，先排除故障后再更换熔体。

3）在更换熔体管时应停电操作。

2. 主令电器

主令电器是用作闭合或断开控制电路，以发出命令或作程序控制的开关电器。主要包括控制按钮、万能转换开关、按动开关、行程开关和微动开关。主令电器是小电流开关，一般没有灭弧装置。

（1）按钮

按钮是一种手动控制器。由于按钮的触头只能短时通过 5A 及以下的小电流，因此按钮不宜直接控制主电路的通断。按钮通过触头的通断在控制电路中发出指令或信号，改变电气控制系统的工作状态。

按钮一般由按钮帽，复位弹簧，桥式动、静触头，支柱连杆及外壳组成。常用按钮的外形如图 8-13 所示。

图 8-13 常用按钮外形图

按钮根据触头正常情况下（不受外力作用）分合状态分为启动按钮、停止按钮和复合按钮。

启动按钮。正常情况下，触头是断开的；按下按钮时，动合触头闭合，松开时，按钮自动复位。

停止按钮。正常情况下，触头是闭合的；按下按钮时，动断触头断开，松开时，按钮自动复位。

复合按钮。由动合触头和动断触头组合成一体，按下按钮时，动合触头闭合，动断触头断开；松开按钮时，动合触头断开，动断触头闭合。复合按钮的动作原理如图 8-14 所示。

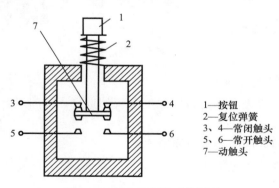

1—按钮
2—复位弹簧
3、4—常闭触头
5、6—常开触头
7—动触头

图 8-14 复合按钮的动作原理

为了便于操作人员识别，避免发生误操作，生产中用不同的验收和符号标志来区分按钮的功能及作用。各种按钮的颜色规定如下：启动按钮为绿色；停止或急停按钮为红色；启动和停止交替动作的按钮为黑色、白色或灰色；点动按钮为黑色；复位按钮为蓝色（若还具有停止作用时为红色）；黄色按钮用于对系统进行干预（如循环中途停止等）。由于按钮的结构简单，所以对按钮的测试主要集中在触头的通断是否可靠，一般采用万用表的欧姆档测量。测试过程中对按钮进行多次操作并观察按钮的操作灵活性，是否有明显的抖动现象。需要时可测量触头间的绝缘电阻和触头的接触电阻。

（2）万能转换开关

万能转换开关是由多组相同结构的触头组件叠装而成的多回路控制电器，主要用于控制线路的转换及电气测量仪表的转换，也可用于控制小容量异步电动机的启动、换向及调速。常用的万能转换开关有 LW2、LW5、LW6、LW8 等系列，LW5 系列万能转换开关适用于交流 50Hz、电压至 500V 及直流电压至 440V 的电路中，作电气控制线路转换之用和电压 380V、5.5kW 及以下的三相鼠笼型异步电动机的直接控制之用。典型万能转换开关如图 8-15 所示。电器符号如图 8-16 所示。

图 8-15 万能转换开关外形图

典型的万能转换开关由触点座、凸轮、转轴、定位机构、螺杆和手柄等组成，并由 1～20 层触点底座叠装而成，每层底座可装三对触点，由触点底座中且套在转轴上的凸轮来控制此三对触点的接通和断开。由于各层凸轮可制成不同的形状，因此用手柄将开关转到不同的位置，使各对触点按需要的变化规律接通或断开，达到满足不同线路需要的目的。

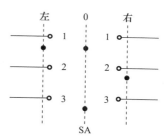

图 8-16 万能转换开关电器符号

3. 浪涌保护器

浪涌保护器是一种为各种电子设备、仪器仪表、通信线路提供安全防护的电子装置。当电气回路或者通信线路中因为外界的干扰突然产生尖峰电流或者电压时，浪涌保护器能在极短的时间内导通分流，从而避免浪涌对回路中其他设备的损害。适用于交流 50Hz/60Hz，额定电压 380V/220V 的供电系统中，对间接雷电和直接雷电影响或其他瞬时过压的电涌进行保护。浪涌保护器按工作原理可以分为电压开关型、限压型及组合型。按用途可分为电源线路 SPD、信号线路 SPD。

8.3 弱电系统及装置

随着电子技术的飞速发展，弱电已进入电气工程的各个领域。特别是微机继电保护、模块装置、电子式自动化仪表及装置，以及通信网络等给电器运行维护人员带来了很多难题，也是促使技术技能提高的动力。

弱电系统是一个非常复杂的系统，涉及的知识面非常之广。这里我们就结合道路照明行业的特点讲两个方面的内容，一是对弱电装置剖析，二是最常用的控制电路的分析方法。

8.3.1　弱电装置的组成

任何一个复杂的弱电装置都是由不计其数的单元电子电路组成，也称其为"模块"。一是要掌握模块本身的功能，二是要掌握模块组成复杂电路的功能。

（1）模块本身最重要的是要掌握三点，一是电源是交流、直流，其电压值是多少；二是其输入信号的个数，信号是模拟信号、数字信号、接点信号，模拟信号是交流、直流、脉动，数字信号的点数、容量，接点信号是常开、常闭以及各类信号的阻抗；三是其输出信号，内容与输入信号相同。这些信号确认后便可断定其是否正常。

（2）几个模块组成电路后按照其层次一级一级确认上述信号，便可找到其症结。

8.3.2　城市照明监控与管理系统

城市照明监控与管理系统是由调度端的计算机网络系统、无线通信系统和现场的智能终端（RTU）以及配套仪表组成。系统可根据当地的日出日落时间以及光照值，采用时控和光控相结合的控制方法，通过无线通信信道自动遥控开、关路灯，并能智能遥测现场的工作电压、电流和接触器状态等数据，可对采集到的数据进行分析，自动计算亮灯率，判断城市照明运行情况。系统可实现各种故障的语音和声光报警、防盗报警，提高城市照明系统的运行可靠性。

1. 监控系统的控制功能

（1）自动或手动遥控全夜灯、半夜灯和景观灯的开灯和关灯。

（2）可扩展物联网单灯运行模式，支持对单个灯杆单灯控制。

（3）系统采用时控或时控和光控相结合的控制方案，满足各种控制要求。

（4）独立运行功能，通信系统出现故障时，可以根据预先设置的时间，自动定时开/关灯。

（5）系统根据需要可把路灯或景观灯控制终端分为不同功能组，以实现群控和组控等多样化控制。

（6）景观灯的开/关灯时间可任意组态设计。

（7）分组方式可以在监控中心任意设置。

2. 监控系统的测量功能

（1）自动、手动巡测、选测控制箱电压、电流、有功功率、功率因数和接触器状态等参数。

（2）可扩展物联网单灯模块，测量单灯电压、电流、有功/无功功率、功率因数，支持单灯多挡位降功率运行模式。

3. 监控系统的通信功能

系统支持多种通信方式，如 230MHz 无线专用数传网、无线公网中的 GPRS、CDMA、3G、GSM 短消息和电力载波、光纤等多种通信方式。

一般建议采用无线公网通信方案。

4. 监控系统的报警功能

（1）监控终端具有停电运行功能，停电后自动向监控中心报警，并能继续运行 10h 以上。

（2）系统报警采用终端主动报警和监控中心调度端报警相结合的报警方案。

（3）系统可以增加防盗线和防变压器被盗模块，实现路灯电缆、变压器等照明设施的防盗报警功能。

5. 监控系统的管理功能

（1）计算、统计、查询各路灯控制箱输出回路的亮灯率。

（2）支持各种版本电子地图，以地理信息系统为数据管理平台。

（3）查询打印各路灯控制箱的任意时间的定时数据与统计数据。

（4）B/S架构，支持主流操作系统。

（5）支持手机、笔记本电脑等便携式智能设备的远程监控模块，实现随时随地的监控和管理功能。

（6）可与生产管理、数字化照明、数字化城管等系统无缝对接。

6. 监控系统相关扩展设备

（1）单灯控制器

单灯控制器顾名思义就是能实现对单灯进行控制的控制器。单灯控制器的传输方式主要分为有线方式和无线方式。

单灯控制器是具有单双回路控制功能和电压、电流、功率监测功能的智慧照明控制器，可选4G、NB、Zigbee等多种可远程通信方式，支持远程遥控的设备。该控制器适用于道路照明、景观照明等领域的远程控制和监测，也适用于小功率照明回路控制场合，以及控制回路少、点位分布分散的场合。

要实现单灯控制功能需要三部分组成：监控中心的监控软件、各配电柜内分布的集中控制器、每盏灯杆内的单灯控制器（终端）。当前也有通过监控中心控制软件直接控制到每个单灯的结构方式。

（2）水位监测装置

水位传感器是一款安装普通探头的水浸变送器，具有高可靠、抗干扰、灵敏度高、响应时间快，便于安装等特点；适用于箱变、开关箱以及其他在有积水时需要报警的场所，同时适用于在低洼区域的照明设施区域。

水位传感器采用一体化全密封设计，功耗极低，可连续工作1年以上。具有灵敏度高，漏水及时上报，零延迟，电池供电，安装灵活，无线传输，使用简单等优点。

（3）井盖监测装置

由于井盖经常被车辆碾压、损坏或被盗，这些设施的安全性和可靠性受到了威胁。为了解决这个问题，井盖监测器应运而生。

井盖监测器是一种智能化设备，它可以通过无线传感器和云计算技术来监测井盖的状态。当井盖发生异常时，监测器会立即发送警报，以便及时采取措施。井盖监测器的主要功能包括以下几个方面：

1）实时监测井盖状态

井盖监测器可以通过无线传感器实时监测井盖的状态，包括井盖的位置、倾斜角度、压力等参数。

2）防盗功能

井盖监测器具有防盗功能，可以通过无线传感器监测井盖的位置和移动情况。当井盖被移动或盗窃时，监测器会立即发送警报，以便及时采取措施。

3）数据分析和管理

井盖监测器可以将监测到的数据上传到云端进行分析和管理。可通过云端平台查看井盖的状态和历史数据，以便更好地管理和维护井盖设施。

8.3.3　自动化仪表检测控制电路

自动化仪表检测控制电路是由传感器、变送器或转换器或配电器、安全栅、计算器、给定器、调节器、显示器、辅助单元和执行器组成的，除了控制外，该电路还要显示被测量的值或记录累计被测量的值。

（1）确定被测量和传感器的输出信号值，确定被测量的类别和个数。

（2）确定各台变送器将被测量或传感器的输出信号变换成统一的标准直流信号值，并确定将标准信号引入显示仪表或调节器的位置及显示仪表或调节器的功能。

（3）确定各台转换器将被测量的信号转换后与其他系列仪表的连接方式。

（4）确定计算单元各计算器将标准直流信号进行运算后，将其信号与调节器的连接方式。

（5）确定定值器的给定值，将上述计算后的信号与给定值比较得出偏差。

（6）确定偏差引入的位置及调节器的性质，运算后发出的调节控制信号和执行器，实现闭环控制。

（7）执行器按调节控制信号动作驱动调节机构改变操纵变量，进行自动控制。

（8）确定其他装置的功能及其电源、输入和输出信号。

（9）确定指示、记录、报警等辅助装置的功能和接线。

（10）按（1）～（9）逐一分析每个检测系统及其与其他系统的连接或关系。

（11）熟悉掌握仪表自检系统所有元件的功能、作用以及输入和输出信号，其中配电器是连接变送器到计算机控制装置的枢纽。实质上它是一个模—数转换器，是把模拟信号转换成数字信号的装置，计算机控制装置只识别数字信号，然后根据设定的程序输出相应的信号，通过电动操作器、伺服放大器去驱动执行器。

8.3.4　计算机控制、保护、检测电路

计算机控制、保护、检测电路是在上述电路上发展起来的，不同的是它简化了电路的结构。

（1）确定控制量的性质。

（2）确定变送器或传感器，它将把控制量转换成统一的电信号。

（3）确定模—数转换器，它会把电信号转换成计算机能识别的数字信号。

（4）确定微机的输出信号及与执行装置之间的接口，一般由操作器、放大器构成。

（5）确定机房及总线的设置，如打印、显示器及常用操作程序等。

（6）计算机型继电保护电路系统监控网络是近几年发展起来的新技术，110kV 的变电装置均设置计算机型继电保护电路。

第9章 城市照明运行维护检测和综合评价

9.1 照明设施运行专项检测周期

城市照明在运行维护过程中，需经常性地对各类光度、能耗及照明设施情况进行测量，主要包括照明质量、接地电阻、各类电参数等项内容。

9.1.1 专项测量要求

1. 道路照明亮度（照度）等指标测量

（1）照明质量测量应对每条道路选择在灯具的间距、高度、悬挑、仰角和光源的一致性等方面能代表被测道路的典型路段进行检测。

（2）测量时的环境条件、仪器设备、人员要求应符合相关要求。

（3）测量报告应内容完整，数据准确、结论清晰。

2. 接地电阻、绝缘电阻测量

（1）接地引下线应完好无锈蚀。

（2）测量时的环境条件、仪器设备、人员要求应符合相关要求。

（3）测量报告应内容完整，数据准确、结论清晰。

3. 电压、电流、功率因数测量

（1）测量时的环境条件、仪器设备、人员要求应符合相关要求。

（2）测量报告应内容完整，数据准确。

4. 景观照明亮度（照度）、均匀度等指标测量

（1）建筑物、构筑物和其他景观元素的照明评价指标应采取亮度或与照度相结合的方式。步道和广场等室外公共空间的照明评价指标宜采用地面水平照度（简称地面照度 E_h）和距地面 1.5m 处半柱面照度（E_{sc}）。

（2）广场、公园等场所公共活动空间和采用泛光照明方式的广告牌宜将照度（或亮度）均匀度作为评价指标之一。

9.1.2 专项测量周期

1. 道路照明亮度（照度）等指标测量

亮度（照度）、均匀度、眩光、环境比和照明功率密度值抽查每年不少于 1 次。

2. 景观照明亮度（照度）等指标测量

亮度（照度）、均匀度、眩光、均匀度、对比度和立体感抽查每年不低于 1 次。

3. 接地电阻、绝缘电阻测量

（1）监控中心机房、配电箱及照明灯杆的保护接地系统每年至少进行1次检测。

（2）配电箱柜保护接地装置每年测量1次接地电阻。

（3）防雷接地装置每年雨季前检查1次，避雷针接地装置每5年测量1次接地电阻。

（4）对有腐蚀性土壤的接地装置，每3年对地面下接地体检查1次。

（5）灯杆的接地电阻在每年的雷雨季节前必须作1次测试。

（6）灯杆内主电缆每年进行1次绝缘检测。

（7）景观照明中各类线槽、桥架每年必须作1次绝缘监测。

（8）景观照明灯具支架及固定件、防坠落装置每个季度检查1次。

（9）景观照明供配电的防雷接地装置应每年检测4次，确保正常工作。

4. 电压、电流、功率因数测量

（1）箱变、配电箱、柜功率因数的检测每年不少于1次。

（2）线路负荷的检测每年不少于1次。

（3）备用电源系统的检测每月进行一次。

9.2　照明设施运行维护周期

9.2.1　智能监控设施

（1）每年应对控制中心设备箱的线路、控制板检查、清洁1次，保持设备、线路整洁。

（2）单灯控制器终端性能应每年检测1次。

（3）电子门禁系统性能应每年检查维护1次。

（4）电子号牌系统性能应每年检查维护1次。

（5）音响的机柜、前置放大器、电源时序器网络主播主机、调谐器、纯后级功放的通风口建议设备除尘周期1～6个月（根据系统使用环境而定）。

（6）定期对系统进行满功率和全功能的运行，周期以6个月一次为宜，一次运行的时间以3h为宜。

（7）对整套系统较长时间没有使用的情况下，准备使用前应对环境进行抽湿处理，一般持续抽湿至少1h；在梅雨季节，在保证门窗紧闭的同时，也应持续对周围环境进行抽湿处理，直至潮湿天气明显减弱。

（8）每6个月对音响系统各类接插件进行一次全面的检查。

（9）应定期地对线路情况进行详细而全面的检测，包括外观检测、通断测试、阻抗测试、承压测试、绝缘测试等，一般建议3～6个月一次（根据系统使用环境而定）。

（10）应检查固定音箱和安全作用的吊挂件是否出现松动或变形等，建议每6个月检查一次。

（11）每月1次对网络交换机、收发器灯设备的信号、电源及设备除尘进行检查。

（12）控制通信应每月1次评估网络传输系统的性能及安全，及测试各相关终端设备采集数据的完整性、准确性和及时性。

（13）景观照明控制系统

1）景观灯具的控制系统软件的功能、数据、软件模块等，应每周检查1次。

2) 景观照明控制室内的服务器、工作站、控制设备、终端外观检查、清理设备灰尘、控制设备重启、UPS检查等工作每月检查1次。

9.2.2　变配电设施

1. 箱变

（1）箱变巡视维护每年不少于1次。

（2）电容器组每年定期巡查不少于1次。

（3）变压器检查维护每半年1次。

（4）箱变内部每一年除尘1次

（5）节电器应每半年进行1次检查和维护。

2. 配电室

（1）配电室门窗、防护性网门等设施每季度检查维护1次。

（2）配电柜（屏）电气检查维护每季度1次。

（3）室内变压器检查维护每半年1次。

3. 户外配电箱（含杆上）

（1）配电箱巡视维护周期每年不少于1次。

（2）变压器检查维护每半年1次。

（3）配电箱内部每年除尘1次。

9.2.3　配电线路

（1）电缆线路应每季度进行1次地面检查，工作井应每年进行1次检查和清理。

（2）架空线路每季度进行1次巡检。

（3）每年检查4次供配电系统各类电子设备及附属设施、防雷设施等的等电位体。

9.2.4　灯杆

1. 灯杆、灯臂、灯盘应定期检查和清洁保养，主干路宜每半年1次，次干路、支路等宜每年1次。

2. 高杆灯

（1）高杆灯熄灯检修每半年1次；升降传动机构检查每年不应少于1次。

（2）高杆灯的垂直度，应每年检查1次。

（3）灯杆的根部和基础每年应进行1次检查，并与往年的情况进行比较，发现异常应立即查找原因和及时处理。

（4）高杆灯卷扬机钢丝绳每10年更换1次。

3. 多功能灯杆

（1）应每季度1次检查多功能杆杆体与挂载设施的状况。

（2）应每月检查杆体及系统设备的完好性和运行状态；每年台风季节，应做好检查和检修工作；每年进入雷雨季节前必须检查与测试系统各类接地装置的接地电阻，并应定期检查防雷装置的完好性与有效性。

（3）在高温、严寒、大风等极端天气发生前后宜加强对多功能杆杆体与设备的检查工作。

（4）每月应对系统平台进行至少一次功能检查。

（5）每月对综合箱进行一次检查，箱体应完整，不渗水，箱内无积灰，外壳无脱漆、锈蚀等现象。

（6）每半年检查一次多功能灯杆连接件，连接装置应牢固无松动。

9.2.5　灯具

（1）灯具光源主干道巡修周期宜每周 1 次；次干道、支路等宜两周 1 次。

（2）功能性（LED）灯具、隧道灯应每年进行 1 次清洁。

（3）装饰性灯具应每 6 个月进行 1 次清洁。

（4）要求园林管理部门或自行组织每年对影响照明灯具的树木进行 1 次修剪。

（5）景观灯具按照每月、重大活动、节假日进行维护保养。灯具安装位置、角度等每月、大风、重大活动、节假日前后检查 1 次。

（6）涉及光影秀的光束灯、激光灯、轨道镜等特殊设备每月进行维护保养 1 次。

9.3　运行维护管理综合评定的范围和指标

9.3.1　运行维护评定考核目的

（1）评定城市照明设施的当前运行状况。

（2）考核城市照明设施维护工作质量。

（3）对评定考核结果进行评价，并将评价结果提供给相关部门。

9.3.2　运行维护评定考核指标

1. 城市照明设施运行维护主要考核指标见表 9-1

城市照明设施运行维护主要考核指标

表 9-1

序号	项目		单位	指标	备注
1	节电率		%	≥10	
2	设施完好率	道路照明	%	≥95	
		景观照明	%	≥90	
		百公里线路设备故障数※	起/月	≤0.5	
3	亮灯率	主干路	%	≥98	
		次干路、支路等	%	≥96	
		及时修复率	%	≥99	
4	照明质量达标率（符合《城市道路照明设计标准》CJJ 45 规定）		%	≥90	亮（照）度、均匀度、眩光、环境比等
5	节能达标率	既有道路照明	%	≥80	符合设计标准规定的功率密度值
		新建道路照明	%	100	

续表

序号	项目	单位	指标	备注
6	配电系统功率因数		≥0.85	
7	安全生产事故率※	‰	≤3	

说明：1. 百公里线路设备故障数※包括线路、设备故障在24h内未修复的算一起，以夜间是否正常运行为准；不可抗拒的自然灾害造成严重线路、设备故障在5日内未修复的算一起。应剔除因市政建设、外力因素（偷盗）所造成的线路、设备故障。

2. 安全生产事故率※是指伤害程度损失1个工作日至105个工作日以下的失能伤害算一起。

2. 城市照明设施维护评定考核取样比例详见表 9-2

城市照明设施维护评定考核取样比例 表 9-2

序号	道路照明设施总量（万盏）	取样基数	≤10	10~20	≥20
1	设施完好率（月）	设施数	≥8‰	≥6‰	≥4‰
2	亮灯率（月）	灯盏数	≥3%	≥2.5%	≥2%
3	照明质量（年）		≥10%	≥10%	≥10%
4	照明功率密度值（年）	道路数	≥10%	≥10%	≥10%
5	配电功率因数（年）				
6	接地电阻（年）	配电数	≥50%	≥50%	≥50%
7	线路负荷（年）	配电数	100%		

注：新建道路在3年以内，表中1、3、4、5可免抽检。

3. 城市照明设施维护评定考核取样周期

（1）设施完好率的抽查每月不少于1次。

（2）亮灯率的抽查每月不少于1次。

（3）照明质量、照明功率密度值、配电功率因数的抽查每年不少于1次。

（4）接地电阻、线路负荷每年抽查1次。

（5）每年宜根据相关规定进行1次完成情况综合评价。

9.4 运行维护状况的评定

9.4.1 评定方法

1. 通过维护状况评定来对维护单位进行日常工作考核，掌握路灯设备设施运行状况，为设施专项维修及改造提供依据。

2. 维护作业单位的评价指标包括亮灯率、完好率、设施巡查及时率、维修质量、日常管理及安全生产等项目。

3. 检查考核评分表应符合附录B的有关规定。

4. 考核评价的等级划分应符合下列规定：

（1）优秀：考核检查表得分值应在90分及以上。

（2）良好：考核检查表得分值应在90分以下，85分及以上。

（3）合格：考核检查表得分值应在85分以下，80分及以上。

（4）不合格：考核检查表得分值不足80分。

9.4.2　服务回访及评价

1. 每年组织对所有的来电、信访、网络平台等市民报修与投诉进行回访，也可委托专门机构进行，评价道路照明设施维修质量，进一步提高维护管理水平。

2. 回访内容包括：

(1) 接诉员的满意度。

(2) 维修工作完成时间。

(3) 对照明维修质量的满意度。

(4) 对道路照明还有无其他投诉或建议。

3. 对记不清当时具体情况的，以及非接受回访者本人报修且不知情的回访信息不纳入统计。

4. 回访可以按月回访，也可以年度集中回访。

9.5　工程交接验收和资料管理

9.5.1　城市照明设施的交接验收

1. 道路照明设施按规定需要进行专项维修或新建工程的，在工程项目竣工后，对工程施工方提供的竣工资料进行审核，并根据施工方通过的自验收、整改等情况，结合监理公司的报告进行工程质量认可。

2. 城市照明工程验收应按相关验收技术规程、技术标准的要求执行，工程移交验收表详见附录 A。

工程竣工验收资料内容：

(1) 工程相关批复文件。

(2) 工程设计资料。

(3) 各类会议纪要。

(4) 预、决算。

(5) 合同与协议。

(6) 开竣工报告。

(7) 施工质量抽查评价记录表。

(8) 隐蔽工程验收资料。

(9) 自查验收资料。

(10) 验收评价表。

(11) 竣工图。

(12) 主要设备、材料说明书及质保书。

9.5.2　养护技术资料

(1) 养护技术资料包括城市照明设施基础台账、城市照明设施日常维护台账、城市照明设施考核台账、监控中心系统运行日志、安全生产及运行事故统计表格等。

（2）建立健全路灯竣工验收资料，分类保管。

（3）每月核对路灯分布图、路灯设施表，有变化的及时更新。

（4）各种道路照明设施必须建立台账，设施更换与维修应做好台账记录。

（5）设施台账包括路灯线路类型、长度、灯杆、灯具数量和型式，路灯配电数量、型式等，并做好路灯各类设施相关检查与处理记录。

（6）高杆灯、配电箱、屏、柜，以及变压器均应建立独立档案。

（7）各种文字、图纸、图片、音像资料应分类整齐存放，方便查询，并符合档案管理规定。

9.6 主要考核指标计算方法

随着我国城市化的不断推进，城市照明设施（包括道路照明设施、景观照明设施）数量日益庞大。

据统计，2019年末全国1118个城市照明管理单位（含2015年底之前统计数据）共有城市照明设施6272.10万盏。其中：道路照明2726.23万盏，总功率461.31万kW，年耗电量158.79亿kWh，线路59.32万km，年总投资229.11亿元。景观照明3545.87万盏、总功率79.52kW，年耗电量32.43亿kWh。

从上述数据中可看出：2019年底1118个城市照明管理单位管理的城市照明设施比"十二五"初期净增4134.43万盏。其中：道路照明设施净增1242.61万盏，年增长8.66%；景观照明设施净增2891.82万盏，年增长44.21%。

随着LED路灯产品质量和技术性能的不断提高，在城市照明光源的应用上，道路照明从2010年LED光源的应用率3.62%，至今已达20.09%，净增16个百分点。从这次调查情况看，一线城市北京应用率只占总灯数的5.97%、天津10.13%、重庆14.71%、上海16.65%，都低于全国平均水平，广州和深圳应用率较高，分别占48.55%和41.39%。而二三线城市LED光源应用率相对较高，如湛江市95.91%、阳江市97.63%、泰州市81.14%、县级市溧阳市86.27%。景观照明LED光源在应用方面从2010年的应用率57.14%，至今已达76.64%，净增19.5个百分点。高耗低效的白炽灯、高压汞灯都已被节能光源所取代。

根据中国市政工程协会城市照明专业委员会《关于开展全国城市照明单位名录、设施情况普查工作的通知》（中市照明〔2019〕第31号）精神，对全国城市功能照明、景观照明的情况，用函调问卷式方式进行了调查。全面了解"十三五"期间城市照明行业各项指标完成情况如下：

（1）节电率，要求为15%。实际用电统计电度数是根据各单位所报的每度电价、年城市照明电费进行测算得出的用电数。由于有些单位电费是财政与供电直接结算，无法填报，有的单位没报总功率等原因，编者即根据该单位所报路灯盏数，或报的经费经过估算得出年用电数。经普查汇总总功率年应耗电量192.75亿kWh，实际统计用电量为158.79亿kWh，2019年的节电率为21.38%。数据仅供参考。

（2）亮灯率，要求为道路照明主干道达98%，次干道、支路达96%。经统计道路照明中主干道亮灯率达到了99.02%，次干道、支路亮灯率达到了98%。指标完成得比较好，普遍高于部颁标准。

（3）设施完好率，要求为道路照明设施达 95％，景观照明达 90％。经统计道路照明设施完好率达到了 96.85％，景观照明设施完好率达到了 93.72％。

（4）要求高光效、长寿命光源应用率达 85％以上。经统计在高光效、长寿命光源应用上达到了 93.25％。虽然 LED 光源各个城市都已采用，但占道路照明总灯盏数比例仅 20.09％，高压钠灯的比例仍占多数达 53％以上，在景观照明中 LED 光源占比较高，达到了 76.64％。

（5）要求完善功能照明，基本消灭无灯区。新、改、扩建的城市道路装灯率达 100％，根据调研数据可知，有 96.8％的城市消灭了无灯区，新、改、扩建的城市道路装灯率达 98.65％。

9.6.1　城市照明节能率考核评价方法

城市照明节能考核按节能达标率和节电率两种方法进行。节能达标率是指既有城市照明设施在未采取运行节能手段情况下，其能耗指标（LPD 限值）是否满足相关标准的节能要求，通过对若干项城市照明项目进行现场功率测试及计算，其中满足节能要求的项目数量占监测项目总数的比例即为节能达标率。节电率针对单条道路或单一夜景照明项目以及一个区域的道路或夜景照明，采用不同的计算方法。对单条道路或单一夜景照明项目，采用实测功率密度值与设计标准对比计算节电率。对区域的道路或夜景照明，按城市照明设施在一定的运行周期内，其实际电能消耗与按照 LPD 限值计算所得的电耗理论值对比的结果，它既包含了项目设计是否达标，也包含了通过运行控制手段实现节能的贡献。城市照明节能无论采取哪种方法考核评价，其参评项目的照明质量和配电系统功率因数均应达到相应的指标要求。

1. 道路照明 LPD 值：单位路面面积上的照明安装功率（包括光源功率和灯的电器附件的功耗），单位为 W/m²。机动车道照明功率密度（LPD）值按式（9-1）进行计算：

$$LPD = P/A \qquad (9\text{-}1)$$

式中　LPD——机动车道照明功率密度（W/m^2）；

$\quad$　P——包括镇流器或驱动电源功耗在内的照明安装功率（W）；

$\quad$　A——计算区域面积（m^2）。

根据路灯平、立面布置方式的不同，LPD 值按表 9-3 计算：

LPD 值计算表　　　　　　　　　　　　　　　表 9-3

注：表中 ▨ 为计算区域，面积 A＝灯具的安装间距×机动车道宽度。

由于现行行业标准《城市道路照明设计标准》CJJ 45 仅给出了机动车道的 LPD 限值，为便于评价，仅对机动车道的 LPD 值进行计算，因此对于双挑灯及多光源组合式路灯，只选取机动车道侧的光源及电器附件功率之和作为计算功率。对于采取了调光等节能措施的道路，LPD 值应按全功率进行计算。

案例一：某市薛冶路为城市主干路，双向六车道，道路宽度 24m（道路中间无分隔带），采用双侧对称布灯，在道路两侧对称安装 12m 单挑灯照明方案，光源配置 250W 高压钠灯，布灯间距 35m，仰角 10°，利用系数 0.44，光源光通量 120lm/W，维护系数 0.7，每个照明器内灯泡数为 1。根据上述参数，该路面理论照度计算值 22lx，根据现行行业标准《城市道路照明设计标准》CJJ 45 要求，主干路平均照明 E_{av}（维护值）≥20lx，符合设计标准。灯具的电器附件功耗按光源的 15% 计算，包括镇流器和驱动电源功耗在内的机动车道照明安装功率 250×1.15=287.5（W），计算区域面积 24×35/2＝420（m²），我们利用公式（9-1）计算其机动车道照明功率密度值：

$$LPD=P/A=287.5/420=0.68（W/m^2）$$

因此，该道路照明功率密度值为 0.68W/m²，达到了现行行业标准《城市道路照明设计标准》CJJ 45 的强制性要求。

2. 夜景照明 LPD 值：单位建筑立面表面积上的照明安装功率（包括光源功率和灯的电器附件的功耗）。按式（9-2）进行计算：

$$LPD_B=P/A \tag{9-2}$$

式中　LPD_B——夜景照明功率密度（W/m²）；

P——包括镇流器或驱动电源功耗在内的照明安装功率（W）；

A——计算区域面积（m²）。

理论上现行行业标准《城市夜景照明设计规范》JGJ/T 163 给出的 LPD 限值是指光源全功率工作状态下的 LPD 限值，考虑到夜景照明同一建筑上光源种类多，场景变化复杂，不同场景时光源功率变化较大，为简化计算，应按最大功率值进行计算。

案例二：某市供电大厦处于中型城市中心（E4）区域，该大厦长 50m，宽 30m，高 60m，外墙为乳白色釉面砖，外立面采用 LED 线性灯、LED 点光源、LED 洗墙灯进行建设立面亮化，包括镇流器或驱动电源功耗在内的照明安装功率 28000W，计算区域面积（50＋30）×2×60＝9600（m²）。我们利用式（9-2）计算其夜景照明功率密度值：

$$LPD_B=P/A=28000/9600=2.92（W/m^2）$$

因此，该楼宇夜景照明功率密度值为 2.92W/m²，达到了现行行业标准《城市夜景照明设计规范》JGJ/T 163 强制性要求。

9.6.2　照明节电率计算方法

根据各城市对照明节电率考核的需求，城市照明节电率计算方法分为：一是对某一条道路（既有或新、改建工程）进行照明节电率的计算，即采用实测功率密度值与设计标准对比计算节电率。二是指定某一区域道路照明实际运行节能情况或区域内新建、改建道路照明工程的节电率的计算，将区域内道路（既有或新建、改建工程）进行照明节电率的计算，即采用实测功率密度值与设计标准对比计算节电率。三是对全市城市照明节电率的计算，以上一年度末的总功率为基础，加上每个月新增功率耗电量，减去每个月拆除的功率耗电量，按实际每月增减的实际耗电量与理论功率耗电量比计算节电率。

1. 单条道路照明节电率

指某条道路照明新、改建工程，按现行行业标准《城市道路照明设计标准》CJJ 45 规定的 LPD 限值与实际设计得出的 LPD 值计算出来的节电率。用以评价某条道路照明工程设计是否节能。按式（9-3）进行计算：

$$\eta_R = (P_S - P_R)/P_S \times 100\%\tag{9-3}$$

式中　η_R——道路照明节电率（%）；

　　　P_S——现行行业标准《城市道路照明设计标准》CJJ 45 给出的 LPD 限值（W/m²）；

　　　P_R——实际得出的 LPD 值（W/m²）。

案例三：某市长江北路为城市主干路，双向六车道，道路宽度 24m（道路中间无分隔带），采用双侧对称布灯，在道路两侧对称安装 12m 单挑灯照明方案，光源配置 250W 高压钠灯，布灯间距 35m，仰角 10°，利用系数 0.44，光源光通量 120lm/W，维护系数 0.7，每个照明器内灯泡数为 1。根据上述参数，该路面理论照度计算值 22lx，根据《城市道路照明设计标准》CJJ 45 要求，主干路平均照明 E_{av}（维护值）≥20lx，符合设计标准。灯具的电器附件功耗按光源的 15% 计算，包括镇流器或驱动电源功耗在内的照明安装功率 250×1.15＝287.5W，计算区域面积 24×35/2＝420m²，其实际 LPD 值为 0.68W/m²，机动车道的照明功率密度限值 6 车道主干路应小于等于 0.7W/m²。我们利用公式（9-3）计算其道路照明节电率。

$$\begin{aligned}\eta_R &= (P_S - P_R)/P_S \times 100\% \\ &= (0.7 - 0.68)/0.7 \times 100\% \\ &= 2.86\%\end{aligned}$$

因此，该道路照明节电率为 2.86%。

2. 区域性道路的照明节电率

指某区域道路照明新、改建工程，按现行行业标准《城市道路照明设计标准》CJJ 45 规定的 LPD 限值设计计算的年累计用电量与采取节电措施后全年实际累计用电量之比的节电率，是评价某区域道路照明工程包含了设计及实际运行的完整的节能情况的节电率。按式（9-4）进行计算：

$$\eta = \frac{W_S - W_R}{W_S} \times 100\%\tag{9-4}$$

$$W_R = \sum_{i=1}^{n}(A_i \cdot LPD_{R_i} \cdot t_i)/1000$$

$$W_S = \sum_{i=1}^{n}(A_i \cdot LPD_{S_i} \cdot t_i)/1000$$

式中　W_S——按现行行业标准《城市道路照明设计标准》CJJ 45 规定的功率密度值确定的全年标准累计用电量（kW·h）；

　　　W_R——采用节电措施全年实际累计用电量（kW·h）；

　　　LPD_{R_i}——照明工程在第 i 种运行状态下的功率密度值（W/m²）；

　　　t_i——照明工程在第 i 种运行状态下的运行时间（h）；

　　　A_i——被照机动车道路面面积（m²）；

LPD_{S_i}——照明工程对应的照明功率密度标准值（W/m^2）。

案例四：某城市某区域有几种不同道路：

道路一：6 车道城市主干路，长 3000m，净宽 24m，道路双侧布置 12m 单挑灯，光源配置 250W 高压钠灯，布灯间距 35m，仰角 10°，利用系数 0.44，光源光通量 30000lm，维护系数 0.7，每个照明器内灯泡数为 1。采用单灯变功率节能措施，下半夜（亮灯 4h 后）光源功率由 250W 变为 150W。平均照度维持值 22lx，符合要求：主干路平均照度维持值 20lx。上半夜（从开灯开始 4h 内）在此状态下功率密度值为 0.68W/m^2，每天运行时间 4h；下半夜（亮灯 4h 后）在此状态下功率密度值为 0.41W/m^2，每天运行时间 7.37h。根据相关规范要求，该道路的照明功率密度限值 0.7W/m^2。

道路二：4 车道城市次干路，长 4000m，净宽 22m，道路双侧布置 12m 单挑灯，光源配置 LED 灯 200W，布灯间距 35m，仰角 10°，利用系数 0.43，光源光通量 19600lm，维护系数 0.7，每个照明器内灯泡数为 1，全夜全功率运行，每日平均亮灯 11.37h。平均照度维持值 15.32lx，符合要求：次干路平均照度维持值 15lx。全夜运行功率密度值为 0.57W/m^2。根据相关规范要求，该道路的照明功率密度限值 0.6W/m^2。

道路三：4 车道城市次干路，长 8000m，净宽 18m，道路双侧布置 11m 单挑灯，光源配置 150W 高压钠灯，布灯间距 35m，仰角 10°，利用系数 0.42，光源光通量 18000lm，维护系数 0.7，每个照明器内灯泡数为 1。采用单灯变功率节能措施，下半夜（亮灯 4h 后）光源功率由 150W 变为 100W。平均照度维持值 16.8lx，符合要求：次干路平均照度维持值 15lx。上半夜（从开灯开始 4h 内）在此状态下功率密度值为 0.55W/m^2，每天运行时间 4h；下半夜（亮灯 4h 后）在此状态下功率密度值为 0.37W/m^2，每天运行时间 7.37h。根据相关规范要求，该道路的照明功率密度限值 0.6W/m^2。

道路四：2 车道城市次干路，长 9000m，净宽 14m，道路单侧布置 12m 单挑灯，光源配置 250W 高压钠灯，布灯间距 36m，仰角 10°，利用系数 0.38，光源光通量 30000lm，维护系数 0.7，每个照明器内灯泡数为 1。采用单灯变功率节能措施，下半夜（亮灯 4h 后）光源功率由 250W 变为 150W。平均照度维持值 15.83lx，符合要求：次干路平均照度维持值 15lx。上半夜（从开灯开始 4h 内）在此状态下功率密度值为 0.57W/m^2，每天运行时间 4h；下半夜（亮灯 4h 后）在此状态下功率密度值为 0.34W/m^2，每天运行时间 7.37h。根据相关规范要求，该道路的照明功率密度限值 0.7W/m^2。

道路五：2 车道城市支路，长 10000m，净宽 10m，道路单侧布置 11m 单挑灯，光源配置 LED 灯 145W，布灯间距 40m，仰角 10°，利用系数 0.35，光源光通量 14210lm，维护系数 0.7，每个照明器内灯泡数为 1，全夜全功率运行，每日平均亮灯 11.37h。平均照度维持值 8.7lx，符合要求：支路平均照度维持值 8lx。全夜运行功率密度值为 0.4W/m^2。根据相关规范要求，该道路的照明功率密度限值 0.4W/m^2。

说明：例中高压钠灯电器附件功耗按光源功率的 15% 计算，LED 灯电器功耗按光源功率的 10% 计算。

我们利用式（9-4）计算其区域性道路照明节电率。

$$W_R = \sum_{i=1}^{n} (A_i \cdot LPD_{R_i} \cdot t_i)/1000$$

$W_R = [24 \times 3000 \times (0.68 \times 4 \times 365 + 0.41 \times 7.37 \times 365) + 22 \times 4000 \times (0.57 \times 11.37 \times$

$$365)+18\times8000\times(0.55\times4\times365+0.37\times7.37\times365)+14\times9000\times(0.57\times4\times365$$
$$+0.34\times7.37\times365)+10\times10000\times(0.4\times11.37\times365)]/1000$$

$$=1004117.19\ (\text{kWh})$$

$$W_\text{S}=\sum_{i=1}^{n}(A_i\cdot LPD_{\text{S}_i}\cdot t_i)/1000$$

$$W_\text{S}=[0.7\times24\times3000\times11.37\times365+0.6\times22\times4000\times11.37\times365+0.6\times18\times8000\times$$
$$11.37\times365+0.7\times14\times9000\times11.37\times365+0.4\times10\times10000\times11.37\times365]/1000$$

$$=1318885.89\ (\text{kWh})$$

$$\eta=(W_\text{S}-W_\text{R})/W_\text{S}\times100\%$$
$$=(1318885890-1004117190)/1318885890\times100\%$$
$$=23.87\%$$

因此，该区域道路照明节电率 η 为 23.87%。

3. 城市道路照明节电率

指某城市照明管理机构管辖的道路照明设施，上年底理论用电量加上当年每月新增并减去每月拆除的路灯理论用电量与当年底实际用电量（电费对账单查得）之比计算出该城市年节电率。按式（9-5）计算。

$$\eta=\frac{W_\text{T}-W_\text{a}}{W_\text{T}}\times\gamma\times100\% \tag{9-5}$$

$$W_\text{T}=P_\text{ly}\times t_\text{all}+\sum_{i=1}^{12}(P_i\times t_i)$$

式中　W_T——城市道路照明理论用电量（kWh）；

W_a——城市道路照明实际用电量，可通过电费对账单查得（kWh）；

γ——城市道路照明亮灯率；

P_ly——上一年底城市道路照明设施总功率（kW）；

t_all——上一年底城市道路照明设施总功率本年运行时间（h）；

P_i——第 i 个月新增（减）城市道路照明设施功率（kW）；

t_i——第 i 个月新增（减）城市道路照明设施功率实际亮灯时间（h）。

该计算方式适用于城市照明管理机构照明设施统计工作做得比较好的城市，对每月新建、拆除、节能改造统计数据和开关灯时间及调光时段记录准确、齐全，对计算年节电率较为便捷。

案例五：求某城市 2016 年年度节电率，2015 年末城市道路照明设施 135000 盏，平均功率 0.205kW/盏，2016 年 3 月新增加 1200 盏，平均功率 0.25kW/盏；2016 年 4 月减少 200 盏，平均功率 0.25kW/盏；2016 年 5 月新增加 800 盏，平均功率 0.2kW/盏；2016 年 7 月新增加 1300 盏，平均功率 0.21kW/盏；2016 年 9 月新增加 1500 盏，平均功率 0.24kW/盏；2016 年 11 月新增加 1800 盏，平均功率 0.23kW/盏。2016 年度城市道路照明实际用电总量 1.03 亿 kWh，城市道路照明亮灯率 99%。我们利用式（9-5）计算其城市照明年度节电率。说明：例中功率已包含电器附件功耗。

$$W_\text{T}=P_\text{ly}\times t_\text{all}+\sum_{i=1}^{12}(P_i\times t_i)$$

$W_T = 135000 \times 0.205 \times 4150 + 1200 \times 0.25 \times 11.37 \times 10 \times 30 + (-200) \times 0.25 \times 11.37 \times$

$9 \times 30 + 800 \times 0.2 \times 11.37 \times 8 \times 30 + 1300 \times 0.21 \times 11.37 \times 6 \times 30 + 1500 \times 0.24 \times$

$11.37 \times 4 \times 30 + 1800 \times 0.23 \times 11.37 \times 2 \times 30$

$= 117489999.6 \ (kWh)$

$$\eta = \frac{W_T - W_a}{W_T} \times \gamma \times 100\%$$

$\eta = (117489999.6 - 103000000)/117489999.6 \times 99\% \times 100\%$

$= 12.21\%$

因此，该城市道路照明节电率为 12.21%。

4. 夜景照明节电率

单体建筑的夜景照明节电率按式（9-6）计算：

$$\eta_B = (P_S - P_B)/P_S \times 100\% \tag{9-6}$$

式中　η_B——夜景照明节电率（%）；

P_S——JGJ/T 163 给出的 LPD 限值（W/m^2）；

P_B——实际得出的 LPD 值（W/m^2）。

理论上现行行业标准《城市夜景照明设计规范》JGJ/T 163 给出的 LPD 限值是指光源全功率工作状态下的 LPD 限值，考虑夜景照明同一建筑光源种类多，场景变化复杂，不同场景时光源功率变化较大，为简化计算，应按最大功率值进行计算。

案例六：某市供电大厦处于中型城市中心区域，该大厦长 50m、宽 30m、高 60m，外墙为乳白色釉面砖，外立面采用 LED 线性灯、LED 点光源、LED 洗墙灯进行建设立面亮化，包括镇流器或驱动电源功耗在内的照明安装功率 30500W，计算区域面积（50+30）$\times 2 \times 60 = 9600m^2$，其夜景照明功率密度值为 3.18$W/m^2$。按照相关规范要求给出的 LPD 限值为 4.5W/m^2。我们利用式（9-6）计算其单体建筑的夜景照明节电率。

$\eta_B = (P_S - P_B)/P_S \times 100\%$

$= (4.5 - 3.18)/4.5 \times 100\%$

$= 29.33\%$

因此，该单体建筑的夜景照明节电率为 29.33%，达到了现行行业标准《城市夜景照明设计规范》JGJ/T 163 要求。

9.6.3　设施完好率考核计算办法

城市照明设施完好率考核的设施主要有：变压器、配电屏、配电箱、控制箱、光源、灯具、灯杆、灯臂、送电线路（架空线路、地埋线路等）、电缆井、接地装置等设施，是对城市照明设施考核计算综合完好率按一定权重的集中体现。

1. 评定考核抽检数量

评定考核抽检数量见表 9-2，设施完好率抽检评定办法详见附录 E 城市照明设施养护评分标准及办法中表 E.0.1~E.0.4。5 年及以内新建的城市照明工程可不参与抽检考核。

2. 设施完好率和设备综合完好率

（1）设施完好率（M）：在给定设施的范围内分为四类，即：

M_1——配电设施完好率。

M_2——线路、管道、工井完好率。

M_3——照明器具完好率。

M_4——专用灯杆及金属构件完好率。

（2）设施综合完好率（$M_综$）

计算公式为：$M_综 = 0.25M_1 + 0.15M_2 + 0.40M_3 + 0.20M_4$

3. 设施完好率评定方法

评定标准（见附录 E）分为四个部分（即 M_1、M_2、M_3、M_4），其中：配电设施完好率（M_1）为 100 分，占设施综合完好率（$M_综$）25%；线路、管道、工井完好率（M_2）为 100 分，占设施综合完好率（$M_综$）15%；照明器具完好率（M_3）为 100 分，占设施综合完好率（$M_综$）40%；专用灯杆及金属构件完好率（M_4）为 100 分，占设施综合完好率（$M_综$）20%。由四个部分组成，每个部分为 100 分，加权平均后的得分即为设施综合完好率（$M_综$）。

案例七：某城市共安装路灯 6 万盏，对其设施完好情况进行检查评分。根据表 9-2 规定应检查 50% 设施，因此，需对 3 万盏以上照明设施及其相关配电、线路、管道、工井、照明器具、灯杆及金属构件的维护情况进行检查。经按表 E.0.1 对配电设施维护情况进行检查，配电设施维护（M_1）得分 98 分；按表 E.0.2 对线路、管道、工井的维护情况进行检查，线路维护（M_2）得分 95 分；按表 E.0.3 对照明器具的维护情况进行检查，照明器具维护（M_3）得分 92 分；按表 E.0.4 对灯杆及金属构件的维护情况进行检查，灯杆及金属构件维护（M_4）得分 100 分。则可计算综合设施完好率得分为：

$$M_综 = 0.25M_1 + 0.15M_2 + 0.40M_3 + 0.20M_4$$
$$= 0.25 \times 98 + 0.15 \times 95 + 0.40 \times 92 + 0.20 \times 100$$
$$= 95.55$$

9.6.4　功能照明亮灯率的计算和检查考核方法

为了直观地反映城市道路照明的工作质量，根据城市道路照明的设备总数量，合理地对所有城市道路照明的路灯设备进行一定比例的现场实地抽检，根据抽检结果，以抽检地区的城市道路路灯正常亮灯的光源盏数与该地区应亮灯的总光源盏数之比的百分数即为该城市的道路照明的亮灯率。

1. 计算方法

亮灯率 =（抽检总灯盏数 − 灭灯盏数）/ 抽检总灯盏数 × 100%

2. 检查办法

（1）抽样方法

道路照明亮灯率一般采用现场抽样检查方式。由于在同等的置信度、允许误差下，样本容量随总灯盏数的不同而变化，在综合考虑抽样检查成本的情况下，每次评定考核抽检数量详见表 9-2，每月抽检至少一次。抽检道路应包括主干道、次干道和支路，可采用多样本抽检方式检查亮灯率。高杆灯应该作为特殊道路照明，进行专门的抽检考核。

（2）检查标准

亮灯率检查一般应在开灯 20min、亮灯稳定后进行。符合下列条件应作为灭灯盏数计算：

1）光源熄灭或忽明忽暗。

2）一般配电线路故障在 24h 内没有修复的灭灯应计入灭灯盏数。

3）LED 灯具 30％及以上颗粒损坏计入灭灯盏数。

现场抽检时，符合下列因素的灭灯不作为灭灯盏数：

1）因城市市政建设造成的配电管线拆除、损坏的路灯不亮盏数。

2）外力因素如偷盗所造成的路灯灭灯盏数，但是应提供该地段路灯灭灯恢复的计划安排。

3）因自然灾害造成的灭灯盏数，但是应提供该地段路灯灭灯恢复的计划安排。

4）因市供电系统临时性停电造成的区域性熄灯。

案例八：某城市共有各类路灯 6 万盏，其中主干道装灯 3 万盏，次干道装灯 2 万盏，对其亮灯率进行检查。根据表 9-2 规定 5 万～10 万盏路灯亮灯率抽查不少于 12％，6 万盏路灯每月至少 7200 盏路灯进行抽查。该城市某月份选取 16 条主干道（路灯 6000 盏）及 6 条次干道（路灯 1200 盏）进行亮灯率检查，发现所检查主干道灭灯 115 盏，次干道灭灯 42 盏，则道路照明亮灯率为：

$$主干道亮灯率 = (6000 - 115)/6000 \times 100\% = 98.08\%$$
$$次干道亮灯率 = (1200 - 42)/1200 \times 100\% = 96.5\%$$

9.6.5 建筑景观照明亮灯率计算和检查考核方法

以某单体建筑的亮灯率为例。该建筑的亮灯率即为该建筑上正常亮灯数占该建筑总亮灯点数的比例。若采用多光源（含双光源）灯具的，应计光源数量。按米计算的灯带等灯具按 20m 折算为 1 盏。像素点、灯串可按每组（一个电源为一组）折算为 1 盏。

景观照明亮灯率 =（实查设施总数 - 熄灯总数）/实查设施总数 × 100％。

设施数量便于统计的按照实际灯具数量统计，光源繁多、数量难以统计的，设施数量按照实际控制节点统计。

附录 A 城市道路照明工程移交验收表

工程名称			工程地点		
开工日期			竣工日期		
验收项目		验收依据	检测值及验收意见		备注
检测项目	路面平均亮度（照度）	应符合设计要求和现行行业标准《城市道路照明设计标准》CJJ 45 的相关规定			
	路面亮度（照度）均匀度				
	照明功率密度值（LPD）				
	系统功率因数				
	线路末端电压值				
	系统三相负荷电流平衡度				
检查内容	供配电装置	试运行应正常，并符合设计要求和现行行业标准《城市道路照明工程施工及验收规程》CJJ 89 的规定			
	智能监控系统				
	架空线路				
	电缆线路				
	接地接零安全保护				
	灯杆灯具				
	节电率（改建项目）				
验收结论					
验收人员签字	建设单位				
	施工单位				
	监理单位				
	运维管理单位				

说明：城市道路照明工程移交验收项目：新、改建工程和专项维护工程项目。

附录 B 城市景观照明工程移交验收表

工程名称			工程地点		
开工日期			竣工日期		
验收项目		验收依据	检测值及验收意见		备注
照明质量		应符合设计要求			
检测项目	照明功率密度值（LPD）	应符合设计要求和现行行业标准《城市夜景照明设计规范》JGJ/T 163 的相关规定			
	接地电阻值				
	系统功率因数				
	线路末端电压值				
	系统三相负荷电流平衡度				
检查内容	供配电装置	试运行应正常，并符合设计要求和现行行业标准《城市道路照明工程施工及验收规程》CJJ 89 的规定			
	控制系统				
	导管、金属槽盒				
	电缆线路				
	接地接零安全保护				
	灯杆灯具				
验收结论					
验收人员签字	建设单位				
	施工单位				
	监理单位				
	运维管理单位				

附录 C 设施维护综合检查评定汇总表

城市道路照明设施维护综合检查评定汇总表 表 C.0.1

指标名称	评分标准	评定内容	得分	权重	实得分	备注
亮灯率	附录 D	*a*. 主干道亮灯率≥98％		10％		
		b. 次干道亮灯率≥96％		10％		
设施综合完好（$M_{综}$）	表 E.0.1	M_1. 配电设施维护		30％		
	表 E.0.2	M_2. 线路、工井维护				
	表 E.0.3	M_3. 照明器具维护				
	表 E.0.4	M_4. 灯杆及金属构件维护				
照明质量	附录 G	*a*. 既有道路达标率≥90％		10％		
		b. 新建道路达标率 100％		15％		
基础资料	表 F.0.1	日常各类基础资料		15％		
作业设施保障	表 F.0.2	作业及设施保障		10％		
权重汇总得分				100％		
评定意见						
检查人员签字						

检查日期： 年 月 日

说明：1. 亮灯率评分：满足评定要求取 100 分，不满足评定要求时得分＝实测亮灯率/标准亮灯率（主干道取
98％，次干道取 96％）×100，实得分＝*a*×权重＋*b*×权重。
2. 设施综合完好（$M_{综}$）：设施养护评分标准表，见附录 D 计算公式：$M_{综}=0.25M_1+0.15M_2+0.40M_3+0.20M_4$，实得分＝得分×权重。
3. 照明质量：满足评定要求取 100 分，不满足评定要求时得分＝实测达标率/标准达标率（既有道路取
90％，新建道路取 100％）×100，实得分＝*a*×权重＋*b*×权重。
4. 基础资料、作业设施保障按检查实得分乘以权重。

城市景观照明设施维护综合检查评定汇总表   表 C. 0. 2

指标名称	评分标准	评定内容	得分	权重	实得分	备注
亮灯率	附录 D	亮灯率≥90%		20%		
设施综合完好（$M_综$）	表 E. 0. 1	M_1. 配电设施维护		30%		
	表 E. 0. 2	M_2. 线路、工井维护				
	表 E. 0. 3	M_3. 照明器具维护				
	表 E. 0. 4	M_4. 灯杆及金属构件维护				
照明质量	——	符合设计要求		25%		
基础资料	表 F. 0. 1	日常各类基础资料		15%		
作业设施保障	表 F. 0. 2	作业及设施保障		10%		
权重汇总得分				100%		

评定意见	
检查人员签字	

检查日期：   年   月   日

附录 D 月、年度亮灯率检查表

月度亮灯率检查表

序号	主干道/其他道路/景观照明	查灯数	熄灯数	亮灯率	备注
1					
2					
3					
4					
5					
6					
...					
...					
	月度亮灯率合计：				

检查人员：   日期：　　年　月　日

年度亮灯率汇总表

月份	占全市主干道/其他道路路灯总数/全市景观照明灯总数（％）	查灯数	熄灯数	亮灯率	备注
1					
2					
3					
4					
5					
6					
7					
8					
9					
10					
11					
12					
	年度亮灯率合计：				

说明：1. 亮灯率＝（抽检总灯盏数－灭灯盏数)/抽检总灯盏数×100％；

2. 检查时主干道、其他道路、景观照明各填一张表；

3. 年度亮灯率汇总表中查灯数和熄灯数均为每个月所查亮灯率的汇总数。

填 表：   日期：　　年　月　日

204

附录 E 城市照明设施养护评分标准及办法

本附录规定了城市照明设施完好的评定办法，评定抽检范围和数量参照表 9-2 的要求，评定表中扣分的数值是指有一处不符要求即要扣分，表中合计得分即为设施完好得分。

配电设施完好状况评定表（M_1）　　　　　　　　　表 E.0.1

序号	评定标准	标准分	扣分	得分
1	配电间（室）： 警示标志不齐全扣 0.1 分；门窗破损、房屋渗漏水扣 0.3 分；室内电缆沟排水堵塞扣 0.2 分；沟内有垃圾或盖板破损扣 0.2 分；沟内等金属支架锈蚀扣 0.1 分；穿越墙体绝缘套管破损扣 0.1 分；配电柜前绝缘胶垫破损扣 0.1 分；消防设施过期扣 0.1 分；室内乱堆杂物扣 0.2 分	20		
2	变压器： 安全标识破损扣 0.1 分；熔断器铸件或瓷件裂纹扣 0.3 分；油浸式变压器渗油扣 0.3 分；防水和导油孔不畅通扣 0.2 分；干燥器硅胶失效扣 0.2 分；电缆室排水孔堵塞扣 0.2 分；操作机构等可动元器件不灵活扣 0.3 分；绝缘导线老化扣 0.1 分；零线接地电阻不达标扣 5 分	30		
3	配电箱、柜： 箱体及金属构件锈蚀扣 0.3 分；箱柜门锁、机械、电气闭锁装置不灵活扣 0.2 分；应急照明损坏扣 0.1 分；柜体进出线孔洞封堵损坏扣 0.1 分；接触器、开关、熔断器等电器动、静触点松动、噪声过大扣 0.2 分；接线桩头等部件变形缺损、发热变色扣 0.3 分；接线端子有 3 个及以上线头或松动损坏扣 0.3 分；箱内一、二次线中间有接头扣 0.2 分；仪表损坏、指示不正确扣 0.1 分；电容柜运行不正常，有渗漏现象扣 0.2 分；信号灯、故障报警信号不可靠扣 0.2 分；熔断器瓷件破损扣 0.2 分；无警示标志牌扣 0.1 分；箱柜体混凝土基础开裂破损扣 0.1 分；箱柜体及金属构件锈蚀扣 0.2 分；箱变围栏破损、警示标牌丢失扣 0.1 分；超负荷运行或负荷分配图丢失扣 0.2 分；保护接地电阻不达标扣 3 分；多功能灯杆配电箱（综合箱）除上述评定标准外还应符合下列要求：未按各搭载设备单独设置保护装置扣 1 分；各搭载设备未共箱扣 0.5 分；保护电器安装不牢固、松动扣 0.1 分；保护电器接线不正确、不规范扣 0.2 分；配电系统未设置短路保护、过负荷保护、接地故障保护或防浪涌保护功能扣 0.5 分；杆体内部线路未配置漏电检测和报警设备扣 0.5 分	30		
4	智能控制系统： 光控或时控失效扣 0.2 分；控制器存储数据丢失、抗干扰能力差扣 0.2 分；数据采集分析、运算、统计、处理等功能低下扣 0.3 分；数据传输速率慢、精度低扣 0.2 分；声光、防盗报警误报率大于 1%扣 0.2 分；自动或手动巡测、选测失效扣 0.1 分；UPS 电源工作不正常扣 0.2 分；防雷、接地保护失效扣 0.3 分；发射杆塔等金属构件锈蚀扣 0.2 分；保护接地电阻不达标扣 3 分；景观照明除上述评定标准外还应符合下列要求：分控、主控失效扣 0.2 分；控制系统失联扣 0.2 分；控制系统无远程控制或无现场应急控制功能扣 0.2 分	20		
5	合计	100		

线路、工井完好状况评定表（M_2）　　　　　　　　　　表 E.0.2

序号	评定标准	标准分	扣分	得分
1	架空线路： 拉线有锈蚀，松弛现象扣 0.1 分；架空导线弧垂不符合规定，有断股扣 0.1 分；更换的导线与原导线材质、截面、绞向不一致扣 0.3 分；同一档内导线的接头超过 1 个扣 0.2 分；架空线有裸铜线扣 1 分；瓷瓶缺损，有裂纹，瓷瓶绑线有松脱现象扣 0.2 分；横担、瓷瓶、抱箍、拉线等紧固螺栓有松动和严重锈蚀现象扣 0.2 分；更换灯头引流线时，引流线截面应不低于原引流线截面，引流线应坚固、规范，不符合扣 0.2 分；架空线路引入地下保护管，有锈蚀现象扣 0.1 分；保护管在地面以上部分长度小于 2.5m，不符合扣 0.3 分；中间重复接地电阻不达标扣 3 分；架空线路周围有影响线路正常运行的树木，最小安全距离不符合规范扣 0.2 分	20		
2	电缆线路： 因绿化、修路、地面沉降、泥土流失以及地面堆积物等引起的断裂、裸露、下沉等异常现象扣 2 分；电缆线路在地上部分的钢带、保护管、固定设备严重锈蚀扣 2 分；铠装接地电阻不达标扣 5 分；直埋电缆标志桩缺失扣 0.5 分；电缆标志牌缺失、字迹不清楚扣 0.5 分；电缆和电缆接头绝缘层破损或老化、松散扣 1 分；电缆线路更换与原线路规格、材质不相同扣 5 分；多功能灯杆除上述评定标准外还应符合下列要求：各搭载设备保护管未分颜色扣 2 分；保护管出现堵塞扣 0.2 分；线缆安装位置不合理，固定不牢固或随意敷设扣 1 分；景观照明除上述评定标准外还应符合下列要求：金属槽盒敷设出现扭曲变形扣 0.1 分；未按要求进行支撑扣 0.2 分；槽盒的首端、末端、连接处及转弯处未设安装支架扣 0.5 分；连接板的两端未采用专用接地螺栓跨接地线扣 0.2 分；金属槽盒直线长度超过 30m 或穿建（构）筑物等变形缝时未设置伸缩过渡装置各扣 0.2 分；电缆支架、槽盒盖板未设置防坠落措施扣 1 分；在仿古建筑木结构上安装管线未采用防火阻燃管线扣 0.2 分；管线垂直敷设长度大于 30m 时，未装设电缆固定盒或在盒内未将电缆固定扣 0.5 分；桥墩两端和伸缩缝处的电缆未留有余量扣 0.2 分；水下电缆上岸处未设立安全警示标志扣 0.5 分	50		
3	电缆沟： 沟盖板破损或缺失扣 0.5 分；沟内壁粉刷剥落扣 0.5 分；沟内有异物、积泥扣 0.5 分；井内的电缆浸泡在水里扣 0.5 分；电缆支架、固定螺栓锈蚀松动扣 0.5 分；金属桥架锈蚀或盖板缺失扣 0.5 分；沟内重复接地电阻不达标扣 3 分	10		
4	工作井： 井盖破损或缺失扣 0.5 分；井壁粉刷剥落扣 0.5 分；井内有异物、积泥扣 0.5 分；井内的电缆浸泡在水里扣 0.5 分；电缆在电缆井内应留有等于工作井半周长的余量，不符合扣 1 分；电缆角钢支架、固定螺栓锈蚀、松动扣 1 分；电缆接头有发热烧坏痕迹扣 0.5 分；井内接地保护装置锈蚀扣 1 分；井内重复接地电阻不达标扣 3 分；多功能灯杆除上述评定标准外还应符合下列要求：各搭载设备未共井扣 2 分；工作井井盖未配置防盗措施扣 0.5 分；井内未设置渗水孔扣 0.2 分	20		
5	合计	100		

照明器具完好状况评定表（M_3）　　　　　　表 E.0.3

序号	评定标准	标准分	扣分	得分
1	灯具外壳损伤、变形扣 0.1 分、油漆剥落、锈蚀扣 0.2 分；透明罩明显划痕或裂纹扣 0.1 分；透明罩掉落扣 0.2 分；灯罩脱落悬空扣 1 分；灯具固定压板锈蚀扣 0.1 分；紧固螺母松动或灯歪斜扣 0.1 分；灯罩无防坠落装置扣 0.2 分、锈蚀扣 0.1 分；LED 灯具外壳散热槽内积垢扣 0.1 分	30		
2	灯具内导线、悬臂灯架引下线和管内导线绝缘有破皮、开裂等有一处扣 0.1 分；管内导线中间有接头扣 0.1 分；悬臂灯架引下线瓷瓶、熔断器破损扣 0.1 分	10		
3	光源灯头座破裂扣 0.1 分；电器元件固定螺栓松动扣 0.1 分；灯头座中心点接零线扣 0.2 分	5		
4	灯罩内反光器变形断裂扣 0.1 分，有积污扣 0.1 分；LED 灯具防护玻璃破损扣 0.5 分	5		
5	电容器、电子触发器、镇流器等与光源不配套扣 0.2 分；接线端子瓷柱破裂螺栓锈蚀扣 0.1 分；电容器损坏不更换扣 0.1 分；LED 模组色温、功率与原模组超过允许偏差扣 0.1 分；LED 电源、模组不配套扣 0.1 分；LED 灯具电源未固定或松动扣 0.5 分；单灯控制器固定不牢固、松动扣 0.5 分；可触及的灯具表面温度高于 60℃时，未采取隔热、散热等防火保护措施扣 0.5 分；用大功率投光灯表面未有防护可燃物堆积措施扣 0.5 分	10		
6	庭院灯具透明罩破碎、裂纹扣 0.1 分；灯具外壳损伤、变形扣 0.1 分；油漆剥落、锈蚀扣 0.1 分；灯罩卡口橡胶圈老化、罩内有积水扣 0.2 分	20		
7	高架路、桥防撞护栏嵌入式路灯外壳损伤、变形扣 0.1 分、油漆剥落、锈蚀扣 0.1 分；透明罩破碎、裂纹扣 0.2 分；接线箱体锈蚀、铰链脱落扣 0.1 分；箱门丢失未补扣 0.2 分；箱内熔断器外壳破裂或固定螺钉松动或缺失扣 0.1 分；安装高度超过 2.5m 的灯具及安装固定件未设置防止坠落等安全措施扣 0.5 分；在仿古建筑木结构上安装灯具未采取防火措施扣 0.2 分；灯具外壳颜色未与仿古建筑颜色相协调的扣 0.2 分；灯具与树木固定未采取隔热、绝缘等措施扣 0.5 分；洗墙灯、线型灯每个灯具的固定点少于两处或未采用防水接头连接有一处扣 0.2 分；地埋灯未设置防眩光措施扣 0.2 分；水下灯具整体未做等电位联结扣 1 分	15		
8	墙灯灯具评定标准按序 1～5 要求评定；墙灯架线横担、螺栓锈蚀扣 0.1 分；架线横担固定松动扣 0.2 分；绝缘子破损扣 0.1 分；导线绝缘有破皮、开裂扣 0.1 分	5		
9	合计	100		

说明：LED 除模组、电源等专用器件外，灯具外壳、导线等评定标准相同。

专用灯杆及金属构件完好状况评定表（M₄）

表 E.0.4

序号	评定标准	标准分	扣分	得分
1	混凝土杆身有裂缝、破损露筋扣 0.3 分；杆顶未封堵扣 0.1 分；杆体回填土松动使杆倾斜扣 0.1 分	10		
2	金属灯杆杆身、横臂锈蚀 15％及以上扣 0.1 分，喷塑脱落或油漆剥落扣 0.1 分；基础法兰螺母松动、锈蚀扣 0.1 分；灯杆混凝土基础周围土体松动有露筋扣 0.2 分；混凝土包封不完整扣 0.1 分；灯杆被碰撞局部变形、倾斜、剐蹭后未及时更换扣 1 分；金属灯杆接地电阻不达标扣 0.3 分；穿线孔未配防水塞或备用孔未采取密闭措施扣 0.1 分	25		
3	高杆灯传动机构钢丝绳锈蚀扣 1 分；有断股或损伤扣 2 分；电动机、变速箱支架锈蚀、松动扣 1 分；变速箱油质污染、缺油扣 2 分；卷筒排绳装置失灵扣 0.2 分	15		
4	高杆灯升降不灵活扣 0.3 分；自动挂脱钩机构异常扣 2 分；限位开关触点不动作扣 0.5 分；防坠落保护装置坠落制动距离大于 1.5m 扣 0.3 分	10		
5	中高杆、多功能灯杆灯盘锈蚀或变形扣 0.2 分；固定螺栓锈蚀松动扣 0.1 分；灯罩评定标准按表 D.0.3 表 1～表 5 要求评定；灯具上下层有光束遮挡扣 0.2 分；投射方向错位扣 1 分；盘内导线无固定支架或排列凌乱扣 0.1 分	10		
6	电动倾倒式灯杆限位装置失灵扣 0.5 分；运行到位不能切断电源扣 0.5 分；液压传动蜗轮蜗杆传动保护装置不动作扣 0.3 分；液压油缸升降回缩量大于 3mm 扣 0.2 分；有漏油现象扣 0.2 分；液压倾倒油管路系统有凹痕及压变现象扣 0.3 分	10		
7	中高杆灯、多功能灯杆混凝土基础破损或露筋扣 0.3 分；周围回填土松动扣 0.2 分；法兰盘固定螺母锈蚀或松动扣 0.3 分；杆体接地电阻不达标扣 0.3 分；未装设避雷装置扣 2 分	5		
8	灯杆检修门防盗装置或铰链损坏扣 0.1 分；门丢失扣 0.2 分，门内未设置专用接地装置扣 1 分；杆上编号、标识不完整、不规范、字迹不清晰各扣 0.1 分；无编号扣 0.1 分；有乱张贴、悬挂广告扣 0.1 分	15		
9	合计	100		

附录 F 基础台账与资料检查考核评分表

基础台账与资料检查考核评分表　　　　表 F.0.1

序号	基础台账名称	分值	评分	备注
1	照明设施基础资料台账（灯杆、灯具、配电、线路等）	10		
2	照明设施拆除、新增、节能等台账	5		
3	配电设施巡查台账（配电间、箱式变、配电箱等）	10		
4	线路设施巡查台账（架空线、电缆线、工井、灯杆等）	10		
5	各类设施日常报修登记台账	5		
6	日常报修故障修复情况记录台账	5		
7	夜间熄灯巡修台账（含亮灯率抽查台账等）	5		
8	接地电阻检测记录台账	10		
9	机械设备台账	5		
10	人员台账	5		
11	月度工作计划	5		
12	各类应急现场处置预案	5		
13	应急修复处理情况记录台账	10		
14	热线受理及网络舆情登记台账	5		
15	热线受理及网络舆情处理情况台账	5		
16	合计	100		

说明：根据表中项目对基础台账与资料进行检查，如该项目台账与资料缺失则该项目不得分。

养护作业及设施保障考核评分表 表 F.0.2

序号	考核内容和标准	分值	评分	备注
1	养护作业中安全措施到位，人员需持证上岗，发现一起无证上岗的扣1分	5		
2	正确使用安全防护用品、劳保用品，发现一起违规行为的扣1分	5		
3	因线路、配电设施故障在规定时间内无法修复，将造成大面积熄灯，应当立即报告相关部门，否则有一起扣2分	10		
4	专项维修因拆除、施工影响等情况，将造成大面积熄灯，应提前3个工作日内以书面形式报告相关部门，否则有一起扣2分	10		
5	配备24小时值班人员，单灯报修等一般故障24小时修复，末在规定时限内修复有一起扣1分	10		
6	配电、线路故障2小时内赶至现场处理，进行无间断抢修直至故障排除，必须在48小时内完成，否则有一起扣2分	10		
7	因设施故障需开挖路面、土建施工等因素，应采取措施缩小亮灯影响范围，并在5日之内修复，未按时完成的有一起扣3分； 因变压器等设施故障应及时通知电力系统抢修，未通知有一起扣2分	10		
8	因天气等自然灾害造成不可抗拒事故，应按单位应急预案及时组织抢修，未按应急预案抢修扣2分，抢修不得力不得分	10		
9	未经批准严禁擅自白天开灯检修，发现一起扣2分	10		
10	当月应无安全事故发生，发现轻伤事故有一起扣2分；轻伤以上事故有一起扣5分；伤亡事故有一起不得分	10		
11	发生媒体曝光有一起扣5分；造成恶劣影响不得分	10		
合计		100		

附录 G 城市道路照明质量抽查情况统计表

日期：

序号	道路名称	道路类型	道路断面形式	路灯间距	光源类型	机动车道侧灯具功率	平均照度	照度均匀度	环境比	照明功率密度值
1										
2										
3										
4										
5										
6										
7										
8										
9										
10										

说明：1. 道路类型按照现行行业标准《城市道路照明设计标准》CJJ 45 分为：快速路、主干路、支路等；

2. 道路断面形式分：一块板断面、两块板断面、三块板断面、四块板断面；

3. 光源类型：高压钠灯、金卤灯、节能灯、LED灯、无极灯等；

4. 机动车道侧灯具功率应包括镇流器功耗；

5. 平均照度为路面上预先设定的点上测得的各点照度的平均值；

6. 照度均匀度为路面上最小照度与平均照度的比值；

7. 环境比为车行道外边 5m 宽的带状区域内的平均照度与相邻的 5m 宽车行道上平均照度之比；

8. 照明功率密度值为单位路面面积上的照明安装功率（包括镇流器功耗）。

附录 H 道路照明现场测量报告

道路照明现场测量报告表 表 H.0.1

工程名称：							
测量单位			测试路段			道路等级	
道路条件	道路形式①				人行道宽度		m
	路面总宽度②		m		中间分隔带宽度		m
	机动车车行道宽度		m		两侧分隔带宽度		m
	非机动车车行道宽度③		m		路面材料④		
光源	已运行小时数			h	灯具布置	排列方式	单侧布置
	功率/数量	1					中心对称
		2					双侧对称
							双侧交错
灯具	种类⑤					安装高度	车行道侧 m
	防护等级（IP）						人行道侧 m
	安装的光源数量和功率	1				灯杆间距（同一侧）	m
		2				仰角	车行道侧度
	型号规格	1					人行道侧度
		2				悬挑（从路缘算起）	m
	环境明暗程度⑥					臂长（从灯杆算起）	m
	环境比（SR）					色温（LED）	K
机动车车行道设计数据	路面平均照度 E_{av}		lx	机动车车行道照明测试结果	路面最大水平照度 E_{max}		lx
	水平照度均匀度 U_E				路面最小水平照度 E_{min}		lx
	路面平均亮度 L_{av}		cd/m²		路面平均水平照度 E_{av}		lx
	路面亮度总均匀度 U_o				水平照度均匀度 U_E		
	路面亮度纵向均匀度 U_L				路面平均亮度 L_{av}		cd/m²
机动车车行道照明功率密度（LPD）⑦		W/m²			路面亮度总均匀度 U_o		
非机动车车行道照明功率密度（LPD）		W/m²			路面亮度纵向均匀度 U_L		
测量仪器					测量人员		

说明：各等级道路照度（亮度）测试年内不少于 5 条。

道路断面和灯具布置简图

图中位置不够用，可另附图绘画

测点布置⑨与等照度曲线图

图中位置不够用，可另附图绘画

测量时间	年　月　日　　时	天气情况⑧	晴天□、阴天□、温度：　　℃、风力：　　级

说明：① 道路形式是指单幅路（一块板）、双幅路（二块板）、……；
　　　② 路面总宽度包括机动车车行道、非机动车车行道、分隔带、人行道宽度；
　　　③ 若系单幅路，机动车与非机动车混合行驶，非机动车道包含在机动车道内，不填非机动车道宽度；
　　　④ 路面材料系指混凝土路面或沥青路面；
　　　⑤ 灯具种类系指截光型、半截光型、非截光型；
　　　⑥ 环境明暗程度分别填写"明亮""中等"或"暗"，环境比（SR）最小值：0.5；
　　　⑦ 照明功率密度（LPD）为单位路面面积上的照明安装功率（包括镇流器消耗功率），单位为 W/m^2；
　　　⑧ 天气情况请记录是晴天、还是阴天，当时的气温多少摄氏度；
　　　⑨ 测点布置应采用四点法或中心点法，每个测点应填上实测值，并附计算式。

附录 I 城市照明设施使用寿命推荐值

设施种类	设施名称	使用寿命推荐值
监控设施	光采集器	5 年
	路灯监控终端	5 年
配电设施	箱式变电站	15 年
	变压器	20 年
	地埋式变压器、地埋式箱变	10 年
	控制箱（柜）、开关箱、建筑景观照明配电箱	15 年
	交流接触器（含真空）	10 年
	避雷器	5 年
配电线路	铜质架空线	20 年
	铝质架空线	10 年
	架空线金具	10 年
	铜芯电缆	20 年
	铝芯电缆	10 年
灯杆、灯具、光源	钢质灯杆（含灯盘、灯架）	15 年
	铝合金灯杆（含灯盘、灯架）	20 年
	高压钠灯光源	20000 小时
	LED 光源	50000 小时
	道路照明灯具	15 年
	景观照明灯具	5 年

注：道路照明设施具体使用寿命可参照推荐值依据现场实际使用情况来确定。

参 考 文 献

[1] 中华人民共和国住房和城乡建设部. 绿色照明检测及评价标准：GB/T 51268—2017 [S]. 北京：中国建筑工业出版社，2018.

[2] 中华人民共和国住房和城乡建设部. 城市道路照明设计标准：CJJ 45—2015 [S]. 北京：中国建筑工业出版社，2016.

[3] 中华人民共和国住房和城乡建设部. 城市道路照明工程施工及验收规程：CJJ 89—2012 [S]. 北京：中国建筑工业出版社，2012.

[4] 中华人民共和国住房和城乡建设部. 城市夜景照明设计规范：JGJ/T 163—2008 [S]. 北京：中国建筑工业出版社，2009.

[5] 中华人民共和国住房和城乡建设部. 高杆照明设施技术条件：CJ/T 457—2014 [S]. 北京：中国标准出版社，2014.